허리케인 조마뱀과 플라스틱 오징어

허리케인 도마뱀과 플라스틱 오징어

소어 핸슨 지음 · **조은영** 옮김

위즈덤하우스

나의 형에게

나는 호기심에서 이 책을 시작했고, 호기심을 타고난 사람들의 이야기와 발견을 기록했다. 기후변화가 불러온 위기 상황을 배경으로 쓴 책이지만, 우리에게 닥칠 재난을 알리는 게 목적은 아니다. 기후변화에 관해서라면 이미 많은 책이 경종을 울려왔고, 그 경보는 유효하다. 대신 나는 기후변화의 결과를 예견하는 데 도움이 될 생명의 가르침에 초점을 맞춰 최신 동향을 전달하고자 했다. 그런 취지로 현재 빠르게 확장하는 이 분야의 최전선에서 날아온 급보를 전하고, 도움이 될 만한 자료들을 참고문헌에 실었다. 되도록 어려운 전문용어를 쓰지 않고 개념을 전달하고자 했으나, 불가피하게 사용한 경우 '용어 설명'을 통해 독자의 이해를 도왔다. 한편 책의 전체적인 흐름에서 벗어나는 일화나 뒷이야기는 따로 주에 추가했다. 딱정벌레

함정 만드는 법, 숲쥐 소변의 수명, 오리알의 껍데기를 녹이는 법 등
을 배울 수 있을 것이다. 이 책을 위해 자료를 조사하고 집필하면서
알게 된 내용이 한 줄 한 줄에 잘 녹아들어 독자의 흥미와 더 나아가
행동까지 불러오길 간절히 염원한다. 지붕에서 지르는 소리도 함께
목청을 높일 때 더 멀리 전달되지 않겠는가.

| 차례 |

1부   기후변화의 주범 The Culprits

2부   위기 The Challenges

4부　결과 The Results

| 들어가는 말 |

이미 현실이 된 세계

형님, 일전에 읽은 예언에 관해 생각하고 있었습니다.[1]

윌리엄 셰익스피어, 《리어 왕》(c.1606)

어두운 밤, 퍼붓는 빗속에 텐트를 쳤다. 갑자기 불어난 물에 휩쓸리지 않을 만큼 높이 올라왔기를. 작동 중인 세탁기에 들어가는 기분으로 폴대가 세차게 흔들리는 텐트에 몸을 구겨 넣었다. 거센 바람이 텐트의 젖은 입구를 후려치며 얼굴에 물보라를 뿌려댔다. 폭풍은 밤늦도록 그칠 기미가 보이지 않았다. 서서히 젖어드는 침낭에 누워 있다 보니 괜한 짓을 했다 싶어 후회막급이었다.

졸업을 앞둔 마지막 학기의 봄 방학, 친구들의 낚시 여행에 합류해 맥주를 마시며 우정을 다질 수도 있었다. 하지만 막판에 마음을 바꿔 샌드위치를 싸고 캠핑 용품을 배낭에 쑤셔 넣었다. 그렇게 길을 나선 곳은 훗날 조슈아나무국립공원으로 지정된 캘리포니아주 남부의 어느 사막이었다. 방수포와 우비를 챙길 생각은 꿈에도 하지 않았다. 누가 북아메리카에서 가장 건조한 땅을 찾아가는데 그런 걸 챙기겠는가. 덕분에 첫날부터 세상에 다시없을 끔찍한 밤을 보냈으나 그 비가 불러온 결과는 경이로움 자체였다. 목마른 씨앗과 풀이 생기를 찾았고, 이어지는 맑은 날씨 속에 사막의 개화라는 진기한 풍경이 펼쳐졌다. 내 자료 노트에는 누군가 붉은 땅과 화강암에 붓 칠을 한 듯 색색이 피어난 황금색, 파란색, 보라색 꽃들이 풍성하게 기록되었다. 화사한 데이지와 블루벨을 시작으로 전갈잡초, 도깨비바늘, 얼간이클로버처럼 소설에나 등장할 법한 낯선 종까지, 꽃이 핀 것만 24종이었다. 하지만 내가 가장 자세히 기록한 식물은 아직 꽃을 피우지 않았다. 대신 다른 장식이 너절하게 달려 있었지만.

그 주인공은 좁은 고갯마루에서 홀로 자라는 조슈아나무(단엽유카)였다. 갈퀴의 살처럼 가지를 위로 펼친 늙은 나무가 미풍에 흔들리며 멀리서 보아도 아련히 반짝였는데, 가까이 가서야 그 이유를 알았다. 그곳에 불어오는 탁월풍이 나무를 온통 쓰레기로 장식했던 것이다. 비닐봉지, 음식 포장지, 끈 뭉치, 적당히 바람이 빠진 파티 풍선도 세 개씩이나. 엉킨 끈에 힘없이 매달려 몸을 떨군 상태였는데도 "축 생일"이라는 글자를 읽을 수 있었다. 나는 당시 그 쓰레기를 열매에 비유했다. 가장 가까운 마을에서 80킬로미터나 떨어진 오지의 나무에 열린 희한한 열매였다. 수십 년이 지난 지금도 그 나무가 눈앞에 생생하다. 내게는 인간의 영향력을 적나라하게 보여준 상징 같은 나무였으니까. 그러나 이제야 알겠다. 문제는 바람이 떨구고 간 것들이 아니라는 것을. 대기 자체가 문제였다는 것을 말이다.

조슈아나무는 세계에서 가장 큰 유카종으로 모하비사막에서만 자란다. 모하비사막은 기온이 상승하면서 빠르게 변화 중이다. Robb Hannawacker, 미국 국립공원관리청 제공.

기후변화 스토리텔링

조슈아나무국립공원에서 돌아오고 두 달 뒤, 나는 학부를 졸업하고 보전생물학자의 길을 걷기 시작했다. 1992년 브라질 리우데자네이루에서 열린 지구정상회의(리우회의)에 각국 대표가 모여 기후변화에 관한 최초의 국제 협약에 서명한 역사적인 날이 마침 졸업식이었다. 이미 이때도 기후변화는 새로운 개념이 아니었다. 과학자들은 19세기에 처음으로 탄소 배출의 영향력을 예측했고, '온난화'라는 용어는 리우회의 이전부터 수년간 환경 분야에서 사용되어왔다. 다만 리우회의는 기후변화가 학자들만의 연구 주제에서 세계인의 관심사로 바뀐 공식적인 전환점이었다. 이날 이후 특히 미국에서는 축적된 기후변화의 증거를 바탕으로 그에 합당한 행동을 촉구하는 요구가 정치계와 충돌을 거듭했다. 기후변화와 관련한 시위와 캠페인, 토론이 줄기차게 이어졌다. 사회적 우려의 궁극적 발현인 할리우드 재난 영화가 줄줄이 제작되었음은 말할 필요도 없다. 나도 과학자로서 이 사안의 긴급성을 의심한 적이 없고, 더욱 의미 있는 대응 방식을 찾기 위해 다른 이들과 고군분투했다. 거기엔 연구를 위해 아프리카나 알래스카처럼 멀리 떨어진 지역까지 비행기를 타고 가는 모순된 상황이 동반되었다. 공항까지 카풀로 이동한다고 해도 하늘에서 비행기가 태우는 연료를 상쇄할 수는 없었다. 그러나 모두 막연한 염려였을 뿐, 기후 문제는 증상 없는 진단처럼 멀게만 느껴졌고, 두렵지만 손에 만져지지는 않았다.

　이런 내 반응은 전형에 가깝다. 기후변화에 대한 사람들의 태도에는 앞으로 어떻게 될지 뻔히 알면서도 그것을 막기 위한 행동에는 나서지 않는 명백한 모순이 있다. 오랜 기후 활동가 조지 마셜은 《기후변화의 심리학》이라는 책에서 이 간극을 훌륭하게 탐구했다. 마셜은 어떻게 인간의 뇌가 추상적인 위협을 인지하면서 동시에 완벽하게 무시할 수 있는지에 주목했다. 예상되는 결과가 아직 멀리 있거나 서서히 다가올 때 우리 뇌는 훗날에 참조할 요량으로 사실을 정리해놓을 뿐, 빠른 행동으로 이어지는 본능적이고 감정적인 경로를 활성화하지 않는다. (본디 인간은 창 찌르기나 사자의 공격 같은 물리적 위협을 포함한 눈앞의 문제에 더 잘 대응하도록 진화했다.) 마셜의 책은 이런 정신적 간극을 메꿔줄 전략을 나열하면서 마무리되는데, 그중 여러 항목이 인간의 뇌가 가진 탁월한 재주에 의존한다. 바로 스토리텔링이다.

복잡한 개념이라도 서사가 덧입혀지는 순간 공감대가 형성된다. 플라톤이 소크라테스의 재판을 중심으로 철학적 담론의 틀을 짜고, 칼 세이건이 상상 속 우주선의 빛나는 갑판에서 천체물리학을 가르친 데는 이유가 있다. 이야기는 객관적 사실만으로는 건들 수 없는 뇌의 구역에 파고들어 우리가 생각하고 느끼고 기억하는 방식을 바꾸는 화학물질의 분비를 자극한다.[2] 기후변화에 대한 학습도 다르지 않다. 우리가 기후변화를 이해하고 반응하는 방식은 결국 이야기로 전달하고 이야기로 듣는 것에 달려 있다. 연구자로 살아가는 동안 처음에는 무관심에 가까웠던 기후변화에 대한 내 태도도 이야기를 통해 완벽하게 달라졌다. 그러나 내 마음가짐을 바꾼 이야기는 신문의 머리기사나 치열한 정책 논쟁에 있지 않았다. 내가 연구하는 동물과 식물의 삶에서 실제로 벌어진 드라마 같은 이야기들이 나를 바꿔놓았다.

걱정과 두려움 그리고 호기심

다른 생물학자들도 경험했겠지만, 내가 몸담은 프로젝트에서도 처음에는 연구의 배경으로만 존재했던 기후변화가 어느 틈엔가 무대 한가운데로 도약하곤 했다. 지난 30년간 우리 인간이 대처의 필요성조차 확신하지 못하고 주저하는 사이에 지구의 다른 종들은 이미 대응하기 시작했다. 이런 자연의 대응을 살펴보면, 아무리 복잡하고 해석이 달라도 결국 미래 기후 시나리오의 결과는 변화에 직면한 개별 동물과 식물의 반응과 행동에 달려 있음을 알 수 있다. 만약 지구상의 모든 생물이 어떤 환경에서든 개의치 않고 살 수 있다면 날씨가 달라지는 것쯤은 문제 되지 않을 것이다. 그러나 삶의 필요조건은 결코 일반화할 수 없다. 세상에 다양한 생물이 존재하는 것도 모두 세분화한 환경조건 때문이다. 지구상의 수백만 종은 각자 자기가 사는 곳의 특수한 생태적 상황에 **적응**해 변해왔다. 환경이 달라지면 대응이 불가피하고, 변화의 속도가 걷잡을 수 없어지면 결국 생태계 전체의 틀이 통째로 새로 짜이는 지경에 이를 것이다. 현재의 기후변화가 심각한 위기로 여겨지는 가장 큰 이유가 속도인 것도 그래서다. 그러나 전례 없이 빠른 기후변화는 과학자, 농부, 탐조가, 정원사 그리고 텃밭이나 뜰을 가꾸는 평범한 사람, 더 나아가 자연에 관심이 있는 모두에게 기회를 선사하기도 한다. 인류는 과거에 한 번도 이처럼 극단적인 생물학적 사건을 목격한 일이 없으므로, 지금까지의 빠른 변화로 이미 달라진 모습과 상황을 연구한다면 앞으로 본격적으로 격변할 미래를 준비하는 데 큰 도움이 될 것이다. 누구도 예상하지 못한 속도로 지구가 달라질 때, 그곳에 터를 잡고 살아온 동물과 식물도 발맞춰 변하기 때문이다.

이 책은 딱정벌레에서 따개비 그리고 조슈아나무에 이르기까지 수많은 생물종이 조정과 적응, 심지어 진화를 통해 변화에 실시간으로 대응함으로써 일시에 몰아닥친 역경에 맞서는 새로운 세상을 탐구한다. 이산화탄소에 관한 짧은 소개를 제외하면 이 책은 온난화의 이유와 과정을 따로 설명하지 않고, 올바른 정책 수립을 지속해서 방해한 논쟁도 다루지 않는다. 이것들도 대단히 중요한 주제지만 언론을 비롯해 이미 많은 곳에서 폭넓게 다뤄왔다. (기후변화에 관해 간결하고 공정하게 쓰인 훌륭한 요약서로 앤드루 데슬러의 《현대 기후변화 개론Introduction to Modern Climate Change》을 추천한다.) 대신 이 책에서 나는 새로운 학문으로 부상한 '기후변화 생물학'을 소개할 생각이다. 이 책은 기후가 달라지고 있고 온실가스가 그 주범임을 밝히는 것으로 시작해 저 신생 분야의 핵심을 이루는 세 가지 질문으로 이야기를 뻗어간다. ① 기후변화로 동물과 식물이 어떤 어려움을 겪는가. ② 개체는 여기에 어떻게 반응하는가. ③ 개체의 반응을 종합했을 때 동물과 식물, 더 나아가 인류의 미래에 관해 우리는 무엇을 배울 수 있는가.

독자가 이 책을 읽으면서 기후 위기는 걱정이나 두려움과 더불어 호기심의 대상이 될 수 있다는 내 생각에 동의해주길 바란다. 다들 관심조차 주지 않는다면 문제를 해결하기는 더 어렵다. 기후변화는 세상의 근간을 뒤흔드는 흥미로운 위기로서 주변의 생명현상을 새로이 눈여겨보게 한다. 가까운 예로 나는 어느 화창한 봄날 오후에 이 글을 쓰고 있다. 열어놓은 연구실 문으로 과수원을 날아다니는 곤충 소리와 남쪽에서 막 도착한 솔새의 지저귐이 들린다. 지구의 기온 상승은 꽃의 수분과 동식물의 이주 속도 그리고 이 계절에 반팔 티셔츠를 입은 채 연구실 문을 활짝 열고 있어도 전혀 춥지 않다는 사실까지 생명 활동의 구석구석을 파고든다. 달라진 기후에 생물이 반응하는 방식을 이해하면 그 안에서 우리의 자리를 찾는 데도 도움이 될 것이다. 하여 나는 이 책에 나오는 이야기가 독자에게 객관적 정보는 물론이고 영감과 혜안까지 줄 수 있기를 바란다. 여치와 뒤영벌과 나비조차 행동을 바꾸는데 인간이 못할 리 있겠는가. 이 땅의 동물과 식물이 다가올 세상에 대해 우리에게 해줄 말이 많다. 이들에게 그리고 우리에게 그 세계는 이미 현실이므로.

적을 만들고 싶은가.
상대를 바꾸려고 들어라.[1]

우드로 윌슨, 1916년 디트로이트 세일즈맨십 대회 연설

1부

기후변화의 주범
The Culprits

대학원 진학을 앞두고 괜찮은 박사과정 프로그램을 찾아 수개월을 헤맸다. 여러 대학의 캠퍼스를 투어하고 이메일을 쓰고 전화를 걸고 지도교수가 될 분들을 만나보았다. 그러다가 나를 보자마자 숲으로 끌고 가 온종일 쏘다닌 끝에야 실험실과 연구실을 소개한 어느 교수를 만나면서 '그래, 이곳이다' 싶었다. "나가서 좀 걸읍시다. 그러다 보면 뭔가 이야깃거리가 나오겠지." 그의 태도는 내게 본질의 중요성을 가르쳐주었다. 앞서가는 데 급급하지 말고 기본부터 다져야 한다는 것. 같은 맥락에서 이 책의 첫 장은 흔히 수박 겉핥기식으로 넘어가는 본질에 초점을 맞춘다. 맨 처음 과학자들은 변화와 이산화탄소에 대해 무슨 생각을 했을까.

1장

변치 않는 것은 없다

~~~~~~

생활 습관이든 생각이든, 변화는 모두 짜증스럽다.[1]

소스타인 베블런, 《유한계급론》(1899)

~~~~~~

Nothing Stays the Same

보이기에 앞서 소리부터 들렸다. 머리 위로 정신 나간 한 쌍의 수탉처럼 꽥꽥, 꺽꺽거리는 소음이 이어졌다. 이런 새를 애완용으로 집 안에 들이고 싶어 하는 사람은 제정신이 아닐 거라는 생각까지 들었다. 그런데 그런 사람들이 차고 넘치는 바람에 원래는 흔하디흔했던 새가 절멸의 위기에 처한 것 아닌가. 나는 한때 방울금강앵무great green macaw의 주요 서식지에서 3년 동안 이 새의 먹이원을 연구했다. 새의 실물을 한번 보자면 버스, 보트 그리고 모터 달린 카누를 번갈아 타고 꼬박 이틀이나 걸려 깊숙한 오지로 들어가야 했다. 그래서 시끌벅적하던 저 두 마리 앵무가 갑자기 나무 꼭대기에서 날아올라 강 위를 활공하는 장면을 목격했을 때, 비로소 오래 고대하던 전율을 느꼈다. 왜 그렇게 반려동물 애호가들이 저들의 소란스러운 성격을 기꺼이 감내하려는지 알 수 있었다. 화려한 초록색 깃털은 햇빛을 받아 멀리서도 환히 빛났고, 큼지막한 날개는 눈에 튀는 진홍색, 밤색, 청동색 얼룩 주위로 푸른색이 테두리를 두르고 있었다. 하늘과 강, 우림으로 연결된 자연의 색을 빠짐없이 정제해 깃털에 담고 생명을 입힌 것만 같았다.

나는 새들이 니카라과에서 코스타리카를 향해 강을 건너 낮은 언덕 너머로 사라지는 모습을 흡족하게 지켜보았다. 중앙아메리카에서의 연구를 마무리하며 그간 코스타리카 정부가 새들의 재정착을 유도하기 위해 진행한 프로젝트의 성과를 보게 되어 좋았다. 내 연구 대상은 방울금강앵무가 아니라 이 새에게 아몬드 같은 열매를 주식으로 제공하는 알멘드로나무almendro였다. 알멘드로나무는 사방으로 흩어진 작은 숲에 여러 개체군이 서로 떨어져 살았지만, 조사해보니 숲과 숲을 오가는 벌들의 분주한 수분 작용 덕분에 번식이 이어지고 있었다. 코스타리카 동부 저지대 지역은 목축과 과수 재배를 위한 목초지, 도로, 농경지 때문에 우림이 조각난 상태였다. 내 연구 결과는 이 지역에서 알멘드로나무 보호법을 지정해야 한다는 주장을 과학적으로 뒷받침했다. 만약 숲에 알멘드로나무가 넉넉히 자란다면, 방울금강앵무는 내가 그들을 보기 위해 어렵게 가야 했던 니카라과 북쪽의 자연보호구역에서 벗어나 옛날의 서식지로 돌아올지도 모른다. 사실 그 과정은 이미 순탄하게 진행 중이었다. 그 후로 몇 년에 걸쳐 방울금강앵무 수백 마리가 일전에 내가 보았듯이 나무 위로 힘차게 날아올라 산후안강을 건너 남쪽으로 돌아가 코스타리카인들의 일상에 소음을 더했다. 이 프로젝트는 보전 활동의 성공 사례가 되었다. 귀향한 새들은 알멘드로나무에서 열매만 찾는 게 아니라 커다란 줄기의 빈 공간에 둥지를 틀고 새끼를 키웠다. 곧 방울금강앵무와 이 새가 가장 좋아하는 나무의 운명은 훨씬 중대한 사실을 제대로 증명하고 있음이 밝혀졌다.

이번 세기가 끝날 무렵

돌이켜 생각해보니 알멘드로나무 연구와 관련해 수도 없이 많은 연구 계획서, 보고서, 논문을 작성했지만, 거기에 '기후변화'라는 구절은 단 한 번도 등장하지 않았다. 그때는 특정 지역에 한정해 진행한 생물 연구가 기후변화와는 무관해 보였다. 그러나 나는 당시 같은 지역에서 연구했던 동료 과학자가 무심결에 던진 말에 진작 감을 잡았어야 했다. 이 친구의 데이터는 날씨가 더워지면 알멘드로나무의 호흡률이 높아진다는 사실을 보여주었다. 호흡이란 식물이 세포에 필요한 산소를 얻는 과정이므로, 결국 뜨거운 날일수록 나무가 숨을 가쁘게 쉰다는 뜻이었다. 그 연구 결과는 다른 스트레스 징후와 더불어 점차 더워지는 세상에 나타난 좋지 않은 징조였다. 이후 기후학자들이 중앙아메리카 기후를 예측하면서 알멘드로나무가 처한 곤경이 확실해졌다. "당신이 연구한 나무는 이번 세기가 끝날 무렵 지구에서 사라질 겁니다." 한 전문가가 예견하길 이 종의 운명은 시원한 기온을 찾아 더 높은 고도로 이동할 수 있는지에 달려 있었다. 그러자 뜻밖에도 내가 논문을 쓰며 막판에 덧붙였던 짧은 단락이 연구의 가장 중요한 내용이 되고 말았다. 커다란 과일박쥐가 알멘드로나무 종자를 800미터 이상 떨어진 곳까지 들고 날아가 퍼뜨린다는 사실이었다. 박쥐에 의한 종자 확산은 기온이 높아지는 속도보다 빠르게 일어날까. 배 속에 종자를 품은 박쥐가 알멘드로나무가 살기에 적절한 곳을 찾아서 이동해줄까. 이미 다른 나무들이 북적대는 고지대 숲에서 이 나무가 잘 정착할 수 있을까. 그리고 이런 상황이 방울금강앵무에게는 또 어떤 의미일까. 새들이야 알멘드로나무 종자의 굼뜬 확산은 아랑곳하지 않은 채 그저 제가 좋아하는 시원한 날씨를 찾아 무작정 북쪽으로 날아가지 않겠는가. 졸지에 방울금강앵무와 알멘드로나무의 이야기는 새와 나무의 단순한 관계를 넘어 변화의 한복판에서 지구의 상징적 불확실성을 증명하는 또 하나의 사례 연구가 되었다.

갑작스럽다고는 하나 생물학자로서 나는 알멘드로나무가 처한 역경에 너무 당황하지 말아야 한다. 결국 변화란 진화의 본질이고 진화는 생물학의 심장이다. "진화하다evolve"라는 말 자체가 "펼치다"라는 뜻의 라틴어 동사에서 왔듯이, 모든 생물은 결국 지속적인 변화의 산물이다. 종은 존재하는 순간부터 환경에 적응하고 새로운 것을 만들어내다가 마침내 세상이 크게 달라지면 별안간 사라진다. 알멘드로나무가 끝내 시원한 산자락에 도달하지 못해 모두 사라진다고 해도 그것은 지극히 정상적인 일이다. 멸종은 모든 종의 숙명과

방울금강앵무는 중앙아메리카에서 가장 큰 앵무다. 현재 이 지역에서 방울금강앵무와 알 멘드로나무의 관계는 불안정하다. P. W. M. 트랩, 《집과 정원의 새들(*Onze Vogels in Huis en Tuin*)》(1869). 생물다양성유산도서관 제공.

도 같으니까. 그걸 너무 잘 알면서도 지름이 3미터나 되는 내 나무가 곧 세상에서 영원히 사라질지도 모른다고 생각하니 왠지 마음이 먹먹하다. 이는 감상벽의 소산도, 잠깐의 놀람도 아닌 그 이상의 감정이다. 변화에 반발하는 것은 인간 정신의 한 특성이다. 전문가들은 이런 특성을 사회 화합 및 조화의 필요성과 결합해 인간이 익숙한 것에서 편안함과 안전함을 느끼도록 진화한 본능이라고 말한다.

그 결과는 만화 속 호머 심슨이 기가 막히게 표현한 공통된 감정이다. "새로운 쓰레기는 이제 그만!"

고대에도 현대에도 세계는 변화한다

자연환경이 달라질 수 있다는 생각에 불편함을 느끼는 사람이 분명 내가 처음은 아닐 것이다. 유사 이래 인간은 대체로 저 생각을 깡그리 무시하고 자연 세계를 불변의 것으로만 취급하고 싶어 했다. 세상에는 계절의 변화가 있고 때로 가뭄과 홍수도 찾아오지만, 육지와 바다 그리고 그 안에서 살아가는 모든 피조물은 늘 한결같은 존재라고 말이다. 고대 그리스 철학자 파르메니데스는 변화가 불가능하다는 사실을 증명해 보이기까지 했다. 파르메니데스에 따르면 무無에서 생겨나는 것은 없으며, 이미 존재하는 것에서 발생하는 것도 없다. 왜냐하면 "존재하는 것은 … 그저 존재할 뿐이므로."[2]

이후 아리스토텔레스는 도토리가 자라면 참나무가 되고, 청동을 녹여서 틀에 부으면 동상이 되는 것처럼 사물은 바탕을 이루는 '본질'이 유지되는 한 '형태'를 바꿀 수 있다고 제시해 다른 해석의 여지를 남겼다. 그는 이렇게 '절대적 자연'이라는 개념에 도전하지 않으면서도 우리가 일상에서 목격하는 변화의 과정을 잘 설명했다. 또한 아리스토텔레스는 자연 세계를 철저하게 계층으로 나누어 식물처럼 단순한 형태는 밑바닥에, 동물(과 그리스 철학자) 같은 복잡한 생물은 꼭대기에 두었다.

　후대에 학자들은 이 개념을 수용하고 윤색해 새로 발견된 생물은 물론이고, 희귀 금속, 행성, 별, 심지어 천사의 등급을 나누기 위한 사다리의 가로대를 마련했다. 이 패러다임은 거의 2000년간 지속되었고, 마침내 위대한 목록 작성자인 칼 폰 린네가 창안한 분류 시스템에 반영되었다. 1737년 린네는 모든 종에게는 "자연이 정해놓은 한계가 있으며 그것을 넘어설 수 없다"[3]라고 하면서, 또한 종의 수는 "지금도 미래도 언제나 같을 것이다"[4]라고 적었다. 그러나 린네가 저렇게 주장하던 시절에도 새로운 바람이 불어 오래된 세계관의 뿌리를 흔들었다. 자연 세계에서 변화는 흔한 현상일 뿐 아니라 견인차 역할을 한다는 증거가 아리스토텔레스의 서열 체계에서 항상 맨 밑바닥을 차지하던 돌에서 나왔던 것이다.

　스코틀랜드 지질학자 제임스 허턴이 1795년 출간한 1548쪽짜리 대작 《지구 이론*Theory of the Earth*》과 2193쪽짜리 《지식의 원리 *Principles of Knowledge*》를 처음부터 끝까지 다 읽은 사람이 과연 몇이나 될까. 하지만 이 부담스러운 장광설 속에서 허턴은 지질 현상을 이끄는 힘이 무엇인지만큼은 명확히 드러냈다. 대륙과 섬의 기반암은 지속적인 침식과 퇴적 작용으로 형성되고 단단히 굳은 다음 지구의 열기로 융기한다. 허턴은 고정된 풍경 대신 아주 오랜 시간 꾸준히 진행되어온 "세계의 천이遷移"[5]를 제안했다. 당시로서는 대단히 급진적인 발상이었으나, 마침 영국 전역에서 우후죽순 개발되던 광산의 갱도들이 증거를 쏟아낸 바람에 충분히 뒷받침되었다. 산업혁명을

이 16세기 삽화는 자연 세계를 바위와 흙에서 식물, 동물, 인류까지 올라가는 불변의 '위대한 존재의 사슬'로 그렸다. 천국과 지옥 그리고 그곳에 사는 거주자들의 이미지가 그림의 위와 아래를 장식한다. 디에고 발라데스, 《기독교 수사학(*Rhetorica Christiana*)》(1579). 게티연구소 제공.

이어갈 석탄과 금속의 수요가 뜻하지 않게 깊은 시간의 창을 열어
고대의 이야기와 함께 묻혀버린 지질층을 드러냈던 것이다. 바다에
서 멀리 떨어진 높은 고원과 산맥의 지층에서도 해양 생물의 화석
이 발견되어 암석이 해양 퇴적물로 형성되었다는 허턴의 주장에 힘
을 실어주었다. 또 어떤 암석에는 현재 볼 수 없는 낯선 식물과 동물
의 유해가 들어 있었다. 그래서 사람들은 먼 과거의 세상에 대해 풍
경은 말할 것도 없고 그 안에서 살아가는 생물도 매우 다른 모습이
었을 것으로 생각하게 되었다. 당연히 이런 발견은 아주 골치 아픈
문제를 끌고 왔다. 하면 저 많던 종이 다 어디로 갔단 말인가.

멸종의 발견

멸종은 프랑스 박물학자 조르주 퀴비에가 코끼리에 대해 생각하
기 전까지는 순수한 가상의 개념이었다. 허턴이 지질학에서 영구성
의 개념을 뒤집은 직후 퀴비에는 생물학에서 같은 증거를 찾아 헤
맸다. 그는 코끼리 화석의 이빨을 꼼꼼히 조사해 마스토돈과 털매머
드가 완전히 별개의 종임을 밝혔다. 저 둘은 서로가 다를 뿐 아니라
현존하는 모든 코끼리와도 달랐다. 퀴비에는 두 동물을 사라진 종이
라고 불렀다. 코끼리는 쉽게 숨길 수 없는 덩치를 가졌으므로 의심
꾼들도 마스토돈과 털매머드가 지구 어딘가에 꼭꼭 숨은 채 누군가
찾아와주길 기다리고 있을 거라는 따위의 주장을 들이밀 수 없었다.

(재미있는 이야기를 하나 하자면, 마스토돈의 열광적인 팬이자 미국의 제3대 대통령인 토머스 제퍼슨은 1804년 루이스 클라크 탐험대에 "희귀하거나 멸종했을지도 모르는"[6] 동물을 찾아 미국 서부 지역을 샅샅이 뒤지라고 지시했다.) 퀴비에는 거북과 땅늘보에서 익룡인 프테로닥틸루스까지 멸종한 각종 생물을 기술하는 데 남은 인생을 바쳤다. 그런 퀴비에가 후대까지 아주 오랫동안 영향을 미친 부분이 있었으니, 바로 종이 한 번에 하나씩 사라지지 않는다는 주장이었다. 어떨 때는 화석 기록에서 군집 전체가 한 번에 사라졌다가 이후 어린 지층에서 다른 생물 집단으로 방대하게 대체되었다. 허턴이 주장한 점진적 변동의 개념에 도전해 퀴비에가 이 가설을 고수한 것은 유명하다. 그러면서 퀴비에는 고대의 경관과 그 안에 살던 생물이 홍수를 비롯한 재앙을 겪으며 한꺼번에 사라지기를 반복했다고 주장했다. 격변설이라고 알려진 이 이론은 결국 잘못된 주장으로 밝혀졌다. 어쩌다 한 번씩 발생하는 지진이나 화산 폭발을 제외하고, 실제로 대부분의 지질 활동은 허턴이 제시한 것처럼 아주 천천히 진행된다. 그러나 퀴비에의 화석은 적어도 가끔은 갑작스럽고 광범위한 대량 멸종이 일어난다는 것을 보였다. 자연 세계가 빠르게 변화할 수 있다는 최초의 암시였다. 이는 다음 세대의 위대한 박물학자가 타협하고자 무던히 애쓴 개념이기도 했다.

허턴과 퀴비에의 이론은 종교 교리뿐 아니라 과학 도그마에도 도전했고 수십 년의 논쟁이 뒤를 이었다. 많은 학자가 성경 구절로 이에 맞섰다. 만약 육지의 암석에 해양 생물의 흔적이 남아 있다면 그

〈미국 최초의 마스토돈 발굴〉에서 화가이자 박물학자인 찰스 윌슨 필은 1801년 자신이 발굴한 아메리카 인코그니툼(incognitum, 정체를 알 수 없는 동물)에 영원성을 부여했다. 마침내 그 화석 스케치가 파리로 건너가 퀴비에의 손에 들어갔을 때, 그는 그것이 최초로 멸종이 확정된 동물, 마스토돈이라고 확신했다. 메릴랜드역사협회 제공.

건 온 세계가 물에 잠긴 대홍수 기간에 형성된 것이고, 화석에 박힌 낯선 생물은 미처 노아의 방주에 올라타지 못한 것들이라고 말이다. 고대 세계가 현재와 딴판이었다는 생각은 받아들이지만, 암석의 형성, 화석의 기원, 지질시대의 전환을 일으킨 원인에 관해서는 다른 견해를 제안한 이들도 있었다. 이런 논쟁이 청년 찰스 다윈을 사로잡았다. 젊어서 지질학에 매진했던 다윈은 허턴의 "열혈 제자"[7]임을 자처하며 스승의 관점을 지지했다. 당시 이 개념은 19세기의 위대한 지질학자이자 다윈의 좋은 벗이었던 찰스 라이엘이 대중에게 전파하면서 확산되었다. 다윈은 비글호 항해 기간에 동물학 연구는 제쳐둔 채 수천 점의 화석과 암석 표본을 수집했고, 핀치 때문이 아니라 "활화산이 풍부"[8]하다는 이유로 갈라파고스제도에 가고 싶어 몸이 달았다. 이후 다윈은 종 형성에 대한 이론을 화석 증거로 뒷받침했고, 그것은 박물학자인 앨프리드 러셀 월리스도 마찬가지였다. **자연선택**에 따른 진화라는 주제로 1858년 두 사람이 동시에 발표한 논문 그리고 이듬해 다윈이 출간한 《종의 기원》은 허턴이 지질학에서 변화의 개념을 끌어낸 것처럼 생물학에서도 변화를 근본적인 작용으로 수용하고 거기에 설득력 있는 메커니즘을 부여했다. 다만 두 사람 모두 변화는 느리고 서서히 축적된다고 보아 침식과 퇴적처럼 점진적으로 작용하는 지질학적 힘을 인정한 당시의 새로운 합의에 보조를 맞추었다. 한 세기가 지나서야 생물학자들은 환경과 진화 그리고 저 힘들이 상호 작용하는 방식이 얼마나 빨리 달라질 수 있는지 깨닫기 시작했다. 이번에도 최초의 깨달음은 현생 생물이 아닌 암석과 화석 그리고 심원의 시간을 이해하는 과정에서 비롯되었다.

갑자기, 광범위한, 대량의

1971년 두 명의 새내기 고생물학자가 미국지질학회 연례 회의에 '단속평형설'이란 이론을 들고나왔다. 대학원 시절부터 친구이자 공

동 연구자였던 나일스 엘드리지와 스티븐 제이 굴드는 오랫동안 고
생물학 분야의 골칫거리였던 한 질문에 새로운 답을 제시했다. "잃
어버린 고리는 어디에 있는가?" 만약 진화가 정말로 느리고 점진적
인 과정이라면 한 형태가 다른 형태로 바뀌는 전이 과정이 화석 기
록에 남아 있어야 하지 않겠는가. 그러나 화석 속 종들은 수백, 수천
만 년 전 지층에 갑자기 나타나서는 별다른 변화 없이 지속되는 경
향이 있었다. 다윈도 이 문제를 아주 잘 인지했던 터라 "내 이론을
반박할 가장 명백하고 심각한 이의 제기"[9]라고 불렀고, 《종의 기원》
에서 '지질학적 기록의 불완전함에 관하여'[10]라는 제목으로 9장을
통째로 할애할 만큼 신경 썼다. 암석이란 특정한 조건에서만 생성되
고 게다가 극히 일부 암석에만 화석이 남아 있으므로, 대부분의 종
과 한 종이 다른 종으로 넘어가는 중간 과정은 기록되지 않고 사라
진다. 다윈은 "자연이 남긴 지질 기록은 세계 역사의 불완전한 보존
이다. … 곳곳에 짧은 장만 남아 있고, 그마저도 몇 줄씩 흩어져 있는
게 고작이다"[11]라는 훌륭한 비유를 남겼다. 엘드리지와 굴드도 지질
기록에 한계가 있다는 사실을 반박하지는 않았다. 다만 이들은 중간
단계의 화석이 귀한 다른 이유를 제시했다. 바로 빠른 진화다. 만일
새로운 종이 긴 시간 동안 천천히 발생하지 않고 (지질학적 관점에서)
하루아침에 생성되었다면, 그 변신 과정은 흔적을 남길 시간이 없었
을 것이다.

　　단속평형설은 진화론에 도전하지 않으면서 진화적 사고에 도전
했다. 단지 속도가 달라졌을 뿐, 자연선택을 포함한 다윈의 모든 기

본 원리가 그대로 적용되었다. 급격한 활동(단속)이 일어난 후 장기간의 안정(평형)이 이어지는 과정은 삼엽충에서 말까지 모든 화석기록을 설명할 수 있었고, 지지자들은 이 이론을 광범위하게 적용하기 시작했다.[12] 엘드리지와 굴드가 사실을 지나치게 과장하거나 잘못 해석했다고 비판하는 사람도 있었다. 점진적인 시스템에서 간헐적으로 나타나는 사소한 경향을 과도하게 부풀렸다고 말이다. 논쟁은 계속되었다. 그러나 그 패턴이 흔하든 귀하든, 그 원인이 무엇이든 간에 단속평형설이 중요한 개념을 도입했다는 점에는 변함이 없다. 생물이 진화하는 속도는 다양하며, 적어도 가끔은 폭발적인 속도로 변화가 진행된다는 사실 말이다.

자연을 고정되고 어길 수 없는 것으로만 보았던 과학계와 대중의 인식이 두 세기에 걸쳐 점차 달라졌다. 자연은 서서히 변할 수도, 또는 빠른 시간에 갑자기 탈바꿈할 수도 있는 것으로 바뀌었다. 이렇게 사고가 전환되면서 생물학자의 역할도 확장되었다. 종의 목록을 작성하는 일에 머무는 대신 종의 역사와 관계를 해독하고, 진화가 진행 중임을 잘 보여주는 증거를 찾아 나선 것이다. 동물과 식물은 어떻게 환경에 그리고 서로에게 반응하는가. 왜 어떤 종은 수백만 년간 계속될 만큼 유연하고 회복력이 큰 반면에 알멘드로나무 같은 종은 아주 작은 변화에도 크게 동요하는가. 종의 진화는 물론이고 멸종의 속도에 부침을 일으키는 요인은 무엇일까. 이런 질문은 점점 확실해지는 또 다른 깨달음에 맞서 제기되었다. 지구의 모든 생태계에서 지배적인 존재이자 변화의 주체로 특별한 어떤 종이 계속해서

부상하고 있었다는 것. 다름 아닌 호모사피엔스였다.

인간이라는 결정적 변수

전통적인 자연관은 인간의 행동이 자연에 미치는 영향을 심각하게 받아들이지 않았다. 농경, 사냥, 벌목 등이 모두 어느 정도 자연을 희생시켰으나, 그 비용은 지엽적이고 일시적인 것으로 여겨졌다. 일례로 로마 황제 트라야누스가 다키아왕국과의 전쟁에서 승리한 기념으로 기둥에 새긴 부조에는 점령지의 우거진 숲과 야생동물이 로마군에 의해 벌목되고 사냥당하는 장면이 묘사되어 있다. 물론 그 바탕에는 저 풍요로운 경관이 곧 회복되리라는 믿음이 있었다. 그렇지 않으면 다키아왕국을 정복할 이유가 있었을까. "푸른 언덕이 있는 한 장작 걱정은 없다"라는 옛 중국 속담이 있다. 그러나 19세기에 들어서면서 사람들은 저 속담 속 언덕이 영원할 수 없음을 깨달았다. 산업화, 도시화, 인구 증가가 계속되면서 공기와 물이 오염되고 사냥감, 경작지 그리고 장작이 부족해졌다. 과도한 사냥으로 도도새처럼 잘 알려진 이국적인 동물뿐 아니라 나그네비둘기나 큰바다쇠오리처럼 흔한 종까지 씨가 마르면서 멸종의 의문이 단번에 풀렸다. 1819년 독일 박물학자이자 탐험가인 알렉산더 폰 훔볼트가 벌목은 "미래 세대에 재앙"[13]을 가져올 것이라고 경고했을 때, 여전히 사람들은 그 말을 믿지 않았다. 그러나 같은 세기가 끝날 무렵, 전 세계에서 각국 정부는 당연한 듯이 국립공원, 보호림, 야생동물 보호구역을 지정했고, 시민 단체들의 네트워크도 세를 불리며 환경보호를 위한 로비에 나섰다. 그러나 현재 우리가 처한 곤경을 가장 정확히 짚어낸 것은 산업 중심지에서 방출되는 "엄청난 양의 기체와 증기"[14]가 기후를 바꾸리라 예측한 훔볼트의 또 다른 선견지명이었다.

　다만 훔볼트는 공장의 매연 배출을 그저 대도시를 중심으로 열기가 가둬지는 철저히 지엽적인 문제로만 보았다. 그러면서 전반적인 기후 경향은 지질 활동과 탁월풍, 그 밖의 "문명과 크게 상관없는"[15] 다른 요소에 달려 있다고 믿었다. 그러나 산업화가 계속되고 대기오염이 심각한 수준에 이르면서 사람들은 그 영향력의 규모를 다시 생각하기 시작했다. 대기오염이 건강에 직접적인 영향을 미치자 유럽과 북아메리카 전역의 도시에서 굴뚝을 통한 연기 배출이 규제되었다. 한편 1850년대 영국 맨체스터 주변의 악명 높은 검은 하늘을 연구한 결과, 황이 많이 들어 있는 석탄을 태우면 산성비가 내린다는 사실이 밝혀졌다. 동시에 물리학자들은 수증기를 비롯한 다양한 기체의 열 흡수 능력을 측정해 온도를 조절하는 대기의 역할을 확인했다. 수십 년 후 스웨덴 화학자이자 물리학자로 노벨상을 받은 스반테 아레니우스는 모든 실타래를 하나로 묶어 "석탄과 석유를 소비"[16]하는 인간 활동이 해당 지역은 말할 것도 없고 사실상 지구 전체의 기후를 변화시킬 수 있다고 제시했다. 그는 "대기 중의 이산화탄소 농도가 두 배로 늘어날 때마다 지구 표면의 온도는 2.2도씩 올라간다"라고 예측했다.[17] 그러나 천성이 워낙 낙천적이었는지, 인간에 대한 기본적인 믿음이 강했는지, 아니면 추운 스웨덴에 살았기 때문인지는 모르겠지만, 아레니우스는 기온 상승을 긍정적으로 보았다. 그는 인간이 유도한 기후변화는 좋은 날씨와 높은 수확량으로 이어지며 다음 빙하기의 도래를 늦추는 데 도움이 될 것이라고 주장했다.[18]

3000년어치 30년

아레니우스가 온난화를 주장한 1896년 무렵에는 그의 말에 귀 기울이는 사람이 거의 없었고, 반세기가 지나서야 이 예측을 실험하고 다듬을 도구가 마련되었다. 이윽고 실제로 이산화탄소 수치와 지구 기온이 크게 동반 상승하면서 아레니우스의 예측은 기후과학의 모퉁잇돌이 되었다. 그러나 현역 종사자들은 온난화의 결과를 해석하는 아레니우스의 장밋빛 전망에 동의하지 않는다. 미래를 먼저 내다본 이 스웨덴 사람도 기후가 이렇게 빨리 변할 줄은 미처 예상하지 못했기 때문이다. 아레니우스는 스톡홀름에서 열린 공개 포럼에서 인간 활동은 3000년에 걸쳐 이산화탄소 수치를 두 배 늘릴 수준이라고 발표했다.[19] 그러나 현재의 배출량이 지속된다면 우리는 30년도 못 되어 그 수준에 도달할 것이다. 지구가 변화할 가능성은 진작 인간의 예상을 뛰어넘었기에, 21세기의 과학자들에게 급격한 변화가 가능한지 묻는 대신, 이미 그런 세상에 살고 있는 게 아닌지

묻게 한다.

자연을 바라보는 사고의 변천사에서 '급격한 변화'의 개념은 아직 상대적으로 새롭다. 지금 이 순간이 대단히 중요한 기점이며 놀라운 소식이 많은 것도 그래서다. 현대 기후변화는 이론에 불과했던 개념을 순식간에 현실로 바꿔놓았고, 과거 대격변기에 생물과 경관이 형성된 과정을 그대로 보여준다. 이 책은 생물 종이 변화에 어떻게 반응하는지를 탐구할 뿐, 변화를 일으킨 원인의 복잡성과 논란은 이야기하지 않는다. 어차피 생물은 지구가 왜 더워졌는지 신경 쓰지 않는다. 온난화가 자연적으로 발생했든 안 했든 겪어야 할 고난은 다르지 않았을 것이다. 그러나 이 책에서 먼저 꼭 짚고 넘어가야 할 부분이 있다. 기후변화의 주범으로서 수시로 입에 오르내리지만 제대로 설명된 적은 없는 물질이다.

현장에서 활동하는 과학자로서 나는 내가 볼 수 있는 것들을 연구하는 데 익숙하다. 나는 저 희귀한 앵무가 강을 건너는 장면을 잠깐이나마 볼 수 있다면 며칠의 고된 여정에 몸을 아끼지 않을 것이다. 이제껏 내 눈으로 직접 보고 관찰함으로써 더 잘 생각하고 이해하며 더 나은 질문을 던질 수 있었다. 이제 자연에서 기후변화의 결과는 확실해지고 있다. 그것이 이 책의 기본 전제다. 그러나 그 뒤에 있는 힘은 눈에 보이지 않는다. 그래서 나는 아주 중요하지만 흔히 대충 넘어가는 질문을 던져보고자 한다. 이산화탄소란 정확히 무엇인가. 그리고 어떻게 하면 이산화탄소를 손에 넣을 수 있을까.

2장

독기 어린 공기

측정할 수 있는 것은 모두 측정하고, 측정할 수 없는 것은 측정할 수 있게 만들라.[1]

토마앙리 마르탱, 《갈릴레오 갈릴레이*Galilée*》(1868)

고등학교 화학 교과서에 실린 이산화탄소 분자 그림은 커다란 검은색 공(탄소)을 작은 빨간색 공(산소) 두 개가 양쪽에서 받치고 있는 모양이었다. 당시 내 눈에는 그 모형이 이전 학기 생물 시간에 배운 붉은 눈의 초파리처럼 보였다. 큰턱과 더듬이 한 쌍만 그려 넣으면 영락없는 초파리 얼굴이 되었다. 그 인상이 오래 남아 한참 뒤 이산화탄소가 기후변화에 연루되어 악명이 높아졌을 때 나는 전 세계의 배기관과 굴뚝에서 작은 파리 떼가 끝없이 뿜어져 나오는 모습을 떠올리곤 했다. 꽤 생생한 이미지였으나 저 분자 모형만 보아서는 문제의 기체에 대해 알 수 있는 게 없었다. **메탄**을 비롯한 여타 온실가스보다 풍부하지만 분해하기 어려운 이산화탄소는 오늘날 세계를 위협하는 재앙의 근원이자 지구상의 모든 생명체를 구성하는 필수 분자다. 워낙 흔해 상대적으로 쉽게 발견되며, 아마 그래서 대기에 존재하는 기체로 맨 처음 식별되었을 것이다. 사실 이산화탄소가 발견되기 전까지 과학자들은 대기가 무엇인지, 대기에 측정할 수 있는 물질이 있기는 한지조차 확신하지 못했다.

1767년 여름, 영국의 저명한 신학자이자 박식한 자연철학자 조지프 프리스틀리는 마침 한가한 나날을 보내고 있었다. 대도시 리즈의 목사였지만 수행할 임무가 많지 않아 평소에도 여유로웠으므로 주로 생각에 잠기거나 글을 쓰거나 이것저것 손보며 지냈다. 문법에서 전기까지 세상 만물에 관해 두루 책과 논문을 써왔던 그가 마침내 선택한 다음 주제는 당시 새롭게 떠오른 공기화학이라는 분야였다. 프리스틀리는 어느 전기 작가가 "전설이라 부를 만한 지적 알몸 질주"[2]로 표현한 열정을 불살랐다. 불과 몇 년 후 프리스틀리는 공기가 측정할 수 있는 물질임은 물론이고, 여러 요소가 뒤죽박죽 섞인 복잡한 상태임을 밝혔다. 그 과정에서 산소를 비롯한 10가지 흔한 기체를 처음으로 분리하고 기술했으며 **광합성**의 기본 화학 원리를 규명했다. 이 발견은 모두 광부들이 질식성 가스, 또는 문학적으로 "독기 어린 공기mephitic air"라고 부른 것에 대한 호기심에서 시작되었다. 독기를 품은 이 공기는 석탄 광산의 갱도 바닥에 보이지 않게 고인 채 사람을 질식시켰다. 스코틀랜드 화학자 조지프 블랙은 실험실에서 작은 백악白堊과 석회암 조각을 가열했을 때 나온 연기를 병에 가두어 이 기체를 분리해냈다. 그런데 이 기체가 발생하는 장소가 한군데 더 있었으니, 마침 우연히 프리스틀리가 살던 동네였다.

맥주와 탄산수

나중에 회상한 바와 같이 프리스틀리는 "맥주 양조장 옆에 살았던 덕분에 실험을 시작했다."[3] 프리스틀리는 에일을 발효하는 커다란 양조통 주위에서 어슬렁대다가 문제의 기체를 아주 쉽게 손에 넣었다. "통 안에서 대략 30센티미터 깊이로 증기가 차올라 어떤 물체도 넣어볼 수 있었다."[4] 그 후 몇 달간 그는 이 거품 지대에 초, 부지깽이, 얼음, 송진, 황, 에테르, 와인, 나비, 달팽이, 민트 잔가지, 각종 꽃 그리고 적어도 한 마리의 "크고 튼튼한 개구리"[5]까지 넣고 실험했다. 하지만 내가 보기에 프리스틀리의 호기심보다 더 강한 것은 양조장 직원들의 인내심이었다. 실험을 망칠 때마다 맥주에서 "요상한 맛"[6]이 나도 이 괴짜 목사에게 싫은 내색 한 번 하지 않았으니 말이다. 어쨌든 여느 뛰어난 관찰자처럼 프리스틀리도 이내 그 기체에는 무엇인가가 '없다고' 생각하게 되었다. 그 안에서 촛불은 꺼져버렸고, 동물은 어느 정도 시간이 지나면 질식했기 때문이다. (다행히 그 '튼튼한 개구리'는 구조되어 몇 분 후 다시 살아났다.) 하지만 이 신비한 증기가 단지 '정상적인' 성분이 빠진 기체에 불과한 건 아니었다. 증기 자체에 꽤 특이하고 흥미로운 성질이 있었기 때문이다. 그는 이내 이 기체가 장미 꽃잎의 색깔을 바래게 한다는 것을 알았고, 공기보다 무거워 그 안에 갇힌 연기가 양조통 옆으로 흘러내려 바닥에 모이는 것을 보았다. 무엇보다 그는 물에 이 기체를 녹여 "기분 좋은 신맛"[7]이 나는 거품 음료를 만들어 유명해졌다. 이런 획기적인

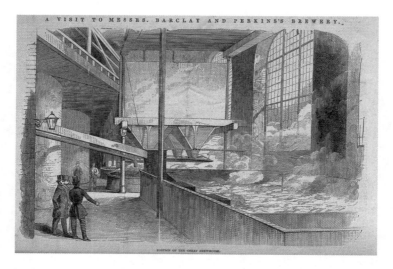

맥주가 발효할 때는 부산물로 다량의 이산화탄소가 생성된다. 덕분에 이 살아 있는 실험실에서 프리스틀리가 기체 실험을 할 수 있었다. 〈바클리와 퍼킨스 양조장〉(1847). 웰컴 컬렉션 제공.

발명으로 프리스틀리는 런던왕립학회가 수여하는 명망 있는 코플리 메달을 받았다.[8] 그러나 정작 이 방법을 활용해 탄산수 회사를 차리고 큰돈을 번 것은 기업가 요한 슈베페였다. 그의 이름이 들어간 슈웹스라는 탄산수는 지금도 팔린다. 이런 초기 발견 덕분에 사람들은 화학자들이 이산화탄소라는 이름을 생각해내기 훨씬 전부터 독기 어린 공기 그리고 그것의 맛에 관해 많은 것을 알게 되었다.

출판된 지 250년이나 지났지만 프리스틀리가 기체에 관해 쓴 책은 여전히 흥미롭다. 바람이 유난히 세게 불던 어느 12월의 아침, 그의 책을 읽던 나는 프리스틀리가 양조장에서 경험했던 발견을 향한

탄산수를 발명한 사람은 프리스틀리지만 탄산음료의 경제적 잠재력을 알아본 사람은 슈베페였다. 1883년의 광고. 영국도서관 제공.

열의를 느꼈다. 마침 가벼운 코감기로 집에서 쉬고 있던 초등학생 아들 노아가 기꺼이 동참했다. "이산화탄소를 찾아보자!" 그렇게 우리는 수색에 나섰다.

간단히 탄산음료병을 열어 거품을 모으면 될 일이었다. (마침 집에 슈웹스 탄산수도 있었다.) 하지만 탄산가스에서 이산화탄소를 얻는 건 왠지 떳떳하지 못한 기분이 들었다. 그렇다면 옆에서 잘 타고 있는 장작 난로는 어떨까. 그 연기에도 분명 우리가 원하는 게 들어 있겠지만 어떻게 60가지도 넘는 기체, 화학물질, 고약한 분진의 혼합물에서 이산화탄소를 걸러내겠는가. 차라리 프리스틀리가 했던 것처럼 지구에서 가장 순수하고 흔한 이산화탄소 공급원을 공략해보는 게 나을 듯싶었다. 그래서 우리는 냉장고를 열었다.

사실 발효는 양조통 말고도 아주 다양한 장소에서 일어난다.[9] 요구르트나 치즈를 만드는 사람들은 배양이라고 부르지만, 엄밀히 말해 발효는 미생물의 느린 소화 과정이다. 즉 세균이나 다른 미소 유기체가 음식물에서 에너지를 추출하는 방식이다. 모든 소화 과정이 그렇듯이 발효 과정에서도 버려지는 것이 있다. 그런 발효의 부산물에 알코올(즉 맥주)과 젖산이 있는데, 김치나 버터밀크 같은 대표적인 발효 음식에서 톡 쏘는 시큼한 맛이 나는 이유도 거기에 있다. 무엇보다 대부분의 발효 과정 중에 이산화탄소가 만들어진다. 그래서 우리가 냉장고 안쪽 구석을 뒤진 것이다. "프로바이오틱스 펀치!"라는 광고 문구와 함께 "살아 있어요!"라고 주장하는 유기농 사워크라우트병이 먼저 눈에 들어왔다. 하지만 그 안에 살고 있던 생물은 속세의 번뇌에서 벗어난 지 오래라 더는 이산화탄소를 만들지 않았다. 통에 든 짠물 위에서 켠 성냥은 마냥 밝게 타올랐다. 요구르트와 사워크림으로도 실험해봤으나 결과는 실망적이었다. 그러다가 마침내 대박을 건졌다.

피클과 온난화의 관계

냉장고 맨 아래 선반에 당근과 셀러리 봉지 뒤로 대략 2리터짜리 피클병이 숨어 있었다. 지난 8월에 담근 이후로 계속 발효하면서 세균에 이어 곰팡이까지 활동에 나섰는지 신맛은 물론이고 군내까지 났다. 진작 처리하지 못한 내 게으름 덕분에 실험이 가능해진 셈이었다. 노아와 내가 병뚜껑을 열고 성냥불을 가까이 가져갔을 때 우리는 왜 소화기의 주요 성분이 이산화탄소인지 알 수 있었다. 주변에 태울 산소가 없으므로 불은 마치 스위치를 내린 듯이 꺼져버렸다. 게다가 불이 꺼진 성냥 끝에서 나온 연기가 기체 안에 갇혀서 프리스틀리의 묘사처럼 구불대며 아래로 향했다.

　"옆으로 쏟아지고 있어요!" 병의 입구를 넘어 무거운 기체를 따라 흘러내린 연기가 조리대로 퍼지는 것을 본 노아가 소리쳤다.

　"바로 그거야." 내가 말했다. "네가 보고 있는 게 이산화탄소란다!"

　하지만 노아는 우리의 사냥감이 원래 눈에 보이지 않는 물질이라는 걸 알고 있었다. "이산화탄소는 보이지 않는데요? 연기만 봤잖아요." 그렇다. 다만 과거의 프리스틀리처럼 우리도 연기를 이용해 그 기체를 본 것이었다. 연기는 병 주위를 휘감아 돌면서 제 경계를 뚜렷이 보여주었다. 이산화탄소가 모두 사방으로 흩어질 때까지 우리는 계속해서 성냥을 그어댔고 그때마다 불이 꺼진 채 타들어가는 모습을 보면서 발견의 전율로 부엌을 가득 채웠다.

　간단한 실험이 뜻밖의 깨달음으로 이어질 때가 있다. 프리스틀리의 발효 실험을 반복하다 보니 한 가지 의문이 들었다. 이 피클도 이산화탄소를 만들어내는 만큼 기후변화를 일으킬까. 술을 빚는 것은 어떨까. 답은 물론 "아니오"다. 왜 어떤 탄소 배출은 무해하고 어떤 건 유해한지를 알게 되면 기후변화의 근본적인 진실에 좀 더 가까워질 것이다.

먼저 피클병 속 탄소는 소금물 속 오이에서 왔다. 이 오이는 작년 여름 우리 집 텃밭 주변의 공기에 섞인 탄소를 갖다 썼다. 어디에서 자라든 모든 식물의 생장은 광합성을 통해 일어난다. 광합성은 식물의 잎이 태양에너지로 이산화탄소와 물을 결합해 녹말, 즉 이산화탄소의 '탄소'가 들어간 '탄'수화물을 합성하는 과정이다. 그 녹말이 분해되면 탄소는 다시 대기로 돌아간다. 이는 지구의 탄소순환에서 우리 자신도 매 순간 한몫을 담당하는 아주 익숙한 과정이다. 식물을 먹든, 식물을 먹은 동물을 먹든 인간의 몸에 연료를 제공하는 모든 에너지가 광합성으로 생성된 녹말에서 시작하고, 우리는 숨을 내쉴 때마다 이산화탄소를 밖으로 내보낸다. 다행히도 기후변화의 관점에서는 인간이 숨 쉬는 것이나 피클을 담그고 맥주를 빚는 것이나 모두 똑같이 무해한 과정이므로 다들 죄책감 없이 숨 쉬어도 좋다. 우리 몸은 공기 중의 탄소가 식물과 동물을 거쳐 다시 공기로 돌아가는 자연적인 순환 과정의 일시적인 경유지에 불과하며 그 과정에 탄소를 보태지도 빼지도 않는다. 만약 이게 전부라면 지구가 더워질 리도 없고 내가 이 책을 쓸 이유도 없다. 하지만 현대 기후변화의 현실은 중요한 한 가지 사실에 달려 있다. 모든 식물이 곧바로 분해되는 건 아니라는 점.

피클을 생각해보자. 우리 입으로 들어갔든, 텃밭에서 썩게 놔두었든 오이는 소화와 분해를 통해 바로 탄소를 방출한다. 그러나 그

과정이 소금물 안에서는 상당히 느려진다. 조건만 맞으면 탄소 배출
이 아예 멈출 수도 있다. 그런 장소가 자연에서는 심해 밑바닥이나
습지, 크게 두 곳이다. 대량으로 죽어서 해저에 가라앉은 해조류가
동물에게 먹히거나 분해되기 전에 바다 밑에 깊숙이 묻히는 경우가
있다. 습지에서 죽은 식물도 오랜 세월 썩지 않고 겹겹이 쌓여 이탄
泥炭을 형성한다. 양쪽 모두 이 상태에서 그 위로 퇴적암이 발달하면
유기체 속 탄소가 대기 중에 방출되지 않고 수백만 년 이상 효과적
으로 갇혀 있게 된다. 이 고대 식물이 열과 압력 그리고 세월의 힘으
로 변형되면 우리에게 친숙한 화석연료가 된다. 가령 석유는 해조류
에서, 석탄은 이탄에서, 천연가스는 양쪽 모두에서 만들어진다. 따
라서 화석연료를 태우는 것은 억겁의 세월 동안 갇혀 있던 탄소를
한꺼번에 대기로 돌려보내는 꼴이다. 그 바람에 원래 안정적으로 돌
아가던 탄소순환에 큰 부담을 주어 오늘날의 처참한 결과가 발생한
것이고.

　　나는 이 사실을 프리스틀리의 실험에 관해 읽기 전부터 알았다.
또한 탄소가 침식이나 화산활동 같은 다른 방식을 통해서도 방출되
며, 조개껍데기와 산호 퇴적물로 형성된 석회암에도 갇혀 있다는 것
을 알고 있었다. (프리스틀리의 양조장 실험은 기후에 무해하다. 반면에 백
악 등 석회암을 태운 블랙의 실험은 오늘날 시멘트 제조의 필수 단계로, 이는
인간이 고대의 탄소를 공기 중에 대량 방출하는 또 한 가지 방식이다.) 다만
아들과 함께 피클병에서 무해하게 스며 나온 이산화탄소를 실험하
면서 전체적인 탄소순환 과정을 새삼 되새겼고, 평범한 일상의 탄소

원과 만악의 근원인 화석화된 탄소원을 정확히 구분하게 되었다. 실험을 마치고 노아와 나는 피클병의 뚜껑을 잘 닫고 밀봉한 다음 다시 냉장고 구석에 밀어 넣으며 얼른 다시 기체로 채워지길 바랐다. 이렇게 한 가지 실험이 끝났고, 이제 내가 직접 확인하고 싶었던 사실 한 가지가 더 남았다.

더위에 허덕이는 미생물

프리스틀리가 발견하고 슈베페가 유럽 전역에서 탄산수를 팔기 시작한 직후 과학자들이 이 구하기 쉬운 기체에 파고든 것은 당연했다. 그중에서도 아일랜드 물리학자 존 틴들은 이산화탄소가 복사열을 흡수한다는 사실을 밝혀내 다음 도약을 이루었다. 기체가 열을 흡수한다는 특성이야말로 정녕 현대 기후변화의 핵심이 아닐 수 없다. 나는 틴들의 논문을 읽었지만 그가 한 실험을 그대로 따라 할 수는 없었다. 틴들은 구리와 철로 된 금속관을 직접 제작해 기체를 분리했는데, 워낙 기발하고 훌륭한 장치여서 현재 런던의 왕립연구소에서 영구 전시 중이다. 비록 우리 집 피클병은 그 유명한 틴들의 장치에 비하면 조악하기 이를 데 없지만, 아마 이 나이 든 물리학자도 내 열원만큼은 부러워했을 것이다. 틴들이 다루기 까다로운 금속판 및 뜨거운 기름을 채운 정육면체 상자와 씨름한 반면에, 나는 전구를 사용했고 닭을 키워본 경험까지 있었기 때문이다.

틴들은 런던에서 열린 공개 강연에서 많은 관중을 끌어모았다. 그는 과학 지식은 물론이고 자신의 발상을 실험하기 위해 발명한 기발한 장비로도 잘 알려졌다. 《런던 일러스트레이티드 뉴스(*London Illustrated News*)》(1870).

　집에서 키울 암탉을 주문하면 항상 태어난 지 하루 된 병아리가 부화장에서 곧장 배송된다. (미국우정청은 살아 있는 동물을 우편으로 운송하지 못하게 하지만, 가금류 새끼, 꿀벌 그리고 이유는 모르겠지만 전갈은 특별히 예외로 취급한다.) 처음 몇 주 동안 병아리들은 우리 집 거실에서 생활한다. 새끼를 품어주는 어미 닭을 대신해 뚜껑이 없는 종이 상자에 병아리들의 임시 거처를 마련하고, 위에 보온등을 설치한 다음 높이로 온도를 조절한다. 등이 너무 낮으면 병아리들은 헐떡거리며 열기를 피해 도망 다닌다. 반대로 너무 높이 달면 등 바로 아래에 옹기종기 모여든다. 몇 번만 시행착오를 거치면 상자 속 기후를 조작해 완벽하게 아늑한 둥지를 만들 수 있다. 그리고 여기에서 조금만 더 머리를 굴리면 열과 이산화탄소의 관계까지 실험할 수 있다. 병아리를 피클병으로 대체하면 끝이다.

솔직히 말하면 별로 기대하지 않았다. 틴들이 장비를 발명하고 조정하는 데만 몇 달이 걸렸고, 요새 나오는 실험 기구는 훨씬 더 정교하니까. 기후변화의 가장 중요하고도 논쟁이 되는 전제를 집 안에 굴러다니는 물건으로 실험하겠다는 발상 자체가 터무니없어 보였다. 그러나 일단 시도는 해보기로 했다. 먼저 나는 냉장고 속 오래된 피클과 비교할 대조군으로 발효되지 않은 신선한 오이를 채운 병을 따로 준비했다. 그리고 측정 전에 두 병의 뚜껑을 모두 열어 압력의 영향을 제거했다. (참고로 기체는 압력을 받으면 더 따뜻해진다.[10]) 그런 다음 두 병을 보온등 아래에 30분 동안 두었다가 온도를 쟀다. (정확한 실험을 위해 네 개의 다른 온도계로 측정했다.) 정말 놀랍게도 발효 중인 피클 위의 공기가 대조군에 비해 0.9도 더 높았다. 몇 분 후 이산화탄소가 주변으로 흩어지자 병의 온도는 다시 같아졌다. 단지 우연에 따른 결과가 아님을 확인하려고 며칠 뒤 한 번 더 실험을 반복했고(피클 속 미생물에게 이산화탄소를 생산할 시간을 주어야 했다), 정확히 같은 결과를 얻었다. 마치 지구 대기의 축소판처럼 이산화탄소가 추가된 병은 그렇지 않은 병보다 훨씬 더 많은 열을 가두고 유지했다. 온도 차이는 작지만 메시지는 분명했다. 기후에 관해서는 별거 아닌 것처럼 보이는 변화도 극적인 결과를 일으킬 수 있다는 것.

생각지도 않게 피클병 실험은 단순한 이산화탄소 사냥 이상의 경험이 되었다. 이 실험을 통해 나는 빠른 변화의 시기에 유기체가 맞닥뜨릴 어려움을 절실히 깨달았다. 온도 실험을 한 번 더 하려고 피클병을 열었지만, 피클 특유의 톡 쏘는 향이 예전 같지 않았다. 성냥을 켜보니 며칠이 지났는데도 이산화탄소가 거의 축적되지 않았다. 냉장고의 냉기와 보온등의 열기를 오가는 일이 소금물 속 미생물에게 버거웠던 모양이다. 이는 모든 생물이, 심지어 염분에 강한 세균조차 불안정한 기후에서는 힘겨워한다는 사실을 여실히 보여준다. 열파, 한파, 그 밖의 극한 날씨는 이미 현대 기후변화의 특징으로 자리 잡았다. 이 사건들이 광범위한 스트레스는 물론이고 기회로도 작용하고 있다. 여기야말로 기후변화 생물학의 완벽한 시작점이 될 것이다.

맞서라―항상 맞서라―
그래야 이길 수 있다.

조지프 콘래드, 《태풍*Typhoon*》(1902)

2부

위기
The Challenges

모든 사람이 체커 규칙을 안다. 아니, 그런 줄 알았다. 코스타리카 시골에서 현지인 보조 연구자와 한 판 둘 때까지는 말이다. 전진만 할 수 있는 줄 알았던 말들이 사방으로 종횡무진 움직이더니 순식간에 체커 판의 내 땅이 깨끗이 비워졌다. 내 어설픈 스페인어 때문에 졌다고 생각하고 싶지만, 사실 상대의 규칙을 배웠더라도 이길 수는 없었을 것이다. 한번 익숙해지면 규칙이 달라져도 오래된 습관과 전략을 바꾸기가 어려운 법이다. 자연도 마찬가지다. 그런데 기후변화가 지구상의 모든 종이 참여하는 체커 판을 바꾸고 있다. 기준점이 이동하면서 그 선에 맞춰 살아온 모든 생물이 네 가지 큰 역경을 맞닥뜨리게 되었다.

3장

어긋난 타이밍

봄은 이미 왔는데 겨울 속을 걷고 있다니.

헨리 데이비드 소로, 《월든》(1854)

Right Place, Wrong Time

"어제 오셨으면 좋았을 텐데요." 전망대에서 내 옆에 있던 여성이 말을 건넸다. "겉옷이 필요 없는 날씨였거든요!"

건너편에 벌거벗은 겨울나무로 둘러싸인 꽁꽁 언 연못을 보아서는 믿기 어려운 말이었다. 하지만 사실이었다. 내가 매사추세츠주에 도착하기 24시간 전, 이곳의 온도계는 18도를 찍었다. 이른 2월의 기온으로는 관측 이후 최고치였다. 다시 찬 바람이 남쪽에서 구름을 몰고 와 영하의 기온이 되면서 모든 것이 정상으로 돌아왔다. 춥지 않으려면 몸을 움직여야 하는 날씨라 종종걸음으로 산책로를 걸었다. 자연사 책을 쓰는 사람에게 이런 특별한 길을 걷는 것은 성지순례나 마찬가지라 기대가 컸다.

월든 호수는 가장 넓은 구간의 너비가 800미터밖에 안 되는 작은 못이지만, 환경문학 역사에서 중요한 자리를 차지한다. 근대 미국에서 자연을 다룬 문학은 사실상 헨리 데이비드 소로가 번잡스러운 19세기 사회에서 도피할 장소로 저 호숫가를 선택하면서 시작되었다. 1854년에 출간한 회고록 《월든》은 인두세부터 파리의 패션까지 다양한 주제에 관한 사색이 담겨 있지만, 사람들은 내가 거닐었던 이 풍경에 대한 생생한 묘사로 책을 기억한다. 만약에 소로가 지금 나와 함께 걷고 있다면 여전히 많은 풍경을 알아보았을 것이다. 이 지역 대부분이 용케 도시화를 피했고, 숲은 그대로 우거졌으며, 한때 그의 오두막이 있던 집터는 키가 큰 소나무와 루브라참나무에 둘러싸여 있었다. 그러나 자발적 은둔자였던 소로는 이제 이곳에 고독이 없다는 사실에 더 당황할지도 모르겠다. 오늘날 월든 호수는 세계적인 관광 명소가 되어 겨울철에도 방명록에는 중국, 이스라엘, 벨라루스에서 다녀간 사람들의 자취가 남아 있다. 기념품점 옆으로 가까운 보스턴에서 버스를 타고 온 관광객을 위한 전용 승하차장이 있을 정도다.

하지만 어쨌든 소로가 가장 눈여겨볼 변화는 그가 그토록 잘 알았던 숲이지 사람은 아닐 것이다. 그건 이곳에서 그가 보낸 일상이 사색하고 글을 쓰고 콩을 키우는 생활 이상이었기 때문이다. 소로는 강박에 가까울 정도로 꼼꼼하게 주변의 식물과 동물을 관찰했다. 어떤 새가 지저귀는 거지? 저 야생화가 언제 폈지? 어떤 열매가 익었고 누가 그것을 먹고 있지? 첫 잎은 언제 났고 마지막 잎은 언제 떨어졌지? 소로는 한참 동안 제 숲을 걸으며 이 모든 것을 세심히 살폈고 하나하나 적었다.

생물계절학자가 된 소로

　"금광을 발견한 것 같았습니다." 리처드 프리맥Richard Primack이 소로의 데이터를 처음 보았을 때를 떠올리며 말했다. 마치 현대의 스프레드시트처럼 종에 따라 날짜별로 손수 적은 관찰 기록이었다. 나는 보스턴대학교로 프리맥을 찾아갔다. 그의 개인 연구실은 책으로 가득하고 논문 더미가 흘러넘치기 직전까지 쌓여 있어 몹시 비좁았다. 이런 어수선함은 소로의 소박함과 한참 거리가 멀지만, 나는 생판 다른 두 남자의 살림살이에서 비슷한 영혼을 발견했다. "소로를 논문의 공동 저자로 올리려고 생각했습니다. 진지하게요." 프리맥이 웃으며 말했다. 만약 진짜로 그랬다면 소로는 21세기에 가장 논문을 많이 내는 기후변화 과학자 순위에 이름을 올리게 될 것이다. 굳이 이름을 붙이자면 소로의 전공은 프리맥과 같은 **생물계절학**이다. 생물계절학은 자연에서 계절에 따라 일어나는 사건을 연구하는 분야다. 이 단어의 어원은 '모습을 드러내는 것들'이라는 뜻의 그리스어다. 여기에는 '현상phenomenon'이라는 단어처럼 경이로움이 내재되어 있다. 소로의 데이터를 발견한 것 자체도 뜻밖의 경이로운 사건이었는데, 특히 프리맥 같은 열대 식물 전문가에게는 더욱 그랬다.

　"사실 보르네오에서 일하기가 많이 어려워졌습니다." 프리맥이 소로는 월든 호수와 그 주변 시골 지역의 식물과 새를 상세하게 기록했다. 현대의 스프레드시트처럼 행과 열에 종과 날짜별로 관찰한 내용을 적었다. 모건 라이브러리 & 뮤지엄, 아트 리소스 제공.

연구 주제를 갑자기 바꾼 이유를 설명하면서 정치적 이슈와 연구비 문제를 언급했다. 동료들은 그가 수십 년의 우림 연구를 접고 월든 호수와 숲을 뒤지기 시작했다는 사실에 충격이 컸다. "그 친구들은 나더러 정신이 나갔다고 했지만 저는 놀라운 기회를 보았어요." 프리맥이 말했다. 2000년대 초 많은 이가 기후변화가 생물계절학에 미칠 영향을 입에 올렸지만, 북아메리카 동부 지역에서 그 증거를 찾아 실제로 밖을 쏘다니는 사람은 없었다. 프리맥은 대학원생 한 명과 함께 봄철 야생화 개체수를 조사하는 것으로 연구를 시작했다. 수십 편의 논문을 내고 많은 협업이 마무리된 지금도 여전히 프로젝트는 활기차게 진행 중이다. "제 연구 인생에서 가장 생산적인 시기를 보내고 있어요." 그가 당혹스러워하며 말했다. "예순아홉의 나이에 말입니다."

　희끗희끗한 머리에 산뜻한 정장 재킷을 차려입은 프리맥은 식물학자지만 소로 전문가로도 보인다. 이젠 둘 다라고 해도 무방할 것 같다. 그러나 사실 프리맥이 애초에 월든 호수 연구를 시작한 것은 이 유명한 과거 세입자와는 상관없는 일이었다. 단지 자연경관이 상대적으로 덜 훼손되었고 보스턴에서 가까우며 근대 박물학자들이 많은 기록을 남겼기 때문에 그곳을 택했다. 처음에 프리맥은 미출간된 소로의 생물계절학 기록을 알지 못했다. 사실 아는 과학자가 없었을 것이다. 실제로 프리맥의 프로젝트는 마침 소로 윤리학의 권위자였던 한 철학과 동료가 뉴욕의 어느 도서관에 보관된 소로의 야생화 데이터에 관해 귀띔해주기 전부터 진행 중이었다. 그리고 이후에 프리맥은 하버드대학교 소장품 중에서 소로가 남긴 귀중한 새 관찰 자료를 추가로 손에 넣었다. 내가 찾아갔을 당시 그는 또 다른 보물을 뒤지고 있었다. 계절에 관한 소로의 미완성 책이었는데, 초봄에 다양한 교목과 관목에서 첫 잎이 나타난 날짜가 기록되어 있었다. 이들 자료를 종합하면 소로의 일지는 북아메리카에서 가장 오래되고 상세한 생물계절학 기록이 된다. 소로의 자료는 특히 기후변화 연구에 큰 쓸모가 있는데, 어떤 종이 개화하고 눈이 돋고 숲을 날아다녔는지는 물론이고 정확히 그게 언제였는지까지 기록되어 있기 때문이다. 생물의 이러한 활동 시기는 이주, 생장, 번식과 같은 중요한 생물학적 사건의 핵심이다. 그리고 기후가 따뜻해지면 제일 먼저 달라질 것들이기도 하다.

"기온은 식물이 봄철에 꽃을 피우는 시기를 전적으로 좌우합니다." 또한 기온은 식물이 잎을 내고 곤충이 처음 나타나는 시기도 관장한다. 프리맥 연구팀은 소로의 데이터를 그 지역의 날씨 기록과 조합하고 다시 최근의 관찰 기록과 비교해 월든 호수에서 개화기가 종에 따라 최대 4주 이상 앞당겨졌다는 사실을 밝혔다. 소로가 5월과 6월에 감탄했던 제비꽃과 괭이밥은 이제 4월 말에 개화한다. 그리고 그가 "저 이른 노란 냄새"[1]라고 표현한 버드나무를 3월이면 음미할 수 있다. 내가 월든 호수를 방문한 2월은 버드나무가 싹을 틔우기에 너무 이른 시기였지만, 프리맥에 따르면 겨울철 환경도 중요하다.[2] 게다가 월든 호수에서는, 비록 외투 없이 다닐 기회를 하루 차이로 놓치기는 했으나, 내가 혼자서도 쉽게 알아챌 수 있는 다른 현상이 일어나고 있었다.

기후변화는 관계를 바꾼다

1857년 2월 소로는 월든 호수의 얼음 두께가 60센티미터 이상이라고 추정했다. 그는 규칙적으로 호수를 걸어서 건넜고, 얼음 상인들이 톱과 뾰족한 막대기를 들고 다니며 커다란 푸른 얼음덩어리를 썰매에 힘겹게 싣고 가는 모습을 보았다. 그러나 내가 호수에 가까이 갔을 때 근처에는 얼음 위를 걸으면 안 된다는 경고판이 세워져

상업용 얼음을 취급하는 상인들은 한때 월든 호수에서 엄청나게 큰 얼음덩어리를 캐내어 수출했다. 소로는 "찰스턴과 뉴올리언스, 마드라스와 뭄바이 그리고 콜카타에서 더위에 지친 주민들이 내 우물의 물을 마신다"[3]라고 기록했다. 그러나 내가 방문했던 2월에 얼음 두께는 고작 5센티미터였다. © Thor Hanson

있었다. 심지어 구멍에 빠져 허우적대는 막대 인간 그림까지. 물론 괜한 위험을 자초하지 않고도 호수 바로 앞에서 막대로 쉽게 얼음을 깨고 그 조각을 꺼낼 수 있었다. 얼음 두께는 5센티미터도 채 되지 않았다.

지난 160년 동안 월든 호수 주변의 평균기온은 2.4도 상승했고,[4] 현재 전형적인 봄꽃이 7일 일찍 개화한다. 생물학적 측면에서 보면 빠른 변화지만, 그래도 그게 전부라면 그저 겨울이 좀 짧아지고 4월에 볼 수 있는 꽃이 늘어나며 인기 있는 월든 호수에서 헤엄칠 기간이 좀 더 늘어나는 것으로 그쳤을 테다. 그러나 자연의 시스템은 그렇게 단순하지 않다. 프리맥 연구팀은 또 다른 중요한 패턴을 찾아 냈다. 괭이밥처럼 날씨에 맞춰 더 일찍 꽃을 피운 식물은 수가 많아 서 흔하게 눈에 띄었지만, 제비난초나 마운틴민트Mountain Mint처럼 본래의 개화기를 고수한 것들은 대체로 모습을 찾아보기 힘들었다. 사실 연구팀은 소로 시대의 많은 종을 찾을 수 없었다. 수년간의 철 저한 조사 끝에 그들은 소로가 관찰했던 식물 중 200가지 이상이 월 든 호수 근방에서 사라졌다는 결론을 내렸다. 저 식물들이 실종된 데는 분명 인간이 경관을 바꾼 탓이 크다. 그간 해당 지역에서 각종 개발을 비롯해 주택, 고속도로, 오염이 증가하고 습지나 가족 농장 은 감소했다. 여기에 따뜻하고 이른 봄의 형태로 찾아온 기후변화가 어려움을 더했다.

"유연성이 관건입니다." 월든 호수 연구의 핵심 결론을 요약하며 프리맥이 말했다. 일부 종에게는 기온 변화에 대응하는 능력이 내 장되어 있어 날씨가 더워지면 정해진 날짜에 상관없이 잎을 틔우고 꽃을 피울 수 있다는 것이다. 기후가 안정적일 때는 어차피 모두 똑 같은 일정에 따라 움직이므로 이런 형질은 그리 두드러지지 않는 다.[5] 그러나 기온이 올라가기 시작하면 융통성 있는 식물이 유리해 진다. 보수적인 종보다 다만 얼마라도 먼저 자라 꽃을 피우고 에너 지를 저장하기 때문이다. 느림보들은 빼앗긴 땅을 되찾지 못하고 결 국 재빨리 대처한 이웃에게 자리를 내준다. 어떤 경우에는 군집 전 체가 곤경에 처한다. 예를 들어 활엽수 아래에 피는 야생화는 제 머 리 위로 나뭇잎이 그늘을 드리우기 전에 싹을 틔워 몇 주 동안 온전히 태양을 즐기며 살아간다. 그러나 날씨가 일찌감치 따뜻해지고, 융통성이 뛰어난 나무가 재빨리 잎을 내 하늘을 가려버리면 초봄의 광합성 기회를 빼앗긴 풀들은 정상적인 생장과 개화 일정을 소화하는 데 어려움을 겪는다. 일부는 종자를 맺을 힘조차 잃는다. 이로써 소로의 숲에서 생존은 점차 제 이웃의 일정을 쫓아가는 데 달려 있게 되었다. 프리맥의 말처럼 "일찍 잎을 피울 수 없는 식물은 경쟁에서 뒤처진다." 그렇다면 기후변화가 바꾸는 것은 기온에 그치지 않는다. 기후변화는 관계를 바꾼다.

어긋난 타이밍, 반응하지 않는 생물

월든 호수를 떠나기 전에 나는 산책로를 거슬러 소로가 콩밭을 가꾸던 곳까지 갔다. 콩을 경작해 손에 쥔 돈은 9달러도 안 되었지만, 그는 그곳에서 호미 한 자루를 들고 무려 "11킬로미터"[6]나 되는 촘촘한 고랑을 일구었다. (요새 텃밭 가꾸기에 한창인 아내가 저 숫자를 보고 눈을 의심했다.) 이제는 밭에 숲이 우거져 시장에 내다 팔 작물을 키웠던 곳으로는 보이지 않았다. 그러나 막 도착한 붉은배딱따구리red-bellied woodpecker가 당신네에게 보는 눈이 없을 뿐 이곳에도 먹을 것이 천지라고 알려주었다. 회색 참나무 줄기에 내려앉아 위로 두 번 총총 뛴 다음 누가 자기를 훔쳐보는 줄 아는지 머리를 쫑긋 세우고 주위를 두리번거리더니, 나무껍질 틈바구니에 깊이 감춰진 도토리를 꺼내 껍데기를 부수고 흡족하게 먹었다.

여분의 견과류와 씨앗을 숨겨두고 어디에 두었는지 기억하는 재주는 딱따구리, 청설모, 그 밖의 선견지명이 있는 종들이 식량을 관리하는 귀한 능력이다. 바깥 상황이 여의찮으면 언제든 저장고에 부리를 들이밀면 되기 때문이다. 그러나 그런 능력이 없는 대부분의 새와 동물, 곤충은 살아남기 위해 항상 먹이를 찾아다녀야 한다. 따라서 이주나 번식처럼 몸에 부담이 큰 활동은 반드시 먹이가 풍부한 시기에 시도해야 한다. 그러나 월든 호수에서 조사한 식물 자료가 명확히 드러냈듯이 기후변화는 이미 자연의 타이밍을 엉망으로 만들었고, 거기에 모든 종이 같은 방식으로 대응하는 것도 아니다. 아예 반응하지 않는 생물이 있다.

봄철의 새소리를 "자연이 내는 가장 웅장한 목소리"[7]라고 불렀던 소로는 월든 호수의 모든 새 울음소리를 기억했으므로, 매년 남쪽에서 건너온 새들이 도착한 시간을 추적할 수 있었다. 그가 새에 관해 기록한 자료는 이름과 날짜를 적은 긴 목록이라 얼핏 보면 식물 관찰 기록과 유사하다. 그러나 유사점은 거기까지다. 이제 봄은 식물의 입장에서 평소보다 훨씬 일찍 찾아오지만, 새들은 여전히 소로의 시대와 같은 일정에 따라 움직이기 때문이다.[8] 열대지방에서 이주했든 옆 동네에서 왔든 새는 온도가 아닌 빛의 신호를 따른다. 봄이 되어 낮이 길어지는 때를 기다렸다가 이동한다는 뜻이다. 한편 기후변화는 적어도 낮의 길이에 영향을 미치지는 않는다. 이 차이가 바로 생물학자들이 **타이밍 불일치**라고 부르는 현상의 배경이다. 벌새가 도착하기도 전에 꽃꿀이 잔뜩 든 꽃을 피우는 식물이나, 늘 먹던 곤충의 부화 시기를 놓쳐 굶주리게 된 제비 떼 등이 그 희생자다. 달라진 속도에 반응하든, 달라진 자극에 반응하든, 서로 오래 길든 종은 어느덧 자신이 길은 제대로 찾아왔으나 때를 잘못 맞추었다는 사실을 깨닫게 된다.

불일치의 영향은 상상을 초월하며 월든 호수의 숲 바깥으로 확장된다. 사실상 비교할 과거 데이터가 있는 모든 곳에서 생물계절학적으로 이와 유사한 봄철 경향이 발견된다. 1930년대 미국 중서부 지역에서는 알도 레오폴드라는 또 다른 환경 운동의 아이콘이 위스콘신주에 있는 자신의 오두막 주변에서 일어난 봄철 현상에 주목해 귀중한 기록을 남겼다. 한편 영국에서는 노퍽주 출신 박물학자 로버트 마샴이 '봄의 징후'라는 제목으로 1736년부터 관찰을 시작했다. 마샴은 순무의 꽃에서 플라타너스의 첫 잎, 유럽쏙독새의 노래에 이르기까지 온갖 종의 타이밍을 60년간 추적했다.

봄만이 격동의 계절인 것은 아니다. 프리맥 연구팀은 최근에 가을로 관심을 돌렸다. 가을철 열매가 달리는 시기와 잎이 떨어지는 시기가 변화하면서 종자 산포부터 동면 시기까지 엄청나게 많은 기존 관계가 흐트러지고 있다. 길어진 여름과 짧아진 겨울이 불러온 결과도 셀 수 없다. 이런 생물계절학적 변화는 특정 생태계에서 극단으로 치닫는다. 예를 들어 알래스카의 툰드라에서는 가을 기온이 정상치보다 지나치게 높고 그 시작 시기가 늦어진 탓에, 기후 측정소의 컴퓨터가 관련 데이터를 오류로 판단해 자동 삭제하는 지경에

이르렀다.[9]

　우리 삶에서도 예상치 못한 타이밍의 변화가 종종 연쇄반응으로 이어진다. 가령 공항에 비행기가 연착하면 연결된 또 다른 비행기를 놓치게 되고, 결국 도착 시간이 늦어지면 약속이 취소되고, 계획이 변경된다. 가벼운 휴가라면 융통성 있게 일정을 조정할 수 있겠지만, 결혼식이나 취업 면접 같은 중요한 일이라면 타격이 크다. 동물과 식물도 생물계절학적으로 변화가 일어난 세상에서 비슷한 어려움을 겪는다. 한 생태계 안에서 종들이 각각 제 방식대로 대처하다 보니 경쟁과 포식, 수분 등 복잡한 관계의 그물망이 헝클어져버린다. 그 결과가 연구되기는커녕 아직 가늠조차 할 수 없는 지경이지만, 현재까지 조사된 바는 유연성이 중요하다는 프리맥의 결론을 반복해서 강조한다. 빨리 조정하지 못하는 종은 큰 장애물을 마주할 것이며, 특히 한 가지 자원이나 관계에만 의존해 사는 종은 더 위험하다. 서로 독점 관계를 맺고 있는 수분 매개자와 숙주식물만큼 이 상황을 잘 설명할 사례도 없을 것이다. 둘 중 어느 하나에서 일어난 타이밍의 변화는 양쪽 모두의 미래에 지대한 영향을 미친다. 이런 관계는 세계 곳곳에서 진화해왔지만 대개 모호하고 잘 알려지지 않았다. 하지만 다행히 우리 집에서 불과 몇 킬로미터 떨어진 곳에서 최고의 사례를 관찰할 수 있었다. 작은 보트만 있으면 갈 수 있는 곳이었다.

세상에서 가장 독한 관계

보트의 모터를 끄고 배를 살짝 기울인 채로 해변까지 남은 몇 미터를 노 저어 갔다. 프로펠러를 망가뜨리지 않겠다는 조건으로 배를 빌렸는데, 섬에 가까워질수록 물속에 큰 바위가 많아졌기 때문이다. 이 작은 섬에는 나 혼자밖에 없었다. 전체 면적이 0.5헥타르가 조금 넘고 바위투성이 해안선이 파도 위로 고작 1미터 안팎 올라온 이곳은 그리 인기 있는 장소가 아니었다. 하지만 나는 몇 년 전 식물을 조사하러 들렀다가 이곳의 작은 풀밭에 내가 찾는 식물과 그 식물을 수분한다고 알려진 유일한 벌이 건강한 군락을 이루고 있다는 걸 알게 되었다.

해변에서 이어지는 좁은 길을 따라 미국 북서부 태평양 연안에서 평생 바닷바람을 맞으며 낮게 굽어 자란 향나무와 버드나무 아래를 지났다. 웬일로 바람이 잔잔하고 날이 맑은 게 벌을 보기에 완벽한 날씨였다. 그리고 마침내 눈앞에 풀밭이 펼쳐졌을 때 타이밍도 기가 막히게 잘 맞춰왔다며 혼자 뿌듯해했다. 수십 개의 꽃대가 풀 사이로 여기저기 올라와 있고 그 끝에 미색의 꽃들이 달려 있었다. 이 여로藜蘆과 식물은 데스카마스death camas로, 그 유명한 독성에서 이름이 비롯했다. 백합을 닮은 잎과 구근을 먹을 수 있는 것으로 착각하기 쉬워 목동은 물론이고 등산객이나 야영객들도 조심해야 하는 독초다. 이 식물에 들어 있는 독성 물질은 **지가신**이라고 하는데, 심장과 폐, 소화관까지 공격하는 맹독이다. 이 식물의 라틴어 학명을 지을 때 학자들은 분류학적 감성을 담아 '*Toxicoscordion venenosum* var. *venenosum*'이라고 명명했다. '독성이 있는 구근, 독성이 있는, 독성이 있는'이라는 뜻이다.

나는 풀밭이 한눈에 보이는 장소에 자리를 잡고 앉아 지켜보기 시작했다. 데스카마스 아래로 '푸른 눈의 메리'라고 불리는 풀이 땅을 끌어안고 카펫처럼 깔려 있었다. 나는 이내 뒤영벌 세 종과 땀벌로 보이는 벌들이 반짝반짝 빛나는 작은 꽃 사이에서 즐겁게 꿀을 찾는 모습을 보았다. 그러나 한 시간이 다 되도록 데스카마스 위에는 아무도 앉지 않았다. 그도 그럴 것이 대개 식물은 잎이나 씨, 뿌리 등 배고픈 초식동물이 잘 갉아 먹을 부위에 방어물질을 축적하지만, 데스카마스는 꽃가루와 꽃꿀을 포함한 모든 부위에 독이 퍼져 있기 때문이다. 데스카마스의 꽃을 찾은 곤충은 맛 좋은 보상은커녕 경련과 마비 그리고 죽음을 기대해야 한다. 마침 이 지역에 사는 벌 한 종이 해결책을 알아냈기에 망정이지 그러지 않았으면 영영 대를 잇지 못했을 까다로운 수분 전략이다.[10] 애꽃벌의 일종인 데스카마스벌 *Andrena astragali*은 지가신의 독성을 해독하고 소화하는 방법을 진화시켜 다른 곤충이 기피하는 꽃가루와 꽃꿀이 차려진 식당을 독점하게 되었다. 대신 식물은 다른 꽃에 일절 눈을 돌리지 않는 충실한 수분 매개자를 통해 전용 서비스를 즐긴다. 그러나 어디까지나 이들의 관계는 타이밍에 달렸다.

데스카마스벌 한 마리가 먹이를 찾아 데스카마스 위를 부지런히 돌아다니고 있다. 꽃의 개화기와 벌의 활동기가 어긋나면 위기에 처할 수많은 독점적 수분 매개자 관계의 한 예 다. © Thor Hanson

벌을 잃은 꽃

다리를 펴려고 일어나 이 작은 섬의 남단을 바라보았다. 파도가 끊임없이 소금물을 뿌려대는 바람에 식생이 줄어든 지역이었다. 식 물이 자라지 않는 저곳은 땅에 굴을 파 둥지를 만드는 데스카마스벌에게 완벽한 서식지였다. 암컷이 땅굴에 알을 낳으면 새끼는 그 안에서 겨울을 보낸 다음 봄이 되면 땅을 파고 나와 생활사를 시작한다. 하지만 무릎을 꿇고 엎드린 채 자세히 들여다보아도 땅굴이 사용 중이라는 흔적이나 벌이 땅을 파고 나올 때 주변에 쌓인 흙을 전혀 찾아볼 수 없었다. 풀밭에는 데스카마스가 일찌감치 만개했는데, 벌들의 세상에서는 아직 자명종이 울리지 않은 것 같았다.

벌써 타이밍이 어긋나기 시작한 걸까. 분명 꽃은 더 일찍 피고 있었다. 가까운 자연보호구역에서 관찰한 바에 따르면 불과 30년 사이에 봄이 2주나 빨라졌다. (이 데이터는 외딴 오두막에서 혼자 생활한 관리인들이 수집했다. 이런 자료가 생물계절학 연구의 전제 조건이 된다.) 땅굴에 둥지를 트는 벌도 봄의 기온에 반응하긴 하지만, 다수의 연구 결과에 따르면 그 속도가 숙주인 꽃보다는 느렸다. 땅굴 주변의 흙이 꽃눈 주위의 공기보다 데워지는 데 더 오래 걸리기 때문일 것이다. 아니면 월든 호수에서 자취를 감춘 보수적인 식물처럼 이 벌도 그렇게 타고났는지도 모르고. 어느 쪽이든 전문종(특정한 환경이나 먹이만을 고집하는 생물—옮긴이)의 처지는 딱하다. 자신이 선택한 식물이 꽃을 피우는 동안 잠만 잔다면 생계가 달린 기회를 놓치기 십상이다. 잠에서 깨어났을 때 꽃가루와 꽃꿀을 찾을 시간이 줄어 있어 결국 자손의 수가 감소하고 직접적인 타격을 입는다. 식물 쪽도 염려스럽기는 마찬가지다. 찾아오는 이도 없는 꽃에 에너지를 낭비한 셈이기 때문이다. 자연계에서 시간과 에너지의 낭비에는 늘 결과가 따르게 마련이다. 데스카마스와 데스카마스벌 그리고 지구 전역에서 비슷한 시나리오를 따라 움직이는 생물 사이에서 벌어지는 이런 어긋난 만남이 앞으로 어떻게 전개될지는 두고 봐야 한다.

섬에서 나갈 때까지 빈 꽃을 바라보느니 차라리 땅굴에서 벌이 나오길 기다리기로 했다. 흙을 파고 나오기에 그날만큼 좋은 때도 없었다. 고작 몇 주 만에 세상은 전례 없는 폭설이 내린 겨울에서 기록적으로 따뜻한 봄이 되었다. 이런 현상은 이미 현대 기후변화의 상징이 된 극단적 변동이다. 나도 벌처럼 이런 변덕에는 익숙지 않아 날이 더워지자 바로 스웨터와 털모자를 벗어버렸다. 그러나 진딧물을 찾아다니는 개미와 지의류(흔히 이끼라 불리는 조류와 균류가 공생하는 유기체—옮긴이)로 둥지를 장식하는 벌새 등이 다들 봄철 활동으로 분주한 와중에도 그날 오후 자신을 드러내기로 마음먹은 데스카마스벌은 끝내 없었다. 결국 섬에 두 번을 더 찾아가서야 잃어버린 시간을 따라잡으려고 그제야 분주하게 땅굴과 꽃 사이를 오가는 황금색 벌을 볼 수 있었다. 때 이른 뜨거운 햇살에 땀을 흘리며 앉아 나는 프리맥과 생물계절학에 관해 나눈 대화의 마지막을 떠올렸다. 타이밍 불일치는 아주 흥미로운 현상이고 인기 있는 연구 주제지만, 많은 동물과 식물이 기후변화로 몸살을 앓는 가장 큰 이유는 따로 있었다. "너무 더워서."

4장

버거운 온도

The Nth Degree

열 살 때 우리 집을 확장하면서 처음 내 방이 생겼다. 방을 갖게 된 것도 좋았지만, 벽 아래쪽에 설치된 베이스보드형 난방기를 조절해 원하는 만큼 따뜻하게 지낼 수 있다는 게 정말 좋았다. 난방기에 달린 오래된 온도조절기가 아직도 기억난다. 다이얼에는 4도부터 32도까지 작은 눈금이 표시되어 있었는데, 18도에서 24도에 해당하는 중간 구역에만 숫자 대신 '쾌적 온도Comfort Zone'라고 쓰여 있었다. 이는 언제 난방기를 켜고 끄면 좋은지 알려주는 기능적인 용어에 불과했지만, 그 설계자는 자기도 모르게 생물학의 보편 법칙을 훌륭하게 표현한 셈이었다. 모든 종은 정상적인 생명 활동을 위해 선호하는 조건의 범위가 있고, 그 안전지대 안에서는 구체적인 온도가 그다지 중요하지 않다. 그러나 쾌적 온도를 벗어나는 순간 매 눈금이 생사를 가를 만큼 중요해진다.

점점 따뜻해지는 행성에서 열 스트레스의 효과와 생물학자들이 **상임계온도**라고 부르는 것에 관심이 쏠리는 것은 당연하다. 상임계온도란 유기체가 그 지점 이상에서는 기능을 멈추는 온도를 말한다. (하임계온도도 있지만 기온이 상승하는 오늘날 여기에 신경 쓰는 사람은 별로 없을 것이다.) 당연한 말이지만 열을 견디는 능력은 종마다 천차만별이다. 어린 시절 내 방에 있었던 난방기의 온도를 끝까지 올려도 우리 호모사피엔스는 조금 덥고 답답하다고 느낄 뿐 생명의 위협을 받지는 않겠지만, 도롱뇽이나 청어 등 상임계온도가 32도보다 훨씬 아래인 동물은 살아남지 못할 것이다. 기본적으로 이러한 차이는 어느 정도 타고난다. 가령 포유류를 비롯한 항온동물은 양서류와 어류처럼 주위의 온기에 의존하는 변온동물보다 체온을 조절하는 능력이 뛰어나다. 그러나 자연에서 종마다 쾌적 온도가 다양한 진짜 이유는 따로 있다. 종이 생활하는 서식지가 다양하기 때문이다. 지구의 생명체는 온천과 눈 덮인 툰드라, 열대 산호초와 남극의 빙상 밑 얼음장 같은 소금물에서 살아가도록 적응했다. 그렇다면 기후가 따뜻해지는 세상에서는 본래 더위에 익숙한 생물이 훨씬 유리할 거로 생각하기 쉽다. 그러나 극한의 온도는 변경 지대의 생물에게 더 큰 고난을 안긴다. 그리고 실제로 기후변화가 불러온 최초의 경고도 상징적인 사막 거주자에게서 왔다.

도마뱀은 그늘 아래에서 짝짓기하지 않는다

"더위를 좋아하는 것은 맞지만 그렇다고 무더위를 좋아하는 것은 아닙니다." 배리 시너보ᵇᵃʳʳʸ ˢⁱⁿᵉʳᵛᵒ가 전화로 자신이 30년 넘게 연구한 도마뱀에 관해 설명하면서 말했다. 당시 캘리포니아대학교 산타크루스캠퍼스 교수였던 시너보는 도마뱀의 진화와 유전학, 짝짓기 전략, 개체가 시간과 에너지를 분배하는 방식에 관해 중요한 발견을 해왔다(그는 2021년 3월에 타계했다―옮긴이). 기후변화는 시너보가 동료 두 명과 대화하던 중에 세 사람 모두 유사한 경향성을 보고 있다는 사실을 깨달으면서 우연히 연구 대상이 되었다. 그들이 오랫동안 조사한 지역에서 도마뱀 개체군이 사라지기 시작했는데, 덥고 메마른 곳일수록 감소율이 더 높았던 것이다. 시너보는 "한 방 맞은 듯"했고, 그 덕분에 중요한 문제를 생각하게 되었다. 기후변화가 사막의 도마뱀을 '쾌적 온도' 밖으로 몰아낸 걸까. 사실이라면 어떻게 그렇게 했을까.

"예측이 너무 쉬워서 놀랐습니다." 연구팀이 개발한 수학 모델을 간단히 설명하면서 시너보가 말했다. 이 모델은 도마뱀과 기온에 관한 몇 가지 기본 사항을 입력하면 어떤 개체군이 위험에 처했는지 바로 식별해준다. 시너보가 연구하던 종은 물론이고 전 세계 모든 도마뱀에 적용할 수 있다. 이 주제로 발표한 논문은 이미 1000번 이상 인용되었는데, 과학계에서는 초대박 베스트셀러에 해당한다. "제 새로운 천직이 되었지요." 그가 농담처럼 말했다. "기후변화계의

지구의 모든 종은 각각 선호하는 기온 범위 안에서 살아간다. 이 원리를 난방기 제조사가 '쾌적 온도'라는 표현으로 완벽하게 설명했다. 미네소타역사협회 제공.

노스트라다무스!"

시너보는 이 대단한 연구에 대해 "누구나 이 정도는 할 수 있어요"라는 태도를 보였다. 실제로 프로젝트의 공동 연구자와 논문의 공동 저자는 칠레, 중국, 칼라하리사막처럼 멀리 떨어진 곳에서 온 학부생부터 노련한 전문가까지 다양했다. 대화를 마칠 무렵 나도 그에게 설득당해 다음번에 캘리포니아주에 가게 되면 함께 도마뱀 사냥을 나가겠다고 철석같이 약속하고 말았다. 바로 뒷마당에서 볼 수 있는 분류군을 연구하다 보니 시너보는 사람들과 쉽게 공감대를 형성하곤 했다.

울타리도마뱀fence lizard과 가시도마뱀spiny lizard은 둘 다 스켈로포루스속Sceloporus 도마뱀으로 북아메리카에서 가장 흔한 파충류에 속한다. 멕시코 북부에서 캐나다에 이르기까지 사막을 비롯한 따뜻한 환경에서 수십 종이 서식한다. 어려서 이 도마뱀을 잡으려고 쫓아다녔지만 매번 실패했던 기억이 난다. 아무리 잽싸게 달려들어도 도마뱀이 늘 나보다 빨랐다. 놈들은 쏜살같이 도망쳐 가까운 바위 밑으로 쏙 들어가곤 했다. 시너보 같은 전문가들은 투명한 끈으로 만든 둥근 올가미가 달린 낚싯대를 사용해 멀찍이서 안전하게 포획한다. 그러나 도마뱀이 바위틈에 들어가는 건 단지 호기심 많은 어린아이를 피하기 위해서만은 아니다.

울타리도마뱀과 그 친척들은 생물학 용어로 **외온동물**, 즉 햇볕을 쬐어 그 열기로 체온을 조절하는 동물이다. 이 동물들이 몸을 움직이려면 어느 정도 체온이 상승해야 한다. 이른 아침이나 쌀쌀한 날이면 눈에 잘 띄는 곳에서 몸을 대자로 뻗고 있는 것도 그래서다. 그러나 햇볕이 너무 강하면 상임계온도를 초과할 위험이 있으므로 그늘로 들어가 나오지 않는다. 직사광선과 그늘을 왔다 갔다 하는 것은 온도조절기의 다이얼을 돌리는 것과 다름없는 행동으로, 도마뱀이 다양한 환경에서 편안하고 안전한 체온 범위를 유지하게 한다. 당연히 날씨가 점점 뜨거워지자 도마뱀들은 그늘에서 더 많은 시간

스켈로포루스속의 울타리도마뱀 등은 기온이 상승하면 그늘에 머무는 시간이 길어지므로 먹이를 찾는 데 써야 할 가치 있는 시간을 버리게 된다. 결국엔 번식까지 위험해진다. Morphart, 디포짓포토스 제공.

을 보내게 되었다. 거기에서 문제가 시작되었다.

"'제한 시간'이라는 것이 있어요." 시너보가 더위, 행동, 번식의 밀접한 관계를 설명하며 말했다. 태양을 피해 강제로 그늘에 들어갈 때마다 도마뱀은 원래 먹이를 찾아다녀야 할 귀중한 시간을 포기한다. 그렇게 놓쳐버린 열량이 점점 쌓이면, 특히 번식기 암컷의 경우 "아예 새끼를 낳지 않"는다. 시너보가 설명했다. "뻔한 결과죠. 번식할 만큼 에너지가 충분하지 않으니까요." 이런 패턴은 매우 보편적이라 시너보와 동료들은 정확한 티핑 포인트(어떤 현상이 서서히 진행되는 가운데 한순간에 균형이 무너지면서 예상하지 못한 일들이 폭발적으로 발생하는 시점—옮긴이)를 계산할 수 있었다. 장기간 하루에 3.85시간 이상 그늘로 몸을 피한 도마뱀은 생식을 멈춘다. 그 장기적인 결과는 굳이 수학 모델이 없어도 충분히 예상할 수 있다.

열 스트레스가 일으킨 전염병

기후변화를 연구하는 생물학자에게 시너보의 연구는 기온이 꼭 치명적인 온도까지 올라가지 않아도 심각한 결과를 초래할 수 있다는 가르침을 준다. 물론 끝내 기온이 상임계온도를 초과해 안타까운 결말을 맞이하는 종도 있다. 예를 들어 오스트레일리아에서는 폭염이 길어지자 과일박쥐 군락 전체가 평소 머무르던 나무에서 떨어져 죽었다. 다만 기온 상승으로 유기체가 제 시간과 에너지를 분배하는 방식에 차질이 생기는 사례가 전반적으로 더 흔하다. 낮에 사냥하는 시간이 짧아지면서 새끼의 수가 줄어든 아프리카들개, 우림 숲지붕을 지나는 뜨거운 사냥 경로를 포기한 열대 개미 등 도마뱀 시나리오의 변형된 예는 이제 어디에서나 모습을 드러낸다. 그늘로 몸을 피할 수는 없지만 식물도 똑같이 반응한다. 텃밭의 토마토처럼 흔한 식물도 열매를 맺는 대신 열 스트레스를 받은 잎 세포를 안정시키고 보호하는 데 에너지를 쓴다. 그런데 극한의 온도가 대단히 심각한 문제를 일으키는 상황이 있다. 생물이 더위에 대처하는 과정에서 질병에 걸리는 경우다. 수조 속 불가사리가 실수로 과열되는 바람에 뜻하지 않게 그 심각성이 밝혀졌다.

"완전히 겁에 질렸더라고요." 실수한 직원의 모습을 떠올리며 드류 하벨Drew Harvell이 말했다. "너무 자책하지 말라고 했어요. 덕분에 정말 많이 배웠거든요."

그 불상사는 워싱턴주의 내가 사는 섬에서 멀지 않은 해양생물학 연구기지에서 일어났다. 2014년 봄 뉴욕 코넬대학교의 하벨 교수는 당시 진행 중인 기후 위기 상황에 대한 과학계의 대응을 조율하고 있었다. 북아메리카 서부 해안 전역에서 최소 20종의 불가사리가 수백만 마리씩 죽어갔다. 팔이 희한하게 뒤틀린 채 마치 안에서부터 녹아내린 듯이 몸이 푹 꺼졌다. 비행기를 타고 시애틀에 도착하자 마자 곧장 해변으로 차를 몰아 상황을 확인한 하벨은 전염병이라고 판단했다. 그토록 넓은 지역에서 이렇게나 다양한 종에게 영향을 미칠 만한 다른 원인은 없었다. 게다가 병의 진행이 너무 빨라 개체군 전체가 몇 개월 만에 녹아버렸다. "정말 심각했어요." 하벨이 당시를 회상하며 말했다. 곧 하벨 연구팀은 용의자로 바이러스, 또는 적어도 바이러스 크기의 무언가를 지목했다.[2] 바로 이때 수조 속 불가사리가 등장했다.

"모두 피크노포디아속Pycnopodia 종이었어요." 하벨이 해바라기불 가사리의 학명을 대며 말했다. 이 불가사리는 피자 한 판 크기만큼 자라는 화려한 생물로, 팔이 여러 개고 무게도 5킬로그램 이상이다. 유난히 병에 잘 걸리는 종이라 **병원균**을 실험하기에 적합했다. 그러나 질병의 원인을 밝히려면 병에 걸리지 않은 실험체가 필요했다. 하벨은 신중하게 실험을 계획했고, 청정 지역으로 보이는 장소에서 건강한 불가사리를 채집해 수조에 넣었다. "건강한 놈들이라고 생각했어요." 그러나 관리 직원의 실수로 차가운 바닷물이 차단되는 바람에 불가사리들은 하벨의 실험에 투입되기도 전에 생각지도 않은 다른 실험에 동원되고 말았다. 몇 시간이 지나 밸브가 잠겼다는 사실을 알게 되었을 때는 이미 수조의 수온이 불가사리의 쾌적 온도 이상으로 치솟은 상태였다. 하지만 밸브를 열고 찬물을 공급하면서 상황은 빠르게 회복되었고, 다들 별일 아닌 듯이 넘겼다. 그런데 며칠 후 수조 속 불가사리들이 모두 비실대더니, 야생에서와 똑같은 모습으로 죽고 말았다. 이 상황이 암시하는 바는 명확했다. 물이 따뜻해지면서 불가사리가 과열되자 본래 몸속에 있던 무언가가 활성화되면서 증상을 유발한 것이었다.

"엎친 데 덮친 격이죠." 열 스트레스가 어떻게 숙주의 면역계는 약화하고 병원균의 번식은 부추겼는지를 설명하면서 하벨이 말했다.[3] 하벨은 전에도 여러 차례 이런 상황을 목격했다고 했다. 지난 30년간 해양 생물 전염병을 연구한 하벨은 해수 온도가 상승하면 바닷가재에서 전복에 이르기까지 각종 해양 생물의 질병이 악화하는 것을 줄곧 보아왔다. 특정한 병 저항성에서 시작된 연구가 전 지구에 영향을 미치는 요인으로 주제를 확장한 것이다. 바다가 따뜻해지면 그곳에 사는 동물과 식물에 스트레스를 주고, 스트레스를 받은 생물은 병에 잘 걸린다. 그 강력한 상관관계 때문에 하벨의 연구는 원래 추구하던 바와 달리 점점 기후변화와 연관성을 갖게 되었다.

돌고 돌아 핵심종으로

우리는 꽃으로 둘러싸인 아름다운 베란다에서 이야기를 나누었다. 커다란 누렁이가 발치에서 잠들어 있었다. 내가 찾아간 곳은 하벨이 강의가 없거나 연구와 학회 참석차 세계를 돌아다니지 않을 때면 해양학자인 남편과 찾아와 쉬는 집이었다. 마침 즐거운 우연으로 우리 집에서 2~3킬로미터밖에 떨어지지 않은 곳이었다. 시골 섬에서 그 정도는 옆집이나 마찬가지다. (이 책을 쓰면서 유일하게 자전거를 타고 가서 만난 사람이다. 우리의 대화는 어느새 여우와 너구리처럼 뒷마당의 닭을 위협하는 다른 이웃의 이야기로 바뀌었다.) 잘 관리한 몸에 은발의 짧은 머리, 나이에 비해 동안인 하벨은 친절하고 차분하며 사려 깊은 사람이었다. 하벨은 대화 중에 신중하게 단어를 선택했다. 지금의 나처럼 동료나 학생들이 열중해서 그의 말을 경청하는 모습이 저절로 그려졌다.

"기후변화의 영향은 육지보다 바다에서 더 심각합니다." 하벨이 노트를 들고 물속으로 들어가 수없이 오랜 시간 머물며 어렵게 도달한 결론을 이야기했다. 많은 생물학자가 같은 의견을 공유한다. 해양의 상황은 무서운 속도로 달라지고 있으며 예측이 불가능하다. 여기에는 수온 상승과 질병의 시너지도 한몫하고 있다. 하벨은 설

득력 있는 또 다른 예로 열대 산호초의 감소를 강조했다. 수온 상승
은 산호 **폴립**과 그 안에서 **공생**하는 조류에게 스트레스를 주어 **백화
현상**을 일으키고 산호를 약하게 만들어 병원균에 쉽게 굴복하게 한
다. 산호들이 죽어서 사라지면 그 파급효과는 생태계 전체로 확산한
다. 불가사리도 마찬가지다. 사실 "어떻게 한 유기체가 이웃에 과도
한 영향을 미치는가"라는 생태학의 근본원리에 영감을 준 것도 바
로 저 불가사리 중 하나였다.

　"돌고 돌아 결국엔 제자리로 돌아왔어요." 지금까지의 연구 행로
를 묻자 하벨이 이렇게 답했다. "그래서 더 신경 쓰게 되기도 합니
다." 대학원을 졸업한 하벨은 로버트 페인 밑에서 첫 번째 연구원 생
활을 시작했다. 페인은 그 유명한 불가사리 실험으로 '핵심종'이라
는 개념과 용어를 주창한 생태학자다.[4] 페인은 해안가 조간대에서
피사스테르속*Pisaster*의 포식성 불가사리를 제거해 군집 전체에 일
대 변화를 일으켰다. 불가사리가 사라지자 원래는 따개비, 조류, 말
미잘, 삿갓조개 등이 뒤섞여 있던 군집에 어느새 홍합만 남게 되었
다. 천적인 불가사리가 사라지면서 홍합이 무리 위에 군림했기 때문
이다. 이제 수온 상승으로 질병이 창궐한 결과 불가사리가 떼죽음을
당하면서 페인의 실험이 자연 상태에서 대규모로 수행되는 상황이
되었다.

　"핵심종을 영영 잃을지도 모른다는 생각에…" 하벨이 말꼬리를
흐렸다. 해양 생물의 감소를 연구하는 학자로서 차마 말로 내뱉기
어려운 생각이었을 것이다. 하지만 근처에 아직 불가사리가 남아 있

는 장소가 있냐고 묻자 금세 표정이 밝아졌다. 마침 학생들과 피사스테르속 불가사리의 연례 조사를 마쳤다고 했다. 대부분의 개체군에서 불가사리의 70~90퍼센트가 사라졌지만, 한 장소만은 예외였다. 그 이유를 아는 사람은 없지만, 어쨌거나 회복이나 병 저항성의 징후는 언제나 모두에게 반가운 소식이다. 해안가에 화려한 불가사리들이 깔려 있는 풍경을 그리워하는 사람이 해양생물학자만은 아니다. 나는 달력에 다음번 간조 날짜를 표시했고, 노아와 함께 피사스테르속 불가사리 탐험 계획을 세웠다.

기후변화의 희생자이자 수혜자

"젖긴 했는데 괜찮아요!" 퍼붓는 빗속에서 바위 사이를 돌아다니며 노아가 소리쳤다. "바닷가에서 이렇게 재밌기는 처음이에요. 스물일곱, 스물여덟, 스물아홉!" 노아가 만조선 근처 바위 틈바구니에 끼여 있는 거대한 보라색 불가사리 세 마리를 발견하고 큰 소리로 수를 셌다. 불가사리를 다시 만나 나만큼이나 신난 모습을 보니 기뻤다. 불가사리는 한때 노아가 가장 좋아한 바다 동물 중 하나였다. 동화 작가 닥터 수스가 그린 팔이 다섯 개 달린 총천연색 동물에 빠지지 않을 아이가 어디 있겠는가. 고작 아홉 살짜리가 제 어릴 적의 자연을 그리워한다는 사실에서 기후변화의 속도를 실감했다. 하지만 노아의 외침이 계속되면서 우리의 간이 조사는 정말로 과거로 돌아간 것 같았다. "아흔넷, 아흔다섯, 아흔여섯!" 이유는 모르겠지만 이곳은 하벨이 장담한 대로 "예전과 똑같아 보였다."

차로 돌아올 무렵에는 속옷까지 젖었지만 한 시간 만에 오커불가사리*Pisaster ochraceus* 408마리를 발견한 우리의 영혼은 '매우 맑음'이었다. 더구나 불가사리들이 건강해 보여서 더 좋았다. 만졌을 때 반짝이는 피부는 단단했고 전혀 병에 걸리지 않았다. (불가사리를 만져본 적 없는 사람을 위해 알려주자면, 불가사리의 표면은 생각보다 굉장히 말라 있고 거칠다. 마치 고양이가 혀로 핥는 느낌이랄까.) 우리가 쏟아지는 비를 즐긴 이유는 또 있었다. 이 지역은 원래 대체로 습한 편이나 최근 들어 심각한 가뭄이 계속되고 있었기 때문이다. 온난화로 달라진 것이 기온만은 아니라고 알려주는 일상의 변화였다. 가뭄, 홍수, 폭풍과 한파까지 각종 극한 날씨가 이어지고 있다. 과도한 열기가 생물을 쾌적 온도 밖으로 밀어내듯이 다른 극한 날씨도 매번 다른 어려움을 줄 것이다. 나중에 다루겠지만 이런 이상기후에 대한 반응은 다양하다. 그러나 새로운 환경에 전혀 적응하지 못하는 종이 있다는 사실을 부인할 수는 없다. 그리고 그중 하나는 이미 우리 조사에서도 확연히 드러날 정도로 자취를 감추었다.

마침 썰물이라 나는 더 깊은 물속에 사는 불가사리를 적어도 몇 마리는 볼 수 있을 줄 알았다. 하벨의 수조 사건에 등장했던 해바라기불가사리 말이다. 이 불가사리도 포식성 핵심종으로, 켈프(다시마과에 속하는 대형 갈조류—옮긴이)를 뜯어 먹는 성게 개체수 조절에 관여한다. 그러나 조간대에 서식하는 사촌과 달리 해바라기불가사리

오커불가사리는 갈색, 주황색, 선명한 보라색까지 색조가 다양하다. 사진 속 불가사리들은 건강하지만 대부분의 다른 개체군은 바닷물의 수온 상승으로 발병이 심해지면서 아직 회복하지 못하고 있다. © Thor Hanson

는 전혀 회복의 기미를 보이지 않았다. 과학자들은 이 종이 과거 서식 범위에서 사실상 멸종했다고 생각한다. 해바라기불가사리가 사라지면서 득세한 성게가 켈프 숲을 초토화한 결과는 기후가 한 종에게 미친 영향이 어떻게 생태계 전체로 확산할 수 있는지 보여주는 좋은 예다. 어떻게 따져보아도 해바라기불가사리는 기후변화의 희생자이지만, 무심결에 덧붙인 말에서 하벨은 내게 반전을 암시했다.

만약 연구비로 100만 달러를 받게 된다면 뭘 하겠냐고 물었던 것

같다. 하벨은 대번에 알래스카의 더치 하버에 연구실을 차리겠다고
했다. 더치 하버는 벽지 어촌으로 물이 아직 차가워 불가사리 병이
침범하지 못한 곳이다. "그곳의 해바라기불가사리들은 아직 잘 지
내고 있어요." 하벨이 말했다. 그 불가사리들이야말로 이 전염병의
원인을 밝히고 대응책을 마련할 연구에 필요한 최후의 건강한 집단
중 하나였다. 이어서 하벨은 내가 생각지 못했던 말을 덧붙였다. "사
실 그곳에서는 해바라기불가사리의 영역이 확장되고 있어요." 남쪽
의 생물을 힘들게 하는 바로 그 수온 변화가 불가사리에게 북쪽으
로 난 문을 열어주었다. 한때 꽁꽁 얼어붙었던 베링해의 물에서 얼
음 장벽이 사라진 덕분에 이들 불가사리는 알류샨열도와 그 너머의
새로운 해안선에 정착할 수 있게 되었다. 이것이 불가사리 애호가
들에게는 반가운 소식일지 모르나, 기후변화가 몰고 온 또 다른 명
백한 역경에 대한 질문을 던지게 한다. 핵심종 개념이 증명한바, 우
리는 자연 군집에서 특정 종을 제거함으로써 생태계 전체에 엄청난
타격을 줄 수 있다는 것을 알게 되었다. 그렇다면 군집에 새로운 종
이 추가되는 것은 어떨까.

5장

뜻밖의 동거인

불행이란 놈은 뜻밖의 동거인을 붙여주게 마련이니,

비바람이 지나갈 때까지 숨어 있을밖에.[1]

윌리엄 셰익스피어, 《템페스트》(1611)

Strange Bedfellows

범고래 세 마리가 해안에 나타났다. 바위와 숲을 배경으로 어두운 지느러미가 우아한 실루엣을 그리며 움직였다. 엽서 속 그림이나 영화의 한 장면이었다면 한없이 평온한 순간이었겠지만 현실은 아수라장이었다. 관광선 수십 척이 고래와 가까운 자리를 차지하려고 다투는 동안 쉭쉭 울리는 고래 숨소리는 시끄러운 엔진음과 마이크를 든 가이드의 목소리에 묻혀버렸다. 내가 조종하던 연구선은 고래 떼에 더 바짝 다가가는 것이 허용되었지만, 이날만큼은 관광선 무리에 섞여 있어야 했다. 연구팀이 고래 행동에 미치는 선박의 영향을 조사하고 있었기 때문이다. 이처럼 배들이 북적대는 환경에 걸맞은 연구 주제였다. 내가 맡은 일은 연구자가 레이저 거리 측정계를 들고 시시각각 달라지는 상황의 실시간 지도를 그리는 동안 항로를 유지하는 것이었다. 모든 일이 계획대로 순탄하게 진행되었다. 뻣뻣한 날개를 펼치고 보트 떼 위로 솟아오른 그놈을 눈앞에서 보기 전까지는.

"펠리컨이다!" 믿을 수 없어 고함을 지르며 나도 모르게 배의 키를 홱 돌려 뒤를 쫓았다. 조사가 한창인 가운데 벌어진 뜬금없는 바닷새 추적에 고래 연구자들이 친절하게 반응할 리는 없었지만, 이처럼 진귀한 광경을 보기 위해서라면 잠시의 성난 아우성쯤은 견딜 수 있었다. 범고래들이야 번창하는 관광 산업을 부양할 만큼 수시로 찾는 곳이지만, 이 지역에서 30년간 새를 관찰해오면서 갈색펠리컨을 본 적은 한 번도 없었기 때문이다. 조류도감은 이 종의 서식 범위가 저 남쪽에 한정되어 있고, 해안선을 따라 가끔 길을 잃고 헤매는 놈들이 있다고만 했다. 그래서 나는 탐조가들이 부랑자라고 부르는 개체를 운수 좋게 보았구나 하고 말았다.

그 사건 이후로 고래 연구선을 운전할 일은 줄었지만, 북쪽까지 모험을 오는 갈색펠리컨의 수는 점점 늘어났다. 1970년대와 1980년대에는 워싱턴주와 오리건주 경계의 컬럼비아강 하구에서 발견된 펠리컨이 100마리를 채 넘지 않았다. 그러나 2000년 이후에는 하루에만 무려 1만 6000마리가 나타났다. 게다가 그 추세를 단순한 우연으로 볼 수는 없는 확실한 징후가 목격되었으니….

1440킬로미터의 의미

"엄마 놀이를 하는 새들을 발견했어요." 통화 중에 댄 로비Dan Roby
가 말했다. 기억을 떠올리는 목소리에 미소가 묻어 있었다. "잔가지
와 둥지 재료를 모으고 있더라고요." 하지만 아직 어린 새였고 그런
서투른 시도는 별 의미가 없었다. 한 번은 펠리컨 한 쌍이 몇 주나 알
을 품고 있길래 연구팀이 둥지를 조사하러 갔다가 깜짝 놀라고 말
았다. "낚시용 미끼인 거 있죠!" 로비가 웃었다. "낚시용 미끼를 무려
28일이나 정성껏 품은 겁니다!" 하지만 2013년에 로비는 구애, 짝짓
기, 둥지 짓기에 이어 실제로 알을 낳은 새들을 기록했다. 그때까지
알려진 번식 군락에서 북쪽으로 무려 1440킬로미터나 떨어진 섬이
었다. "아직 새끼는 없습니다." 그러나 만약 현재 추세대로라면 새끼
가 부화하는 것도 시간문제일 거라고 경고했다.

　　당시 로비가 하던 연구는 갈색펠리컨의 도래를 목격하기에 이상
적이었다. 그는 바다로 향하는 연어 치어를 관리하는 사업의 하나로
오리건주립대학교, 미국지질조사국과 함께 컬럼비아강 하류에서
물고기를 잡아먹는 새들을 20년째 관찰하고 있었다. 펠리컨이 처음
모습을 드러냈을 때 연구팀이 그 지역에 상주하는 가마우지, 제비갈
매기, 갈매기와 함께 수를 센 덕분에 '서식 범위 이동'의 전형적인 사
례를 상세히 기록하게 되었다. 7장에서 다루겠지만 서식지를 옮기
는 것은 기후변화에 대한 생물의 주요 반응으로, 기온이 따뜻해지
자 수많은 종이 선호하는 환경을 쫓아 크게 이동하고 있다. 종에 따

라 서식 범위가 넓어지거나 축소되고, 어떤 지역에서는 두 현상이 뒤섞여 나타나기도 한다. 펠리컨의 경우 개체군의 생장과 더불어 북쪽으로 확장하는 추세였다. 로비는 펠리컨이 컬럼비아강 하구에서도 잘 정착하길 바랐다. "기근이 유난히 심한 해가 아니면 먹이가 부족할 일은 별로 없습니다." 로비가 말했다. "펠리컨은 먹이를 찾아 바닷물에 생긴 어두운 띠를 쫓아갑니다. 거기에 멸치나 정어리처럼 떼를 지어 다니는 물고기가 풍부하거든요." 펠리컨은 아직 미국 북서부 태평양 연안의 추운 겨울을 견디지 못하는 것 같지만, 가을에 남쪽으로 내려가기를 주저하는 놈들이 늘고 있다. 모델에 따라서는 이번 세기가 끝날 무렵 이 새의 서식 범위가 알래스카까지 확장될 것으로 예측된다.

북부 지역에서 갈색펠리컨의 성공은 절반의 이야기에 불과하다. 서식 범위 이동은 이동하는 당사자에게만 영향을 미치는 것이 아니기 때문이다. 먼저 자리를 잡고 살던 종과 서식지로서는 모든 새로운 이웃이 뜻밖의 동거인이다. 현 상태에 지장을 줄 수 있는 미지의 존재라는 말이다. 예를 들어 갈색펠리컨은 물고기 떼를 향해 머리부터 들이밀어 거대한 부리를 채우는데, 이는 분명 정어리를 비롯한 작은 물고기를 낚던 습성이다. 이런 굶주린 포식자가 갑자기 수천, 수만 마리로 늘어나면 갈매기나 가마우지처럼 물고기를 먹고 사는 다른 새들에게도 영향을 미칠 수밖에 없다. 만약 먹잇감이 풍족하지 않은 시기라면 새로운 경쟁자의 등장으로 먹이 경쟁 구도가 얼마나 크게 달라지겠는가. 지역에 따라 먹이 외에 쉼터나 둥지터 같은 다

이 기이해 보이는 오래된 삽화는 물고기가 그득한 갈색펠리컨의 부리에서 먹이를 훔치는 갈매기의 실제 습성을 잘 묘사한다. 먹이 경쟁 구도는 종이 새로운 장소와 군집으로 이동할 때 가장 크게 영향받는 생물학적 관계다. Morphart, 디포짓포토스 제공.

른 자원까지 부족해질지도 모른다. 조류학계는 워싱턴주 해안을 따라 먼 북쪽까지 과거 댕기바다오리가 둥지를 틀던 섬들을 펠리컨이 지배하게 된 현상을 염려한다.[2] 과연 토박이들이 쫓겨날 것인가. 과학계에서는 이런 질문이 더 많이 제기되고 있다. 기후변화 시대에 대이동 중인 동물이 갈색펠리컨만은 아니기 때문이다.

예언된 기괴한 숙명

"점차 '글로벌 위어딩global weirding'(지구의 기후와 날씨가 이상하게 날뛰는 현상—옮긴이)에 장악당하고 있어요." 최근 펠리컨 외에도 다른 동물의 이동을 본 적이 있는지 물었을 때 로비가 한 말이다. 그가 조사하는 지역에서는 흰색펠리컨도 모습을 드러내기 시작했다. 반면 터줏대감이던 붉은부리큰제비갈매기는 짐을 싸서 알래스카로 훌쩍 떠나버렸다. 그러나 정말 극단적인 '위어딩' 현상은 파도 위를 날아다니는 것들이 아니라 그 아래에서 헤엄치는 것들 사이에서 일어났다. 따뜻해진 수온과 해류의 변화로 저위도의 해양 생물이 극지를 향해 대규모로 이동해버려 급기야 해양생물학자들이 열대지방화 tropicalization라고 이름 붙일 지경이 되었다. 최근 캘리포니아주 북부의 해안선에서 조사된 바에 따르면 따개비, 군소(바다달팽이), 고둥, 게, 조류, 병코돌고래를 포함한 37종이 북쪽으로 평균 345킬로미터나 이동했다.[3] 추가로 목격된 수십 건의 사례는 고향에서 너무 멀리 떨어진 곳까지 움직인 경우라 (적어도 현재는) 정착이 아닌 정찰로 분류되었다. 예를 들어 이 조사에서 2톤짜리 후드윙커개복치hoodwinker sunfish가 발견되었는데, 캘리포니아주에서는 물론이고 북반구 전체에서 최초로 목격된 것이었다.

생물 종의 대규모 재배치를 '위어딩'이라고 부르는 것은 매우 적절하다. 이 단어는 원래 고대 영어에서 '운명', 또는 '숙명'을 뜻하는 말이었다. 오랜 터전에서 벗어날 때면 동식물의 운명도 달라지게 마련이다. 한편 '위어딩'은 현대적 의미에서 '이상한', 또는 '기괴한' 현상으로도 볼 수 있다. 익숙한 자연 군집이 스스로 그토록 빨리 재배열하는 모습은 정말 기이하게 보이기 때문이다. 마지막으로 스코틀랜드 방언에서 '위어드weird'는 미래를 내다볼 줄 아는 사람을 가리킨다. 로비 같은 생물학자는 바로 그 능력을 원하지만, 지구 전역의 생태계에서 수천 종이 이동하는 혼란스러운 상황이라면 예언 자체가 불가능하다. 기후 모델로 종이 이동하는 방향은 알 수 있지만, 도착지에서 벌어질 일은 어디까지나 짐작의 영역이다. 어떤 종은 큰 잡음 없이 새로운 군집에 정착한다. 그러나 지역 전체를 들쑤실 잠재력이 충만한 종도 있다. 그런 면에서 소나무 껍질과 변재sapwood(나무 껍질 바로 밑의 옅은 색 조직—옮긴이) 사이의 얇은 세포층처럼 엄청난 드라마가 펼쳐지는 곳도 없을 것이다.

로켓 공학보다 복잡한 산림학

　우리 집 인근 숲의 로지폴소나무는 자랄수록 상층부가 무거워지는 종이다. 나무가 한창 자랄 때 나뭇가지가 상층부에 빽빽이 무리지어 나기 때문에 나이 든 개체의 줄기는 거친 폭풍에 곧잘 부러진다. 이 사실을 잘 아는 이유는 평소 로지폴소나무 가지가 떨어지길 내심 고대하기 때문이다. 소나무에 억하심정이 있어서가 아니라 장작 때문이다. 나는 나무에서 가지가 떨어지는 족족 도끼와 톱을 들고 달려간다. 그러나 우리 집 장작더미에서 소나무가 차지하는 비율은 높지 않다. 이 지역의 숲은 대체로 더글라스전나무 같은 해안 종이 지배하기 때문이다. 하지만 일단 내륙으로 들어가면 로지폴소나무가 북아메리카 서부의 광대한 지역을 뒤덮는다. 다만 그 숲에는 거센 바람이나 도끼를 든 손보다 더 큰 걱정거리가 있다. 겨울이 따뜻해지자 산소나무좀mountain pine beetle이 활동 범위를 북쪽으로 확장하면서 전례 없이 급증한 것이다. 이런 곤충 대발생은 이미 몇 년째 지속되고 있고, 나는 죽어가는 나무로 뒤덮인 산 사면의 사진을 수없이 보았다. 하지만 이 책을 쓰기 전까지 우리 집에서 소나무좀을 찾을 생각은 미처 하지 못했던 터라, 얼마 전에 창고에서 도끼를 꺼낸 다음 집 진입로에 있는 소나무 잔해를 조사하러 나섰다. 여유를 갖고 끈기 있게 찾으면 나무좀이 파헤친 흔적을 볼 수 있을지도 모른다며 마음을 단단히 먹었다. 이런, 30초도 채 걸리지 않았다.

나무 밑동과 아래쪽 가지의 나무껍질은 이미 느슨해진 상태라 쉽게 떨어졌다. 그러자 구불구불한 붓글씨처럼 나무를 파고들어 간 나무좀의 자취가 이내 사방에서 드러났다. 질서정연한 그물망처럼 갈라졌는가 하면, 길 잃은 광부처럼 여기저기 파헤친 흔적도 있었다. 나는 나무좀 여러 종이 한 나무에 거주하면서 저마다 식별할 수 있는 패턴으로 움직인다는 것을 알고 있었다. 그러나 미국산림청에서 발간한 해충 지침서를 들여다보아도 종을 구분하기가 어려웠다. 저 중에 산소나무좀이 있을까. 나는 사진을 찍어 스태펀 린그렌Staffan Lindgren에게 이메일을 보냈고 몇 시간 만에 답을 받았다.

"산소나무좀이 나타났을 가능성이 없지는 않습니다." 린그렌이 이미 우리 집 인근의 섬 한 군데에서 산소나무좀이 보고된 적 있다고 답장했다. 곤충학자로서 곤충 대발생의 전선에서 수많은 연구를 수행한 린그렌은 산소나무좀이 선호하는 장소를 잘 알고 있었다. 그는 내 사진을 보고 산소나무좀이 아닌 다른 곤충의 작품이라고 어

나무좀은 전문가가 식별할 수 있는 서명 같은 고유한 패턴을 남긴다. 린그렌은 우리 집 소나무를 보고 입스속 나무좀(위)과 하늘소의 일종(아래)이라고 동정(同定)했다. 곤충이 파놓은 길을 잘 보면 유충의 크기가 커지면서 서서히 넓어지는 것을 알 수 있다. © Thor Hanson

렵지 않게 답해주었다. 바구미의 일종인 입스속$_{Ips}$ 나무좀과 하늘소 종류였다. 다른 일반적인 나무좀처럼 이 두 종은 주로 죽었거나 죽어가는 나무에 사는 만큼, 아마 우리 집 소나무가 쓰러진 다음에야 침입했을 것이다. 이와 달리 산소나무좀은 완벽하게 건강한 나무에 침입해 병들게 하고 죽이는 습성이 있다.[4] 그래서 분류학자들은 이 분류군의 속명을 라틴어와 그리스어를 조합해 '나무 살해자'라는 뜻의 덴드록토누스$_{Dendroctonus}$라고 지었다. 왜 그렇게 이 곤충이 치명적이냐는 질문에 린그렌은 유명한 캐나다 산림학자 프레드 버넬의 명언을 인용해 답했다. "산림학은 로켓 과학이 아닙니다. 그보다 훨씬 더 복잡해요."

"공격하는 건 암컷입니다." 린그렌이 전화로 설명했다. 산소나무좀 암컷은 나무껍질에 구멍을 뚫은 다음, 아직 짝짓기하지 않은 개체라면 짝을 부르는 강한 페로몬을 발산한다. (사악하게도 이 암컷은 상처 입은 나무가 분비하는 방어물질로 제가 사용할 향수를 배합한다.) 수컷이 도착하면 나무에서 추출한 물질로 유인물질을 추가로 생산하며, 그 바람에 암수를 가리지 않고 더 많은 개체를 끌어들여 총공격을 야기한다. 설상가상으로 평소 이 나무좀이 데리고 다니는 생물 때문에 상황이 더 나빠진다. 산소나무좀 주둥이의 특별한 주머니에는 여러 균류의 포자가 들어 있는데, 이 곰팡이도 나무에 침입해 깊은 곳까지 썩게 하고 푸른빛이 도는 부위를 넓힌다. 린그렌은 "산소나무좀과 곰팡이의 연합이야말로 결정적인 치사 요인입니다"라고 설명하면서 나무를 감염한 곰팡이가 어떻게 물과 양분 그리고 나무좀에 대항하는 주요 방어물질인 나뭇진의 이동 경로를 틀어막는지 알려주었다. 마지막으로 쐐기를 박는 것은 알에서 깬 나무좀 유충이다. 이 어린 나무좀은 평소 나무를 먹고 살면서 곰팡이로 부족한 식단을 보충하는데, 이때 주둥이의 주머니에 다른 희생자에게 퍼뜨릴 신선한 포자를 채운다.

망가진 안전장치와 폭주하는 시스템

지금까지 이런 복잡한 시스템은 대체로 날씨에 의해 억제되어왔다. 가을과 겨울의 추위가 나무좀 대부분을 죽여 그 활동 범위와 발생 크기, 기한 등을 제한했다. 그러나 점차 기온이 상승하고 추위가 사라지면서 매년 산소나무좀 개체군이 증가하게 되었다. "어느 수준에 도달하고 나면 그때부터는 손쓸 수가 없습니다." 린그렌이 산소나무좀의 확산을 걷잡을 수 없이 번지는 산불에 비유하며 말했다. "연료가 바닥날 때까지 계속 전진할 겁니다." 그 단계를 '완료'라고 하는데, 한 지역에서 산소나무좀이 제가 살던 모든 집을 먹어치운 시점을 말한다. 원래는 흔히 일어나는 사건이 아니었으나 1990년대와 2000년대 초에 시작된 곤충 대발생이 현재까지도 이어지며 급격하게 북진하는 나무좀들이 수십만 헥타르를 뒤덮고 대략 독일 면적에 해당하는 숲에 뼈대만 앙상한 고사목을 남기고 있다. 여기에는 린그렌 같은 연구자들이 심상치 않게 바라보는 특징이 있다. 산소나무좀이 원래 범위에서 벗어나 새로운 영역으로 진입할 때 속도가 훨씬 빨라진다는 것이다.

"모델이 예측한 속도보다 무려 30퍼센트 더 빠르게 움직였습니다." 린그렌이 곤충 대발생 초기를 떠올리며 말했다. 컬럼비아강에서 로비가 다른 연구 중에 펠리컨을 관찰했던 것처럼 린그렌도 산소나무좀의 확산을 목격할 좋은 곳에 있었다. 1994년 린그렌은 노던브리티시컬럼비아대학교에 부임하며 프린스 조지라는 작은 도시로 이사했다. 그곳의 풍경은 린그렌의 고향인 스웨덴과 크게 다르지 않았다. 한편 린그렌은 이미 실력 있는 나무좀 전문가였지만 동시에 성공한 나무좀 사업가이기도 했다. '린그렌 깔때기 트랩'은 그가 대학원생 때 발명한 장치로,[5] 야생 개체군을 수집하는 기본 장비가 되었다. 마침 프린스 조지는 로지폴소나무 숲으로 둘러싸였으므로, 린그렌은 얼결에 산소나무좀의 북진 경로에 포진하게 된 셈이었다. 그러나 이때부터 펠리컨의 경우와는 전혀 다른 상황이 전개되었다. 펠리컨의 이주가 주변에 미칠 영향이 실제로 인지되기까지는 수십 년이 걸리겠지만, 산소나무좀은 곧바로 존재감을 드러냈기 때문이다. 린그렌은 이 곤충들이 그토록 신속하게 새로운 땅에 난입한 이유를 훌륭한 가설로 설명했다.

"무주공산이었으니까요." 린그렌은 산소나무좀이 지금까지 한 번도 공격에 저항한 진화적 역사가 없는 '순진한 숙주'들로 가득한 새로운 서식지에서 수를 불렸다고 설명했다. 이런 나무들은 남쪽의 나무들이 발달시킨 방어 체계가 없으므로 거저먹는 손쉬운 먹잇감이었다. "한 번의 곤충 대발생으로도 자연선택은 진행됩니다." 린그렌은 산소나무좀이 어떻게 가장 취약하고 맛있는 나무들을 빠르게 솎아냈는지에 주목했다. 공격에 살아남은 소나무와 그 후손은 시간이지나면서 나무좀의 공격을 늦출 수 있는 강력한 화학물질과 풍부한나뭇진 등을 발달시켰다. 이 사실을 증명하기 위해 린그렌과 동료들은 산소나무좀이 서로 다른 환경에서 생산한 자손의 수를 세었다.그 결과 순진무구한 나무가 자라는 곳에서는 나무좀이 두 배 이상번식했는데, 린그렌의 표현에 따르면 "폭주하기 시작해" 상상을 초월하는 밀도로 시스템 전체를 장악했다.

　생물학에서 순진함의 개념은 최소한 다윈까지 거슬러 올라간다.다윈은 갈라파고스제도에서 "극도로 온순한 새들"[6]을 보고 경탄했다. 육지에서와 달리 포식자(또는 호기심 많은 박물학자)가 없는 곳에서 살아온 이 새들은 이구아나와 땅거북을 비롯해 다윈이 그곳에서발견한 다른 생물들과 마찬가지로 육지 동물에 대한 본능적인 두려움이 없었다. 경험이 없다는 것은 관찰하거나 끼니로 삼기 위해 쉽게 다가갈 수 있다는 점에서 이 동물들을 취약하게 했다. 같은 원리를 동물이나 식물이 처음 보는 새로운 종을 만날 때 언제나 적용할수 있다. 이들은 새로운 포식자, 경쟁자, 병원균, 기생체 앞에서 자신을 지킬 방법이 없다는 것을 뒤늦게 알게 된다. 이 사실은 산소나무좀 대발생의 이상 속도를 잘 설명한다. 기후변화에 따른 서식 범위이동 사례가 늘면서 자연 군집이 총체적으로 재배치될 가능성이 현실화한 것이다.

"놀랄 준비를 하라"

10년 동안 산소나무좀은 북쪽으로 거침없이 질주하면서 린그렌이 있었던 프린스 조지의 과거 연구지를 휩쓸고 캐나다의 유콘준주까지 이르러서야 추운 겨울에 호되게 당해 주춤해졌다. 그러나 기후변화는 산소나무좀에게 위도만 열어준 것이 아니었다. 원래는 날씨가 차가웠던 고지대가 따뜻해지면서 산소나무좀 부대는 산을 타고 동쪽으로도 이동했다. 급기야 최근에는 최후의 보루였던 로키산맥을 넘어 앨버타주 깊숙이 확산하고 있다. 학계에서는 산소나무좀이 대륙의 끝과 끝을 가로지르며 곳곳에서 순진한 숙주들을 이용할 것으로 예상한다. 어느 저명한 나무좀 전문가의 말을 빌리면, 쥐똥처럼 생긴 작은 곤충치고 정말 대단하신 행보가 아닐 수 없다.[7] 무엇보다 산소나무좀은 수많은 사례의 하나일 뿐이다. 북아메리카의 소나무 숲은 뜻밖의 동거인에게 적응하기 위해 분투하는 유일한 생태계가 아니다. 북극 툰드라의 식물은 말코손바닥사슴에서 나방 유충까지 새로운 초식동물들을 맞이하고 있다. 오스트레일리아 태즈메이니아의 켈프 숲도 성게의 침입으로 같은 고난을 겪고 있다. 네 개 대륙의 염습지에 자라는 풀은 영역을 확장한 열대 맹그로브와 서식지를 두고 경쟁한다. 한편 남극 주변의 몸이 부드러운 해저 동물은 곧 킹크랩과 싸워야 할 것이다. 너무 많은 종이 밀어닥치면서 새로운 조합과 군집이 수없이 창조되는 가운데, 미래에 대한 최고의 지침은 산림 전문가들이 좋아하는 또 다른 격언으로 표현될 수 있다. "놀랄 준비를 하라."[8]

앞으로 로지폴소나무에 닥칠 역경을 묻는 말에 린그렌은 강력한 산불과 침식, 토양과 지하수면의 변화까지 곤충 대발생 이후에 맞닥 뜨릴 다양한 문제를 줄줄이 읊었다. 역사적으로 소나무 숲은 저항성 이 있어 나무좀 공격에서 살아남은 개체의 종자를 통해 재생되었고, 일부 지역에서는 여전히 그럴지도 모른다. 그러나 린그렌이 지적했 듯이 산소나무좀의 세력을 키운 온난화는 여름철 가뭄이나 폭염의 빈도와 강도도 증가시켰다. 가뭄과 폭염 모두 나무의 생장에 부적 합한 스트레스를 준다. 또한 곤충 대발생의 영향력이 해당 지역 밖 으로까지 퍼져 관계의 그물망에서 어떤 밀고 당기기를 하는지도 잘 지켜봐야 한다. 예를 들어 딱따구리는 곤충 대발생 직후 처음에는 산소나무좀을 잡아먹고, 그 후에는 고사목에서 번성한 다양한 나무 좀을 잡아먹으면서 수가 크게 늘었다. 그러나 참매와 담비속 동물인 피셔처럼 매복할 장소를 잃은 숲속의 전문종이나, 솔방울이 사라져 당황한 청설모와 솔잣새, 쓰러진 채 뒤엉킨 나무줄기로 이동이 힘들 어진 카리부까지 더 많은 종에게 삶은 훨씬 버거워졌다.

다른 기후변화 시나리오와 마찬가지로 산소나무좀 대발생이 앞 으로 어떻게 전개될지 섣불리 전망할 수는 없다. 또한 그 영향은 끝 내 연구되지 않을지도 모른다. 예를 들어 나는 서부소나무엘핀나비 *Callophrys eryphon*에 대한 연구 결과를 본 적이 있다. 이 종은 뒷날개 전 체에 가득한 얼룩진 보라색 반점이 특징인 작은 갈색 나비다. 서부 소나무엘핀나비는 소나무의 질긴 솔잎을 소화할 수 있다고 알려진

쇳빛부전나비속의 서부소나무엘핀나비 애벌레는 어린 솔잎만 먹고 산다. 달라진 기후 속에서 애벌레의 미래는 숙주 나무의 미래에 달려 있다. © Alan Schmierer

몇 안 되는 생물로 유명하다. 사실 이 나비의 애벌레는 다른 먹이는 쳐다보지도 않을 것이다. 따라서 소나무와의 이런 떼려야 뗄 수 없는 관계는 기후변화가 불러온 또 다른 생물학적 어려움의 원인이 된다. 어느 날 갑자기 일상의 의식주가 사라지면 어떻게 될까.

6장

생활필수품

운명은 뒤에서 보이지 않게 권투 장갑 속에 납을 흘려 넣고 있었다.[1]

P. G. 우드하우스, 〈지브스와 단짝 동창Jeeves and the Old School Chum〉(1930)

The Bare Necessities

완벽한 샷이었다. 빌 뉴마크는 걸터앉은 자세로 작은 새를 잡고 있었고, 나는 줌을 당겨 화면을 채웠다. 사진 찍기는 새그물에 걸린 새에 표식을 붙이고 수치를 재는 익숙한 과정에 고작 몇 초를 더하는 절차였다. 적갈색 가슴과 굽은 흰 눈썹이 특징인 이 아름다운 샤프아카레트Sharpe's akalat는 곧 우림으로 돌아갈 예정이었다. 그러나 카메라 셔터를 누르는 순간 갑자기 아래로 강한 바람이 흐르더니 탁, 악, 푸드덕하는 소리가 연이어 들렸다. 카메라를 내렸을 때는 이미 새가 사라진 뒤였다. 뉴마크가 빈손을 움켜쥔 채로 세상에서 가장 얼빠진 표정을 하고 있었다.

아프리카참매 한 마리가 머리 위에 앉아 소리 없이 지켜보고 있었던 모양이다. 맹금류가 군침을 흘린다는 소리는 못 들어봤지만,

어쨌든 명금류를 즐겨 사냥하는 포식자로서 우리가 제 사냥감을 수 없이 잡고 놔주는 장면을 지켜만 보기가 몹시 고통스러웠을 것이다. 그러다가 뉴마크의 손 위에 제물처럼 받들어 올려진 무방비 상태의 아카레트를 보고는 더 이상 참지 못한 게 분명했다. 하지만 막판에 뭐가 잘못되었는지 급제동을 걸면서 헛발질만 하고 말았다. 재수 좋은 아카레트는 이때다 싶어 도망쳤고 참매는 자존심에 상처만 입은 채로 날개를 퍼덕이며 날아가버렸다. 그러나 변화하는 숲 세계에 사는 이 두 거주자는 포식자와 먹잇감 사이의 관계만큼이나 중요한 장기적 곤경에 처했다.

킬리만자로 동쪽 평원에 우뚝 솟은 우삼바라산맥은 독특한 동식물상相으로 유명해 세계적인 '**생물다양성** 핫스폿'으로 꼽힌다. 방금 아카레트 사건을 함께 겪은 동지 뉴마크는 30년 넘게 우삼바라산맥에서 조류 개체군을 연구한 보전생물학자다. (현지 사람들은 스와힐리어로 '새 선생Mr. Bird'이라는 뜻에서 그를 브와나 데지Bwana Ndege라고 부른다.) 당시 뉴마크 연구팀은 그물을 사용해 무려 3만 마리나 되는 새를 일일이 잡고 풀어주고 다시 잡기를 반복하면서 숲이 교란되고 쪼개졌을 때 어떤 종이 살아남고 살아남지 못하는지 파악하고 있었다. 나는 석사과정 중에 뉴마크 연구팀에 합류해 저 퍼즐의 한 조각을 조사했다. 크기가 줄어든 숲에서 쥐를 비롯해 새의 알을 먹고 사는 동물이 조류 개체수 감소에 어떤 영향을 미치는지 알아보는 것이었다.[2] (결론부터 말하자면 영향이 없었다.) 그곳에서 지내는 동안 나는 벌목의 흔적을 수없이 보았고, 나무꾼이 장작을 패거나 농부가

샤프아카레트(왼쪽)와 아프리카참매(오른쪽)는 천적 관계로, 탄자니아 우삼바라산맥의 숲속에 산다. © Thor Hanson

땅을 개간하는 소리를 계속해서 들었다. 당시 기후변화의 영향력은 아직 이론에 불과했으므로 연구의 초점은 산림 소실과 서식지 파편화에 맞춰져 있었다. 기온이 올라가면 숲속 생물은 자기가 선호하는 날씨를 쫓아 산 위로 올라가고, 이미 산꼭대기에 사는 생물은 한순간에 서식지를 잃게 될 거라는 예측은 널리 알려졌지만, 최근 한 젊은 조류학자가 실제로 조사를 시도할 때까지는 그 과정이 얼마나 빨리 진행되는지 아무도 알지 못했다.

0.39도가 바꾼 새들의 고도

"새들한테 직접 물어봐야죠." 벤 프리먼Ben Freeman이 자신의 연구 철학을 한 문장으로 설명했다. "모델은 현실 세계에서 어떤 일이 일어나는지 말해주지 않습니다." 우리는 브리티시컬럼비아대학교에서 그가 다른 박사 후 연구원과 함께 사용하는 검소한 연구실을 빠져나와 해가 잘 드는 근처 피크닉 테이블에 앉았다. (걸으면서 그는 가끔 내 어깨 너머로 숲을 쳐다보았는데, 흰정수리북미멧새white-crowned sparrow 두 마리가 이제 막 날기 시작한 새끼에게 먹이를 물어다 주고 있었다.) 프리먼은 180센티미터가 넘는 장신이고 마른 체형에, 꿈꾸는 듯한 눈빛과 오지에서 일하는 사람 특유의 흔들림 없는 태도가 인상적이었다. 그러나 과학에 대한 열정만큼은 전혀 외떨어지지 않았다. 새소리의 진화 이야기가 어찌나 재밌던지 하마터면 내가 이 사람을 왜 찾아왔는지 잊어버릴 뻔했다.

원래의 주제로 돌아와 나는 그에게 어쩌다가 숲속 생물의 이주 행동에 관심이 생겼는지 그리고 왜 하필 파푸아뉴기니처럼 힘든 장소를 선택했는지 물었다. "재러드 다이아몬드의 연구에 완전히 몰입했죠." 저명한 환경역사학자이자 뛰어난 열대조류학자인 다이아몬드를 언급하면서 그가 말했다. 뉴기니의 새에 관한 다이아몬드의 1960년대 연구에는 산악 지대에 서식하는 다양한 종들의 정확한 분포 조사가 포함되어 있었다. 새들의 서식지 고도가 정리된 자료는 프리먼에게 조류도감 각주 이상의 의의가 있었다. 프리먼은 다이아몬드에게 그의 50년 전 연구를 다시 한번 수행하고 싶다고 제안했다. 같은 새를 같은 산에서 같은 방식으로 조사해 그사이에 어떤 변화가 일어났는지 보겠다는 것이었다.

　다이아몬드의 열정 어린 후원을 받은 프리먼은 몇 달 후 뉴기니 중부 고원 지대의 카리무이산 중턱에서 아내이자 단골 공동 연구자인 알렉산드라 클래스 프리먼과 함께 새그물을 설치하고 있었다. 두 사람은 에콰도르의 구름숲에서 처음 만났는데, 프리먼과 같은 조류학자로 막 박사 논문을 마무리한 클래스 프리먼은 남편의 가장 고되고 보람될 연구에 적극적으로 동참했다. 두 사람은 현지에서 조수를 고용했고, 여러 부족 간의 복잡한 정치 문제를 처리했다. 마침 마을의 한 노인이 과거 다이아몬드가 야영하던 장소까지 고구마를 배달했던 일을 기억해 프리먼 부부가 그와 동일한 경로로 산을 오를 수 있게 도왔다. 두 사람은 식수도 부족하고 프리먼의 말마따나 "전혀 안전하지 않은" 환경에서 고되게 작업했다. ("결혼 생활이 제대로 시험대에 올랐죠." 그가 농담조로 말했다.) 그러나 적어도 과학의 측면에서는 모든 일이 순탄하게 진행되었다.

　"정말 운이 좋았어요. 다행히 숲이 크게 손을 타지 않은 상태였거든요." 이동통신 기지국을 설치하려고 0.4헥타르의 땅을 깎아낸 것을 제외하면 산은 50년 전과 똑같은 원시림이었다. 덕분에 사냥과 벌목 등 조류 군집을 교란할 다른 가능성을 제거할 수 있었다. 유일한 변화는 평균기온이 섭씨 0.39도 정도로 미미하게 상승한 것이었다. 이 정도 변화가 눈에 띄는 수준의 생물학적 반응을 일으켰을까.

마지막 새를 붙잡아 식별하고 풀어주기 전까지는 그들도 결과를 알
수 없었다. "다이아몬드의 연구 결과와 관련해 맹검 방식(편견이 개
입되는 것을 막기 위해 실험자와 피실험자에게 관련 정보를 주지 않고 실험
을 수행하는 방식—옮긴이)을 적용해야 했습니다." 프리먼은 자신의
작업이 편향되는 것을 원치 않았다. 마침내 마지막 데이터를 입력하
고 분석을 돌리면서 그들도 긴장했을 것이다. 다행히 결과는 이견의
여지가 없었다.

  "거의 전체가 정상을 향해 위로 이동하고 있었습니다." 프리먼이
말했다. 카리무이산에 서식하는 평범한 새들의 서식 범위가 50년
도 안 되는 사이에 상한 고도와 하한 고도 모두 100미터 이상 올라
갔다. "믿어지지 않았어요." 그가 혼자서 중얼거렸다. 곧 프리먼 부
부는 다이아몬드가 다른 산에서 조사한 데이터로 실험을 반복했
다. 그랬더니 그곳에서는 오히려 경향성이 더 두드러졌다. 모델이
예측한 것처럼 기온이 상승할 때는 산을 타고 위로 올라가는 것이
새들의 압도적인 반응이었다. 그 효과는 예상과 달리 매우 확실했
고 열대지방 기후변화에 대한 오랜 궁금증을 해결했다. 한 학파에
따르면 열대지방 생물은 이미 더운 환경에 익숙하므로 온대지방
생물보다 기온 상승에 좀 더 탄력적이어야 한다. 그러나 프리먼의
연구 결과는 열대림의 다양하고 밀집한 군집이 주변 환경의 작은
변화에도 아주 민감하게 반응하는 전문종의 세상임을 보여주었다.[3]
"한 번 크게 밀쳐내는 대신 조금씩 1000번을 밀어내는 것과 같아요."
새들이 구체적으로 어떤 신호에 반응하냐고 묻자 프리먼이 쉬운 비

유로 답을 대신했다. 새들이 먹고 사는 곤충과 식물의 변화부터 경쟁자나 포식자와의 관계에서 일어나는 변화까지 여기에는 매우 다양한 연결 고리가 작용한다. 질병도 무시할 수 없다. 아닌 게 아니라 프리먼 자신도 산에서 작업하는 동안 말라리아에 걸려 죽을 뻔했다. 원래는 저지대에서만 활동하는 말라리아모기도 새처럼 산을 타고 올라가고 있었던 것이다.[4]

멸종의 에스컬레이터

어쨌든 프리먼의 박사과정 연구는 성공이었다. 가설에 대한 이해를 높였고, 상위 저널에 논문을 내서 좋은 평가를 받았다. 그러나 훌륭한 과학이 늘 그렇듯이 프리먼의 프로젝트는 더 많은 질문을 낳았다. 숲속에 서식하던 종들이 산 위로 올라갈 것이라는 예측이 옳다면, 원래 정상에 살던 종들은 서식지가 사라져 '멸종의 에스컬레이터'에 탑승했으리라는 두 번째 예측도 사실일까. 카리무이산에서 조사한 자료만으로는 이 물음에 답할 수 없다. 산꼭대기에 사는 생물은 몇 종 되지 않고 더구나 모두 희귀하기 때문이다. 가령 다이아몬드도 연구할 당시에 은밀히 숨어 다니는 파라미티아속*Paramythia* 새를 찾지 못해 애먹었다. 그러므로 지금 프리먼이 그 새를 찾지 못했다고 해 멸종했다고는 말할 수 없는 것이다. 단지 일진이 사나워 한 놈도 발견하지 못한 것일 수도 있지 않은가. 따라서 멸종의 에스컬레이터 문제를 해결하려면 고지대에 사는 새의 종수와 개체수가 모두 많은 다른 열대 산맥을 조사한 과거 데이터가 있어야 한다. 대단히 어려운 주문이자 탐색만으로도 몇 년이 걸릴 위시리스트다. 하지만 프리먼은 딱 5분 만에 문제를 해결했다.

생물학과에서 박사과정은 학위논문 디펜스를 끝으로 마무리된다. (대체로) 호의적인 청중, 즉 교수, 동료 대학원생, 친구, 그 밖에 건투를 비는 사람들 앞에서 그간의 연구를 보고하는 공개 발표로, 보통 샴페인이 준비되곤 한다. 프리먼의 디펜스가 기억에 남는 이유는 갓 태어난 아기가 참석했기 때문이기도 하지만(클래스 프리먼이 강의실 뒤에서 요가볼 위에 앉아 몸을 흔들며 아기를 진정시켰다), 심사위원과의 전통적인 축하 자리에 마지막으로 등장한 뜻밖의 행운 때문이었다. 대화의 주제는 후속 연구로 넘어갔고, 프리먼은 자신이 찾고 있는 이상적인 연구 시나리오를 언급했다. 그때 기적처럼 그의 지도교수가 과거에 미처 논문으로 내지 못한 조사 자료가 있다고 귀띔해주었다. 페루 아마존의 한 산등성이가 대상이었는데, 카리무이산의 경우처럼 산기슭에서 시작해 고도 1000미터 이상을 올라 정상까지 누빈 조사였다. 그리고 뉴기니에서와 달리 페루의 고지대에서는 정상에서 발견된 새가 16종이나 되었다. 게다가 그중 11개 종은 조사가 이루어진 1985년 당시 찾기 쉬운 흔한 종이었다. "완벽한 데이터였습니다." 프리먼이 그때를 회상하며 말했다. 그래서 역사상 가장 빠른 박사 후 연구원 전환이라는 기록을 세우며, 프리먼은 디펜스를 끝내자마자 다음 탐사 계획에 전념하게 되었다.

프리먼은 페루에서 조사지 답사를 마치고 뉴기니에서와 같은 방식으로 연구를 진행했다. (다만 아내가 집에서 아기를 돌보느라 함께하지 못해 빈자리가 컸고, 벌들이 온종일 프리먼과 동료들을 따라다니며 미네랄이 풍부한 땀을 노리는 바람에 몹시 성가셨다고 했다.) 천만다행으로 이번에도 페루의 옛 숲은 벌목이나 그 밖의 교란이 일어나지 않아 과거 데이터와의 직접적인 비교가 가능했다. 분석 결과 이번에도 새들 대부분이 서식 범위를 위쪽으로 옮겼다. 여기에 더해 새로운 내용이 발견되었다. 정상은 그 아래쪽의 울창한 우림이 키가 작고 이끼로 뒤덮인 나무에 자리를 양보한 지역이었는데, 그곳에서 멸종의 에스컬레이터가 최고 속도로 운행되고 있었다. 1985년에는 흔했던 고지대 전문종의 절반이 사라졌고, 남아 있는 것들도 대부분 수가 크게 줄어 정상 바로 밑의 마지막 조사지에만 분포했다. 일부 사라진 종들이 근처 더 높은 산에서 발견되긴 했지만, 이들의 행보가 암시하는 바를 달리 해석할 여지는 없었다.

줄어드는 생활필수품

"아직도 이해되지는 않아요." 황당하다는 뜻에서 손바닥을 위로 들어 보이며 프리먼이 말했다. "이런 원시림조차 그토록 큰 영향을 받고 있다는 게 믿기지 않거든요." 과학자에게 회의적인 태도는 기본 소양이다. 심지어 자기가 낸 결과 앞에서도 말이다. 그러나 이제

페루의 어느 고산 지대 정상. 겉으로 보기에는 예전 그대로지만, 기온이 상승하자 개미새과의 변이개미때까치(variable antshrike), 화덕딱샛과의 눈썹짙은휘파람새(buff-browed foliage-gleaner) 산적딱샛과의 녹갈색머리피그미티랜트(hazel-fronted pygmy-tyrant)와 황갈색가슴플랫빌(fulvous-breasted flatbill) 같은 고지대 전문종 새들이 사라졌다. © Ben Freeman

생물의 오르막 이주는 내 오랜 연구지인 우삼바라산맥의 아카레트 군집을 포함해 다른 새는 말할 것도 없고 나방부터 묘목까지 모든 종에게서 나타나는 현상이다. 게다가 피라미드처럼 정상으로 갈수록 좁아지는 산의 형태 때문에 위로 올라가는 종이 차지하는 면적은 이론상 0에 수렴할 수 있다. 프리먼이 자신의 데이터를 보고 놀란 것은 이렇게 많은 이동과 다수 지역에서 발생한 절멸 현상이 고작 수십 년 만에 일어났기 때문이다. 그러나 한편으로는 이처럼 한 종을 이동하게 하거나 단번에 사라지게 하는 변화가 구체적으로 무엇인지도 의문이다.[5] "왜 애초에 동물이나 식물은 자기가 사는 곳에 살게 되었을까요?" 프리먼이 다소 과장된 표현으로 물었다. "다윈도 관심을 보였던 기본적인 질문이지만, 아직도 만족할 만한 답은 찾지 못했습니다."

다윈 시대 이후 서식지라는 개념은 단순히 어떤 종이 발견될 가능성이 있는 지역적 환경을 넘어서 크게 확장되었다. 이제 생물학자들은 기후, 지형, 토양, **수문학** 그리고 그곳에 사는 다른 동식물과의 관계까지, 특정 장소를 살기에 적합하게 하는 모든 환경 변수를 고려한다. 그런데 어떤 경우에는 기온 상승이 서식지에서 생활필수품을 빼앗아 가기도 한다. 예컨대 녹아내리는 북극의 해빙은 사냥터를 빼앗기고 갈 곳 잃은 북극곰이라는 기후변화의 상징적인 풍경을 대표한다. 마찬가지로 산호의 감소도 다양한 물고기와 산호초 거주자들이 즉각 실감할 수밖에 없는 먹이와 피난처의 소실을 뜻한다. 그러나 점점 더워지는 서식지에 더는 머물지 못하게 하는 작은 차이는 쉽게 알아채기 어려운 경우가 더 많다. 프리먼은 페루의 산맥 정상부에서 키가 작고 이끼로 뒤덮인 나무를 많이 보았다. 기온이 상승하면서 그 요정의 숲에 쉽게 눈에 띄지 않는 어떤 요소가 유입되었을 것이고, 그것에 일찌감치 반응한 터줏대감들이 사라지기 시작했다. 고지대 전문종들은 가장 위협을 많이 받는 군집이다. 더는 물러설 곳이 없고, 잃어버린 서식지를 대체할 방도도 마땅치 않기 때문이다. 그러나 이곳이 아니더라도 생물이 살아가는 데 없어서는 안 될 생활필수품이 부족해지는 것은 모든 서식지가 겪고 있는 현실이다. 그중에서도 뭍에 사는 우리가 쉽게 간과하는 취약 집단이 있다.

나는 최근에 대대로 우리 가족이 자주 찾는 한 바위섬 해안가에서 썰물을 지켜보며 문득 그 생각이 들었다.

껍데기를 지켜라

"세상에 이렇게 똑똑한 굴은 없을 거다." 낮은 바위틈에 끼여 있는 연체동물을 발로 가리키며 아버지가 말씀했다. 그 바위 틈바구니는 사람들의 발길이나 소형 보트, 카약에서 아주 안전했다. 물론 생전 굴 앞에서 먹고 싶지 않다는 생각을 해본 적이 없는 내 아버지한테서도 안전했다. 몇 년 동안 그 굴은 벽돌공의 인내심으로 한 층 한 층 튼튼한 껍데기를 키우며 아버지의 눈앞에서 잘 버텨냈다. 굴의 나이는 지혜의 일부다. 나이 든 굴일수록 바닷물에서 탄산칼슘을 직접 모아 **방해석**이라는 튼튼한 형태의 껍데기를 만드는 데 능숙하기 때문이다. 반면 어린 굴은 태어나서 첫 몇 주 동안 같은 화합물의 덜 안정된 형태인 **아라고나이트**로 껍데기를 만든다. 그 차이가 굴에게는 중요하다. 기후변화로 바다가 점점 산성이 되는 바람에 굴이 껍데기를 만들고 유지하기가 어려워졌기 때문이다. 그래서 아라고나이트보다는 방해석처럼 되도록 튼튼한 재료를 사용하는 게 유리하다. 안타깝지만 해양 생태계에서 아라고나이트에 의존하는 바다 생물이 새끼 굴만 있는 것은 아니다. 산호와 플랑크톤, 고둥과 조개류도 마찬가지다. 필수적인 재료가 사라지고 살던 곳에서 더 지낼 수 없게 되면 그들도 산꼭대기의 새처럼 달리 갈 곳이 없다.

　해양 산성화를 좀 더 쉽게 이해하기 위해 동네 양조장의 이산화탄소 거품 위에서 실험하던 프리스틀리를 다시 떠올려보자. 그는 발효 중인 맥주 위에서 한 컵에서 다른 컵으로 물을 옮겨가며, 그 물이 이산화탄소를 포획하게 함으로써 **탄산** 포화의 원리를 발견했다. 바다와 호수도 같은 방식으로 수면의 물이 바람에 출렁일 때 공기 중의 이산화탄소를 흡수한다.[6] 그래서 대기 중의 이산화탄소 농도가 높아지면 바닷물에서도 농도가 올라간다. 그런데 이산화탄소가 물과 섞일 때면 항상 그중 일부가 탄산으로 바뀐다. 껍데기를 만들어 사는 생물에게는 이 탄산이 골칫거리인데, 사람들이 탄산수를 얼룩 제거제로 추천하는 것과 같은 이유에서다. 탄산을 포함해 모든 산은 기본적으로 부식성이 있다. 즉 분자 간의 결합을 파괴하는 능력이 있다는 말이다. 그것이 셔츠에 묻은 겨자 얼룩을 제거할 때는 더없이 도움이 되지만, 생물이 껍데기를 만드는 화학 과정에서는 방해만 될 뿐이다. 생물의 껍데기를 이루는 탄산칼슘은 비교적 쉽게 분해된다. 노아와 내가 탄산수가 든 컵에 오리알을 넣고 실험해 직접 확인한 바다.[7] 조개류에게는 상황이 더 좋지 못하다. 산성을 띠는 물은 탄산염을 중탄산염으로 바꾸는데,[8] 중탄산염은 애초에 껍데기를 만드는 데 사용할 수 없는 화합물이기 때문이다. 따라서 바닷물의 산성도가 높아지면 생물은 이중고를 겪는다. 껍데기의 강도는 약해지고, 수리하거나 대체할 건축 재료도 줄어드는 것이다.

　해양 산성화의 첫 번째 징후는 상업용 굴 양식장에서 나타났는데,

굴 유생이 껍데기를 제대로 만들지 못했다. 이에 양식업자들은 해수의 산성도가 높아지면 바닷물에 아라고나이트를 보충해 인공적으로 굴을 보살폈다. 그러나 야생에서는 달리 방법이 없다. 해양 산성화는 북극곰에게서 해빙을 빼앗는 정도로, 아니 그 이상으로 생물의 삶에 꼭 필요한 것을 빼앗고 위협한다. 이 과정을 살펴보기 위해 해양생물학자들은 실험을 설계했는데, 약한 아라고나이트만 이용하는 동시에 다양한 해양 환경에서 쉽게 찾을 수 있는 생물체가 필요했다. 바다나비라는 고둥류가 이상적인 연구 대상이 되었다.

세상에서 가장 작은 벽돌공

바다나비는 바닷속에서 유영하며 살아가는 작은 생물이다. "**동물성 플랑크톤**치고는 카리스마가 넘치죠." 빅토리아 펙Victoria Peck이 말했다. 바다나비에 관해서 그만 한 전문가도 없다. 펙은 영국남극조사단에 들어가 그린란드 해안부터 웨들해까지 광범위한 지역에서 플랑크톤 개체군을 연구해왔다. 나는 캐나다 퀘벡의 북극제도 원정기지에 머물던 펙과 스카이프(무료 인터넷 영상 통화 프로그램—옮긴이)로 이야기를 나누었다. 원래 펙은 해양 퇴적물을 뒤지고 화석 플랑크톤 군집을 재구성해 과거의 기후 환경을 연구하던 사람이었다. 그래서 펙이 현대의 기후 지표로 관심을 돌린 것은 흥미로운 전환이었다. 물론 바다나비가 코일처럼 감긴 껍데기로 둘러싸이고 발에

바다나비는 자유 유영 생활을 하는 생물로 **익족류**라는 큰 고둥 집단에 속한다. 익족류 (pteropod)는 그리스어로 '날개 달린 발'이라는 뜻이다. 바다나비는 자기보다 작은 플 랑크톤을 먹고 다양한 물고기에게 먹힌다. 사진 속 종은 리마키나 헬리키나(*Limacina helicina*)인데 고위도 바다부터 극지방까지 분포하며 지름이 2.5밀리미터에 불과하다. 미 국 국립해양대기청 제공.

는 섬세한 날개가 달린 데다가 현미경 아래에서 크리스털처럼 빛나 는 아름다운 생물인 것도 한 가지 이유였을 테지만.

"제 배경이 달랐던 것이 오히려 행운이었어요." 대학원에서 지질 학과 고생물학을 전공한 사실을 언급하며 펙이 말했다. "보는 눈이 달랐거든요." 펙은 이미 바다나비 연구가 한창이던 때 이 분야에 발 을 들였다. 당시 다른 생물학자들은 실험실에서 연구하며 껍데기 손 상을 예상했고, 북아메리카 서부 해안에서 해수의 산성도가 치솟는 기간에 야생을 찾아 그 과정을 실제로 확인했다. 그러나 펙은 극지방에 초점을 맞추었다. 그곳은 해빙 때문에 물과 대기 사이의 기체 교환이 원활하지 않아 겨울철이면 산성도가 절정에 이른다. 펙은 껍데기에 흉터가 있거나 패인 바다나비를 발견했다. 그렇지만 경험상 그 정도의 상처는 지극히 정상적인 것이었다.

"복족류 화석을 보아도 손상의 흔적은 항상 있었습니다." 펙이 말했다. 바닷속 삶은 언제나 위험이 도사리고 있고 껍데기는 온갖 방식으로, 특히 포식자의 공격에 혹사당한다. 펙은 바다나비를 조사하면서도 비슷한 경향을 발견했다. 또한 산성도가 높은 해수에 의한 부식은 이미 과거에 베이거나 긁힌 적이 있는 껍데기에서만 일어났다. 온전한 껍데기는 불침투성이라 얇은 **외각층**이 산성 바닷물을 잘 막아내는 것 같았다. (고둥과 여러 이매패강 생물은 껍데기를 형성하는 동안 이 막을 비계飛階로 사용한다. 그리고 손상되지만 않는다면 평생 남아 있어 마치 바니시처럼 비바람을 막아주는 장벽을 제공한다.) 게다가 껍데기가 손상되면 바다나비는 안쪽에서 아라고나이트를 덧붙여 적극적으로 수리했고, 그 결과 껍데기가 원래보다 네 배나 더 두꺼워졌다. 펙에게 이 현상은 화석에서 보았던 패턴을 떠올리게 했다. 동료들이 선뜻 받아들이기 힘든 수준의 회복력을 암시하는 결과였다.

"전 별로 인기가 없었어요." 펙이 멋쩍게 웃으며 말했다. 펙의 연구 결과는 과거에 알려진 사실에 도전했고, 그래서 바다나비 학계에서 격렬한 논쟁을 일으켰다. 그러나 실제로는 반대하는 의견보다 동의하는 의견이 훨씬 많았다. 물론 누구도 해양 산성화가 껍데기 제작자에게 문제라는 사실에 토를 달지 않았다. 수리가 가능하더라도 비용이 많이 들어서, 원래는 먹이를 찾고 번식하는 따위의 필수적인 활동에 쓰여야 할 에너지를 갖다 썼기 때문이다. 또한 바다나비는 굴처럼 특히 유생 단계일 때 산성에 취약하다는 것이 밝혀졌다. 따라서 현재의 탄소 배출 수준이 계속되면 성체가 되어도 껍데기의 강도는 형편없을 것이다. 마지막으로 강조하자면, 해양 산성도가 영향을 미치는 것은 생물의 껍데기만이 아니다. 수중 환경에서 화학은 냄새, 길 찾기, 시력, 청력까지 생물의 모든 것을 조절한다. 실제로 해양 산성화가 물고기와 기타 해양 생물이 주변 세계를 인지하는 방식을 바꾸어 짝, 또는 먹이를 찾거나 포식자를 피하는 등의 기본적인 활동조차 제대로 하지 못하게 한다는 다수의 연구 결과가 있다. 시스템이 너무 많이 바뀌면 감각이 혼란스러워서라도 생물은 살 만한 곳이 못 된다고 느낄 것이다.

바다나비의 탄력성을 다룬 펙의 연구는 해양 산성화의 위협을 가벼이 보는 것이 아니라 우리가 기후 위기를 이야기할 때 종종 간과하는 핵심을 강조하고 있다. 자연은 무방비 상태가 아니라는 점이다. 환경이 변하면 동물과 식물은 그에 대응한다. 그 대응이 미흡하거나 적절하지 않을 때도 있지만, 우리 주변에서 실시간으로 진행되는 효과적인 적응과 진화가 드러나는 때도 있다. 이어지는 장에서는 생물 종이 사용하는 도구와 반응을 탐구할 것이다. 과거 자연에서의 '변화'라는 개념이 그러했듯이 생물학자들이 매우 이해하기 힘들어했던 '이주'의 개념을 먼저 파헤쳐보자.

변화의 바람이 불어오면,
어떤 이는 바람을 막을 담을 쌓고
어떤 이는 풍차를 만든다.

중국 속담

3부

반응
The Responses

여느 분야나 마찬가지로 생물학에도 두문자어가 많다. 예를 들어 사람들은 유전 물질을 데옥시리보핵산이 아닌 DNA로 알고 있고, 또 그렇게 부르기를 선호한 다. 그래서 기후변화 위기가 닥쳤을 때 전문가들은 새로운 약어부터 만들었다. MAD. 거처를 옮기거나Move, 적응하라Adapt, 그러지 않으면 죽을 것이다Die. 이 짧은 문장은 유기체 앞에 놓인 딜레마를 잘 포착하긴 했지만, 실제 생물 종이 반 응하는 다양하고 훌륭한 방식에 대해서는 가벼운 암시만 줄 뿐이다. 우리 주위에 서 벌어지는 일들을 살펴보니, 이동은 다양한 형태로 일어나고, 적응, 심지어 진 화까지도 예상보다 빨리 일어나며, 일부 재수 좋은 소수는 원래 살던 대로 살아 도 문제가 없었다.

7장

이주: 나무가 발을 떼다

늦은 콜 왕은 쾌활한 노인네, "난 세상을 옮길 거야"라고 말했다네.[1]

찰스 맥케이, 〈늦은 콜 왕Old King Coal〉(1846)

Move: The Walking Tree

길버트 화이트는 제비에 집착했다. 제비의 비행 패턴을 기술하고 식단을 연구했으며, 뒤를 쫓아 둥지에 가서 알의 개수를 세었다. 또 목욕 습관과 발의 모양, 깃털에 득시글거리는 벼룩을 묘사했다. 제비는 1789년에 출간된 《셀본의 자연사*The Natural History of Selborne*》에 실린 그 어떤 생물보다도 화이트의 살뜰한 관심을 받았다. 그런데 무엇보다 그를 의아하게 한 현상이 있었으니, 멀게는 아리스토텔레스와 대大 플리니우스 시대까지 거슬러 올라가 박물학자들을 사로잡은 미스터리였다. "겨울이면 이 새들이 어디로 가는가?"

　제비를 비롯한 많은 새가 정해진 일정에 따라 봄이면 유럽 전역에 도착했다가 늦가을에 떠난다는 사실은 18세기 중반에도 모두가 익히 아는 상식이었다. 논리적으로 설명할 수는 없어도 농부와 사냥꾼, 학자가 모두 이 습성과 시기를 당연한 것으로 생각했다. 영국 시골의 부목사로서 화이트는 남들보다 여유로운 삶을 살았고, 그래서 이 문제에 파고들 시간과 수단이 충분했다. 그도 새들의 이주에 관한 항간의 주장을 잘 알았는데, 고대 이래 끈질기게 전해 내려온 허황한 이야기와 경쟁하며 여전히 논쟁 중인 이론이었다.[2] 예를 들어 스웨덴 분류학자 린네는 학생 한 명과 쓴 1757년 논문 〈새들의 이주에 관하여Migrationes Avium〉에 두 주장을 모두 실었다.[3] 즉 거위와 오리는 철마다 이주하는 동물이라 화살표처럼 이동 방향을 가리키는 커다란 V 자 대형을 이룬 채 봄에는 북쪽으로, 가을에는 남쪽으로 오고 가지만, 제비는 인근의 수로에 들어가 물속에서 겨울을 나는 게 틀림없다고 적었다.

9월 하순이 되면 이 새는 호수와 강으로 멋지게 비행한다. 먼저 한 마리가 갈대나 부들에 착륙하면 두 번째, 세 번째 새가 연이어 같은 식물 위에 앉는데, 결국 무게를 견디지 못한 줄기가 휘어 새와 함께 물속으로 가라앉는다. 잠수한 새들은 1년 중 가장 쾌청한 시기가 시작되는 5월 9일경에 다시 나타난다.[4]

암시된 진리

화이트 자신도 사실과 허구를 가리지 못한 채여서, 제비가 물 안

팎의 어디서 동면하는지, 아니면 물새처럼 겨울이면 남쪽으로 이동
했다가 돌아오는지 알지 못해 혼란스러워했다. 그는 심지어 시까지
썼다. "이 기만적인 새들이여! 서리가 분노하고 폭풍이 몰아칠 때 /
너희가 어디로 숨는지 말해다오."[5] 여행을 즐기지 않았던 화이트는
자신이 사랑하는 셀본 교구에서 벗어나지 않았지만, 대영제국이 확
장하면서 폭넓은 서신 교환을 통해 제비와 다른 새들의 이주에 관
한 정보를 얻을 수 있었다. 그는 사람들에게 스코틀랜드 및 다트무
어의 목도리지빠귀ring ouzel와 가을이면 서섹스 다운스에 떼로 몰려
오는 돌물떼새stone curlew의 움직임에 관해 물었다. 항해 중인 다른 목
사에게 편지를 보내 삭구에서 쉬고 있는 명금류에 대한 후속 보고
를 요청하기도 했다. 그러다가 마침 남동생이 지브롤터 연대에 배치
되면서 비로소 화이트는 새들의 이동 경로가 교차하는 요지에 믿을
만한 눈을 두게 되었다. 그는 동생에게 참고할 책과 논문, 관측 도구
등을 보냈고 두 사람은 몇 년 동안 열심히 편지를 주고받았다. 언젠
가는 셀본에 숨어서 동면하는 제비를 몇 마리쯤 발견하리라는 꿈을
버리지 못하면서도 마침내 화이트는 "무수히 많은 제비가 계절이
바뀌면 지브롤터해협을 북쪽에서 남쪽으로, 또는 남쪽에서 북쪽으
로 횡단한다"[6]라는 동생의 목격담을 인정하게 되었다. 추가로 화이
트의 동생은 벌잡이새, 수리, 독수리, 후투티까지 아프리카를 가로
질러 떠났다가 돌아오는 다른 새들의 "방대한 이동"도 보고했다. 사
실 이주하는 종이 너무 많아 길버트는 정확성을 중시하는 평소 신
념과 달리 이주가 확인된 생물들의 목록 끝에 "등등"을 붙이고야 말

꽁꽁 언 호수의 얼음 아래에서 제비(추가로 물고기 한두 마리)를 낚아 올리는 어부의 모습을 담은 삽화다. 19세기에는 제비가 멀리 이주하지 않고 가을이면 스스로 물속에 들어가 겨울을 보내며 몇 달 동안 동면한다는 게 상식이었다. 올라우스 마그누스, 《북부인들에 대한 설명》(파리, 1555). 예일대학교 베이넥희귀도서·사본도서관 제공.

았다.[7]

　생물의 이주에 대한 화이트의 생각은 전환기의 발상을 담고 있다. 동시대의 다른 박물학자처럼 화이트도 동물이 어디로 어떻게 왜 이주하는지에 관한 새로운 이해를 탐구했다. 그는 자연의 원동력은 "사랑과 굶주림"[8] 이라고 요약한 것으로 유명하다. 더불어 남쪽으로 가는 새들은 "영원한 여름을 즐길"[9] 것이며 다시 북쪽으로 향하는 새들은 "태양이 전진함에 따라 그 앞에서 물러날 것이다"[10]라는 말로 또 다른 진리를 암시했다. 화이트의 주장은 오늘날 생물의 이주를 연구하는 생물학자들이 또 한 번 전환점에 서게 되었기에 더욱 의의가 있다. 만약 화이트가 현재로 올 수 있다면 전파 목걸이, 소형 GPS 송신기부터 털과 깃털, 뼈가 남긴 화학물질의 흔적을 읽는 기술까지 동물의 뒤를 쫓는 다양한 신기술에 입을 다물지 못할 것이다.[11] 그는 이 도구들을 활용해 동물의 이주는 물론이고 확산, 귀향, 기타 습관적인 왕래에 관해 알게 된 모든 사실에 크게 매료될 테지만, 결국엔 다른 현대 과학자들처럼 이 오랜 패턴이 생각보다 훨씬 빨리 변화하고 새롭게 배열 중이라는 깨달음과 싸울지도 모른다. 격변의 시대에는 놀라울 정도로 많은 종이 친숙함과 익숙함을 좇아 원래 살던 곳을 떠난다는 사실이 밝혀졌기 때문이다.[12]

지구 생물의 85퍼센트가 이주 중

"정말 놀랍기 짝이 없죠." 그레타 페클Gretta Pecl이 말했다. 이 주제를 수십 년이나 연구했지만, 아니 어쩌면 그랬기 때문에 더 놀랐을지도 모른다. "마지막 빙하기 이후에 가장 대규모로 종이 재배치되고 있어요." 페클이 통계치 일부를 줄줄 읊어대며 설명했다. 잠자리, 여우, 고래, 플랑크톤 그리고 화이트가 사랑했던 제비까지 기후변화에 따른 서식 범위 이동이 관찰, 기록된 생물만 이미 3만 종이 넘었다. 이것도 빙산의 일각일 뿐이다. 현재 전체 생물 종의 25~85퍼센트가 이주 중이라고 추정된다. "낮게 잡아 25퍼센트라고 해도 지구 전체 생명체의 4분의 1이에요." 페클이 신랄하게 지적했다.

대학교수이자 국제해양핫스폿네트워크Global Marine Hotspots Network 와 서식범위확장데이터베이스·지도화프로젝트Range Extension Database and Mapping Project 그리고 이동하는종Species on the Move이라는 잘나가는 연구 단체의 설립자로서 한시도 쉴 틈 없는 페클 본인부터 연구 대상이었다. 페클이 스카이프로 통화할 짬을 낼 수 있어서 정말 다행이었다. 남아프리카에서 열릴 대규모 국제 학회 조율을 막 마친 그는 핀란드에서의 연구와 스웨덴에서의 강연 사이에 시간을 내주었다. 이런 활동들은 모두 본거지인 태즈메이니아대학교에서 멀리 떨어진 곳에서 진행되고 있었다. 태즈메이니아는 페클이 종의 적응성 이동, 또는 페클 자신이 즐겨 쓰는 말로 종들의 "수완"에 대해 처음 관심을 품은 곳이다. 처음부터 이 주제로 연구한 것은 아니지만, 기후변화를 연구하는 다른 많은 생물학자처럼 페클도 현장에서 직접 목격한 현상을 무시할 수 없었다.

"원래는 오징어, 문어, 갑오징어 같은 두족류의 생활사를 연구했어요." 페클이 1990년대 중반 박사과정 연구를 위해 태즈메이니아 동부 해안을 따라 조사하던 때를 떠올리며 말했다. 해류의 기이한 특성 때문에 기후변화에 따른 수온 상승이 세계 평균보다 네 배나 높았으므로 그 지역은 미래를 보여주는 창이 되었다. 그래서 그곳에서 두족류를 발견했을 때 페클은 온난화가 진행되는 바다에서 종의 분포가 어떻게 달라지는지 감을 잡을 수 있었다. "새로운 종이 많이 유입되었어요." 페클이 말했다. 퉁돔, 피들러가오리, 큰바위따개비, 긴가시성게Centrostephanus rodgersii 등이 모두 북쪽으로 240킬로미터 이상 떨어진 오스트레일리아 본토 해안에서 테즈메이니아로 최근에 도착했다. 동시에 원래 테즈메이니아에 살던 종들은 시원한 남쪽으로 이동하기 시작했다. 이 상황이 페클의 호기심을 자극했고, 이 호기심은 그의 열정만큼이나 왕성했다. 페클은 말이 빠른 편이지만 영상 통화를 할 때는 마치 커피를 마시며 가벼운 대화를 나누는 느낌이었다. 모두 페클의 매력적인 온기와 명료함 때문이었을 것이다. 연구자 사이에서도 페클은 전염성 강한 활기를 뿜는 소위 커넥터였다. 이는 작가 말콤 글래드웰이 모두를 하나로 모으는 묘한 재주를 갖춘 사람을 가리키는 말이다.

　"처음부터 여러 분야가 연합한 멀티 시스템을 생각했어요." 페클이 말했다. 이 말은 세계를 아우르는 그의 인맥, 즉 생물학자는 물론이고 경제학자, 변호사, 정치학자, 건강 전문가, 시민 과학자까지 포함하는 공동 연구자들의 다양성을 설명한다. 나와 이야기할 당시 페클은 러시아-핀란드 국경 근처의 전통 얼음낚시 공동체에서 일주일을 지내고 온 참이었다. "토착민의 지식은 수천 년 전으로 거슬러 올라갑니다." 이어서 페클은 토착민의 관점을 접목해 어떻게 연구팀의 데이터가 갖는 의미를 심화할 수 있었는지 설명했다. "이 사람들은 생물의 서식 범위 이동을 침입으로 받아들입니다." 페클이 계속했다. "알지 못하는 종이 다가오는 것이니까요. 그 종에 관한 노래도, 예술도 없는 새로운 존재가 나타난 거예요." 이런 깨달음을 통해 페클은 종의 이동이 가지는 의미를 남달리 폭넓게 이해했지만, 동시에 개별 종에 관한 구체적인 사항도 잘 알았다. 그래서 나는 페클에

긴가시성게는 기후의 영향으로 이동한 종 중에서 페클의 주의를 처음으로 끌어당긴 생물이다. 바닷물이 따뜻해지자 이 해양 생물은 오스트레일리아 본토에서 남쪽으로 내려갔다. 그곳에서 해조류를 뜯어 먹으며 배를 채운 끝에 켈프 숲을 바위투성이의 '성게 황무지'로 바꾸었다. © John Turnbull

게 가장 근본적인 질문을 던지게 되었다. 이주가 성공할까. 과연 다른 지역으로 터를 옮기는 것이 기후변화가 불러온 역경에 대처하는 좋은 전략일까.

빠른 더하기, 더 빠른 빼기

"이동할 수 있고 그렇게 해서 살아남을 수 있는 종에게는 좋은 방법이겠지요." 페클이 이렇게 답하더니 잠시 말을 멈추었다. 단어를 신중하게 고르고 있다는 생각이 들었다. 그동안 함께 이야기를 나누었던 다른 전문가들처럼 페클도 기후변화 투쟁에서 구체적인 승자와 패자를 언급하기를 꺼리는 것 같았다. (프리먼은 '승자와 패자'라는 구절이 나올 때마다 역설적이라는 뜻에서 '손가락 따옴표' 제스처를 했다.) 확실히 현재 진행 중인 서식 범위 이동의 수치만 보면 전반적인 경향성은 쉽게 알 수 있다. 이동할 수 있는 놈들은 이동하고 있고, 게다가 신속하게 움직인다. 그러나 매우 유리해 보이는 이 능력이 곧 성공을 보장하는 것은 아니다.

　페클이 마침내 입을 열었다. "만약 생태계 전체가 다 같이 한꺼번에 움직인다면, 그것도 그리 나쁘진 않겠죠." 그러나 종은 모두 저마다의 방식으로 반응한다. 서로 다른 속도로, 각기 다른 방향으로 움직이고, 아예 이동하지 않는 것들도 있다. 그 바람에 상황이 뒤죽박죽되거나, 또는 페클의 표현대로라면 "생태학 규정집을 내다 버려야 할" 상태가 되는 것이다. 이는 이동이 가능한 종이 자신이 선호하는 기후를 애써 찾아가더라도 새로운 땅에서 자리 잡기가 여간 어려운 게 아니라는 뜻이다. 낯선 음식과 질병, 새로운 포식자와 경쟁자에 적응해야 한다. 그것도 끊임없이 구성원이 들어오고 나가며 영향을 주고받는 군집 안에서 말이다. '뜻밖의 동거인'이 불러온 피할 수 없는 난제다. "현재 우리는 개별 종이 어떻게 움직이고 있는지까지는 상당히 잘 파악했습니다." 그러나 더 큰 의문이 남았다. "그것이 생태계에는 어떤 의미일까요?" 페클이 물었다. "전체 생물다양성의 20퍼센트 내지 30퍼센트가 한꺼번에 움직인다는 게 무슨 뜻이겠습니까?" 처음으로 풀 죽은 말투인가 싶더니 이내 허탈하게 웃으며 말했다. "우리는 그저 정리나 하고 있을 뿐이에요."

페클 같은 과학자에게 서식 범위 이동 연구는 18세기에 화이트에게 그랬듯이 대단히 역동적이며 새로운 발견으로 가득 차 있다. 다만 기후변화가 이 주제를 시골 박물학자의 응접실에서 꺼내어 세계인의 관심사로 바꿔놓았고, 서식 범위 이동을 대단히 영향력이 강한 사건으로 만들었다. 이는 현재 진행 중인 이주의 물결이 비단 생태계뿐 아니라 인간과의 상호작용까지 변화시키기 때문이다. 농경지와 숲 그리고 어장에 이르기까지 생물 종의 빠른 더하기 빼기는 오랜 전통을 뒤엎고, 사람들은 다음에 어떤 일이 벌어질지 몹시 알고 싶어 한다. (페클이 지적했듯이 국립공원을 포함한 보호 지역도 예외는 아니다. "둘레에 울타리 하나 쳐놓고 아무 일도 없길 기대할 수는 없는 거죠.") 앞으로 알아야 할 것은 아직 많지만 이미 이 책에서도 두 가지 경향을 일관되게 언급했다. 첫째, 기온 상승은 생물을 극지로 몰아간다. 그들은 적도를 중심으로 북반구에서는 북쪽으로(로비의 펠리컨과 린그렌의 나무좀), 남반구에서는 남쪽으로(페클의 퉁돔과 성게) 이동한다. 둘째, 생물은 산이나 능선 등 사면을 따라 점점 높은 고도로 올라간다(프리먼의 새들). 그러나 이런 일반적인 패턴에서 벗어난 놀라운 예외가 있다.[13] 이런 사례는 생물의 이동 뒤에는 아주 다양한 원인이 있으며 생물이 항상 온도 때문에 움직이는 것은 아니라고 강조한다. 그런 경향이 북아메리카 동부 전역에서, 그것도 원래는 몸을 움직이지 않는다고 알려진 분류군에서 일어나고 있다. 이동은커녕 늘 제

자리를 지키는 믿음직함 때문에 인정받고 심지어 숭배의 대상이 된 존재에서 말이다.

맥베스를 떨게 한 나무 군대

북유럽 신화에 존재하는 아홉 세계는 불, 안개, 사람, 거인 그리고 다양한 신과 불멸의 존재를 위해 마련된 개별 영역으로, 모두 이그드라실이라는 위대한 이름으로 불리는 거대한 나무의 가지와 뿌리 안에 질서정연하게 자리 잡고 있다. 사람들은 이그드라실이 늘 그 자리에 있으면서 세상을 구분 짓고 영원히 질서를 유지할 것으로 믿었다. 비슷한 예로 명상 중인 부처의 피난처가 되었던 보리수, 뉴턴의 뒷마당에서 중력 때문에 열매를 떨어뜨린 사과나무까지 수많은 전설과 이야기에 이처럼 움직이지 않는 나무가 등장한다. 셰익스피어는 "버넘의 숲이 던시네인 언덕까지 움직이지 않는 한"[14] 맥베스는 정복되지 않을 거라는 유명한 말로 숲의 불멸을 비유했다. 최후에 맥베스의 운명을 결정하며 움직인 나무는 사실 "나뭇잎으로 위장한"[15] 병사였음이 밝혀졌다. J. R. R. 톨킨의《반지의 제왕》에서 세상을 걸어 다니는 엔트Ent는 진짜 나무가 아니라, 나무 같은 생김새를 한 채 진짜 나무를 보호하고 돌보는 생물이다. (진짜 나무는 움직일 수 없으므로 보호가 필요하다.) 이처럼 나무는 움직이지 않는다는 통념이 전 세계적으로 퍼져 있지만, 이제 과학자들은 나무가 새나 물고기와 같은 방식으로 빠르게 새로운 서식지를 찾아 이동하며 기후 변화에 대응한다는 사실을 목격하고 있다. 그 움직임을 포착하려면 어디를 어떻게 보는지가 중요하다.

산들바람이 상쾌하게 불던 어느 가을날 나는 아이오와주 중부의 넓은 디모인강 계곡 가장자리에서 나무가 무성한 산등성이를 따라 이어지는 사암 절벽과 굽이진 내리막길을 하이킹했다. 아이오와주는 옥수수밭이 가장 유명하지만 나무도 많이 자란다. 이 주는 미국 동부의 활엽수림에서 중서부의 대초원으로 가는 길목에 있어 우거진 산림이 개울과 강바닥을 따라 평원을 향해 구불구불 펼쳐진다. 주름진 나무줄기와 가지 위를 밝게 비추는 햇빛이 색색의 낙엽으로 가득한 숲지붕에서 흘러내리는 모습은 마치 모든 시선을 위쪽으로 끌어올리기 위해 설계된 것 같다. 그러나 나는 애써 고개를 숙이고 아래를 바라보았다. 내가 확인할 것은 머리 위에서 아치를 그리며 높이 솟은 큰키나무가 아닌 이제 막 생을 시작한 작은 나무와 관련되었기 때문이다. 늙은 나무는 과거를 말하고 어린나무는 미래를 말하는 법이다.

큰길에서 갈라진 다음 숲으로 들어가 유목을 훑어보기 시작했다. 어깨높이까지 자란 설탕단풍과 잎의 감촉이 사포 같은 루브라느릅나무slippery elm가 있었다. 나는 금세 미국피나무basswood, 히코리, 버지니아새우나무, 그 밖에 여러 종의 참나무를 찾았다. 이런 다양성은 고작 몇몇 침엽수종이 방대한 면적을 차지하는, 내가 사는 축축한 해안 지역의 숲에서는 찾아볼 수 없었다. 게다가 이 어린 활엽수들은 대륙의 절반 거리만큼 떨어진 해안림까지 갈 것도 없이 바로 제 머리 위에서 자라는 나무와도 달랐다. 그들의 성목이 근처에 자라지 않았다는 뜻이 아니다. 어차피 저 어린나무들의 종자도 멀지 않은 곳에서 왔을 테니까. 그러나 성목의 분포를 유목과 비교하면 종의 '비율'이 눈에 띄게 다름을 알 수 있다. 새로운 세대 안에 전보다 더 흔한 나무와 더 드문 나무가 섞여 있는 조성은 기후과학자라면 오래전부터 알고 있는 사실을 다시 한번 암시한다. 즉 현재 나무가 싹을 틔우고 성장하는 환경조건이 그 나무의 부모가 생을 시작한 수십 년 전과 크게 달라졌다는 것이다. 이런 데이터를 넉넉히 모으자 맥베스를 그토록 두려움에 떨게 한 것이 무엇이었는지 정확히 알게 되었다. 나무 군대가 땅을 가로질러 빠르게 행진하고 있었다.

북, 또는 서로 진로를 돌려라

점심 무렵까지 총 16개 종 75개체를 집계했는데, 당연히 모든 나무가 겉으로는 꼼짝하지 않고 있었다. 어떤 종이 얼마나 빨리 움직이는지 확인하기 위해 나는 퍼듀대학교의 송린 페이Songlin Fei 교수가 쓴 연구 논문을 들고 온 참이었다. 페클이나 화이트와 달리 서식 범위 이동에 대한 페이의 관심은 야외 관찰에서 시작되지 않았다. 그는 계산생태학 전문가다. 계산생태학이란 수학적 모델, 컴퓨터 시뮬레이션, 복잡한 데이터를 세밀하게 분석해 자연에서 패턴을 찾아내는 학문이다. "대규모 산림생태학 과제를 10년 넘게 연구해왔습니다." 페이가 이메일을 보내 설명했다. 그러면서 다음 과제로 기후변화의 영향을 밝히고 있다고 알려주었다. 무엇보다 다른 대부분의 연구가 예측에 초점을 맞출 때, 페이는 지금까지 실제로 벌어진 일을 보여주고 싶어 했다. "사람들은 모델을 통해 예상된 위험을 산출하면서 어려움을 겪습니다." 페이가 설명을 이어갔다. "그 모델은 미래를 위한 시나리오지요. 그리고 대체로 매우 불확실합니다. 저는 장기적으로 수집된 대규모 데이터를 분석해 기후변화가 이미 어떤 식으로 산림 생태계에 영향을 미쳤는지 보고 싶었습니다." 다행히 데이터를 직접 수집할 필요는 없었다. 훌륭한 데이터가, 그것도 미국 산림청에서 온라인으로 무료 공개한 데이터가 있었다.

산림 조사 및 분석 프로그램은 자타공인 '전국 나무 센서스'다. 이는 내가 앞서 아이오와주의 숲에서 했던 작업을 공식적으로 수행한 것인데, 매년 전국에 흩어진 방대한 산림 지역에서 성목과 유목의 종류를 식별하고 수를 세고 크기를 잰 데이터를 종합한다. 페이 연구팀은 1980년 것부터 시작해 미국 중서부 주들에서 동쪽으로 대서양 연안까지 포함하는 데이터 전체를 내려받았다. (얼마나 많은 양인지 가늠하려고 아이오와주 데이터만 내려받아봤는데, 총 7만 1025개의 행과 182개의 열로 된 표였다. 내 노트북의 스프레드시트 프로그램으로는 아예 파일을 열 수조차 없었다.) 이처럼 어마어마한 양의 데이터를 분석하면서 페이 연구팀은 각 종의 '지리적 중심지'를 찾아냈다. 종의 지리적 중심지는 해당 종이 서식하는 전체 범위의 중간 지점에 해당하며,

산림 조사 및 분석 프로그램은 1928년 미국 일부 지역에서 나무 개체군을 측정하면서 첫 발을 내디뎠다. 원래는 목재 수확 계획에 필요한 자료로서 구상되었지만, 기후변화에 반응하는 나무의 행동을 연구하는 데 대단히 유용한 데이터를 축적했다. 미국산림청 제공.

북아메리카 동부에서 한 종의 풍부도가 정점에 이르는 물리적 장소를 가리킨다. 그 값을 계산하는 수학 공식은 복잡하지만 개념 자체는 어렵지 않다. 예를 들어 뜬공을 잡고 싶어 경기장에 가는 야구 팬들은 모두 머릿속에서 비슷한 계산을 하고 자리를 선택한다. 타자는 관중석 사방으로 공을 때리지만, 유난히 공이 날아갈 확률이 높은 지점이 있게 마련이다. 물론 공은 조건에 따라 다르게 움직인다. 예를 들어 바람이 세게 부는 날에는 공이 모두 특정 방향으로 날아갈 것이고, 출전 선수가 왼손타자로만 구성되었을 때도 그럴 것이다. 지리적 중심지를 추적하는 것은 그런 움직임을 가늠하는 완벽한 방법이다. 개체군의 행동을 총체적으로 파악해 팬들에게 어디에 앉아 글러브를 대고 있어야 하는지 알려주기 때문이다. 페이 연구팀은 나무가 기후변화에 반응해 이동할 거로 기대했고, 그들은 옳았다. 조사한 86개 종의 75퍼센트 정도가 1980년에서 2015년 사이에 크게 이동했다. 그런데 더 놀라운 것은 나무가 움직인 방향이었다.

"다른 연구에서 보고된 것처럼 나무가 북쪽으로 이동할 걸로 예상했습니다." 실제로도 많은 나무의 지리적 중심지가 북향하고 있었다. 그러나 훨씬 더 많은 나무가 서쪽을 향했다. 결과를 확인한 연구팀은 당장 두 가지로 대응했다. 먼저 결과의 타당성을 확인하기 위해 분석 과정을 전체적으로 재검토했으며(검토 결과 분석은 타당했다), 다음으로 그런 이해할 수 없는 결과가 나온 원인을 파헤쳤다. 답은 강우와 가뭄의 패턴에 있었다. 페이는 "습기가 결정적인 역할을 합니다"라고 말하면서, 아이오와주나 여타 미국 중서부 지방처럼 연간 강수량이 15밀리미터 이상 증가한 지역에서 나무 개체군이 가장 멀리 그리고 가장 빨리 이동하고 있다고 설명했다. 이 결과는 캘리포니아주에서 보고된 경향과도 유사하다.[16] 캘리포니아주에서 식물은 기온이 아닌 강수량의 변화를 따라 북쪽이 아닌 남쪽으로 내려갔다. 이런 결과는 종이 다양한 변수에 반응하며, 기후변화는 단순히 어떤 날에 얼마나 날씨가 더울지 따위보다 더 많은 요소에 영향을 미친다는 것을 상기시킨다. 더워진 공기는 습기를 더 많이 머금을 가능성과 함께 비와 눈, 가뭄과 폭풍, 바람 등 모든 기상 현상의 타이밍과 강도를 바꾸어 평소와 다르게 나타나도록 한다. 그중 일부, 또는 전체가 한 종이 서식할 장소의 적합성을 결정하는 중요한 요인이 될 수 있다. 페이가 조사한 나무들은 따뜻한 기온보다 충분한 수분에 더 강하게 끌렸다. 그러나 나무가 이동하는 이유를 밝히는 것 못지않게 이동 방식을 묻는 것도 중요하다.

날아가는 나무들

차로 돌아오다가 깊숙한 관목숲에서 들려오는 파랑어치의 거친 콧소리에 걸음을 멈추었다. 어치를 찾아 주위를 돌아보면서 문득 숲의 이 구역을 참나무가 우점한다는 사실이 눈에 띄었다. 그도 그럴 것이 어치와 참나무의 관계가 이 나무의 장거리 이동에 중요한 역할을 하기 때문이다. 나무의 이동 능력은 1899년 영국의 지질학자이자 식물학자인 클레멘트 리드가 도저히 있을 수 없어 보이는 당혹스러운 사건에 주목하면서 제기되었다. 그때나 지금이나 영국제도에는 나무가 많이 자란다. 하지만 2만 년 전 빙하기에는 거대한 빙하가 쓸고 지나간 탓에 온통 바위투성이인 불모지였다. 숲이 그렇게 빨리 돌아왔다는 사실을 리드는 납득할 수 없었다. "참나무가 영국 북부에 있는 현재 분포지의 최북단까지 도착하려면 … 1000킬로미터를 꼬박 이동했어야 하는데, 외부의 도움이 없이는 100만 년은 걸릴 거리다."[17] 도토리가 폭풍에 날려가거나 청설모가 입에 물고 운반하는 거리에 기반해 계산한 결과였다. 참나무가 마지막 빙하기에 명맥을 유지했던 남유럽에서 출발해 그런 짧은 뜀박질로 이동했다면, 정말 시간이 오래 걸렸을 것이다. "털이나 깃털로 운반될 수 없고 동물의 배 속에서 죽어버리는 크고 부드러운 종자"[18]를 맺는 모든 나무가 같은 처지였다. 여기에는 너도밤나무나 느릅나무 같은 흔한 품종도 포함되었다. 식물학자들은 곧 이례적으로 빠른 속도로 확산한 나무의 예를 더 찾아냈고, 이 현상을 '리드의 역설'[19]이라고 불렀다. 새를 통한 장거리 운송이 유일한 가능성이었다. 이는 리드 자신이 근처에 참나무라고는 보이지 않는 너른 들판에서 도토리를 먹고 있는 떼까마귀 무리를 보았을 때 떠올린 생각이기도 했다. 그러나 관찰이 이론을 따라잡고 마침내 문제를 해결하기까지 거의 한 세기가 걸렸다.

향상된 현장 기술 덕분에 1980년대 들어 마침내 파랑어치가 도토리에 쏟아붓는 엄청난 열정 앞에 숫자를 붙일 수 있게 되었다. 한 계절 동안 고작 50마리가 대왕참나무 숲에서 도토리 15만 개 이상을 들고 멀리 떠나 겨울에 먹을 요량으로 잎사귀 밑에 쑤셔 넣거나 땅속에 묻어 저장한다. 어치가 어미나무에서 4킬로미터 떨어진 곳까지 주기적으로 도토리를 옮긴 다음, 발아에 완벽한 서식지에 숨겨둔다고 추적한 연구도 있다. 게다가 새들은 마치 사람이 잘 익은 멜론을 고르듯이 도토리의 무게를 재고 부리로 톡톡 쳐보아 가장 상태가 좋고 잘 살아남을 종자만 고른다. 이 발견으로 파랑어치가 빙하기 이후 북아메리카 전역에서 참나무 숲을 일구어왔다는 것이 확인되었다. 화석과 꽃가루 기록에 따르면 나무는 10년마다 3.5킬로미터씩 전진했다. 청설모에게는 어려운 일이지만 빠르게 나는 파랑어치에게는 식은 죽 먹기다. 이 모델은 영국에도 적용되었는데, 그곳

파랑어치는 기후변화가 주도한 빠른 참나무 이동에 이바지하고 있다. 이 새는 도토리를 멀리 떨어진 새로운 지역으로 가져간 다음 나중에 먹으려고 땅속에 파묻는다. 그중 일부는 새의 기억에서 잊힌 채 싹을 틔운다. © Melissa McCarthy

에서는 떼까마귀와 유라시아어치가 파랑어치의 역할을 대신했다. 이 모델로 새가 종자를 퍼뜨리는 다른 식물 종의 확산도 설명할 수 있었다. 식물학계는 식물의 이동을 느린 전파가 아닌 긴 도약과 뒤채움이 일어나는 역동적 과정으로 이해하기 시작했다. 여기에 강한 폭풍 같은 우연한 사건이 바람으로 운반되는 씨앗을 아주 멀리까지 옮겨놓으며 상황을 더욱 복잡하게 만들었다. 이러한 연구는 원래 과거의 사건을 설명하고자 시작되었지만, 현대 기후변화 시대에 적용할 수 있는 강력한 발상을 품고 있다. 가령 페이의 연구 결과는 오늘날 나무들의 이동 속도가 빙하기 직후보다 훨씬 빨라졌다고 확인되면서 더욱 의미가 커졌다.

내가 아이오와주에서 보았던 루브라참나무나 미국흰참나무는 10년마다 17킬로미터 이상 이동해 빙하기 직후의 추정 속도보다 세 배가량 빠르게 꾸준히 전진하고 있다. 새우나무의 속도는 10년에 34킬로미터로 훨씬 빠르지만, 그것도 주엽나무에 비할 것은 못 된다. 주엽나무의 지리적 중심지는 10년에 64킬로미터의 속도로 서쪽을 향해 날아가듯이 이동하는 중이다. 페이 연구팀이 추가로 분석한 결과 어린나무일수록 반응이 빨랐는데, 발아기와 정착기는 특히 나무에 취약한 시기이므로 당연한 결과다. 이 자료에 따르면 환경이 개선된 곳이면 어디로든 어린나무가 몰려들고, 반대로 환경이 나빠지는 곳에서는 자취를 감추었다. 성목은 유목에 비해 변화에 덜 민감하지만, 생존율과 지속률의 측면에서는 동일한 패턴을 따랐다. 물론 페이의 연구 결과를 확장할 수 있는 가장 좋은 방법은 새를 대상으로 하는 유사 연구와 비교하는 것이다. 나무와 달리 새는 누가 봐도 이동이 수월한 생물이기 때문이다. 조류학자들은 국립오듀본협회가 매년 시행하는 크리스마스 탐조에서 수집된 데이터를 분석해 북아메리카 새들의 겨울철 활동 영역이 기후변화에 반응해 이동하고 있다는 사실을 밝혀냈다. 그러나 10년에 1킬로미터 정도로 속도가 비교적 느렸다.[20]

나무가 때로는 새보다 빠르게 삶의 터전을 옮긴다는 사실에는 자연의 움직임이 당장 눈에 띄어야만 의미 있는 것은 아니라는 의의가 깃들어 있다. 기후변화에 발을 맞춘다는 것이 새로운 곳으로 날거나 뛰거나 헤엄쳐 가는 상황만을 의미하지는 않는다. 토양에 습기가 남아 있어 발아가 개선되거나 기온이 온화해 겨울철 생존율이 좀 더 높아지는 것처럼 크게 티 나지 않는 상황일 수도 있다. 또한 이동은 독립적으로 일어나지 않으며, 모든 동식물이 변화에 이동으로 대응하지도 않는다. "사람들은 모 아니면 도인 것처럼 '이동, 아니면 적응'이라고 말합니다. 하지만 저 둘은 서로 배타적이지 않습니다. 종은 움직이는 동시에 적응합니다." 페클의 말이다. 다음 장에서 보겠지만 생물의 적응 능력은 종이 어디로 가고 왜 가는지, 또는 애초에 번거롭게 장소를 옮길 필요가 있는지를 결정한다.

8장

적응: 플라스틱 오징어의 탄생

자연의 판결은 한 가지다. "적응하거나 죽거나."
자연은 적응한 자식은 애지중지하지만 적응하지 못한 자식에게서는
상속권을 박탈한다.[1]

토머스 닉슨 카버, 〈흔히 이해타산이라고 불리는 자기중심적 평가의 원리에 관하여
The Principle of Self-Centered Appreciation Commonly Called Self-Interest〉(1915)

Adapt: The Birth of the Plastic Squid

큰 곰이 공격하면 작은 곰은 도망친다. 복잡한 분석 없이도 쉽게 이해할 수 있는 일종의 자연법칙이다. 어쨌거나 다 자란 회색곰은 무게가 500킬로그램 넘게 나가고 시속 48킬로미터 이상으로 달릴 수 있으니 맞닥뜨리면 도망가는 게 상책이다. 큰 수컷은 자신의 사냥터에서 주기적으로 작은 경쟁자를 쫓아낸다. 내가 연어로 가득 찬 계곡의 넓은 삼각주에서 목격한 것도 그런 장면이었다. 그러나 상황이 평소와는 다르게 전개되기 시작했다. 덩치 큰 추격자에게 쫓기던 작은 곰이 갑자기 방향을 틀어 내가 인솔하던 사람들을 향해 돌진했던 것이다.

미국산림청 레인저로서 알래스카 팩 크릭의 곰 관찰기지에서 내가 맡았던 업무는 가까운 도시 주노에서 수상비행기를 타고 온 소규모 관광객을 지켜보는 일이었다. 그날 방문한 사람들도 다가오는 곰을 보고 짜릿해하며, 신경전을 벌이는 두 곰과 자신들 사이에 텅 빈 개펄 말고 다른 차단막이 더 있는 양 웃으면서 여유롭게 사진을 찍었다. (때때로 사람들에게 무리를 일탈해 혼자 숲속으로 가지 말라고 주지시켜야 했다.) 한편 나는 사람에 대한 곰의 반응을 주제로 장기 연구를 수행하면서 데이터를 수집하던 참이었다. 그 사건은 곰이 자기들의 일에 인간 관찰자를 개입시키고자 공격을 시도한 '우발적 상호작용'의 전형적인 예로 기록되었다. 전에도 이런 행동을 본 적이 있었다. 어린 개체가 자기방어의 한 수단으로서, 사람들이 모여 있는 전망 지대를 향해 달려가는 법을 학습했던 것이다. 우두머리 수컷은 대개 조심성이 많아 사람한테 가까이 가기를 꺼린다는 걸 알기에 하는 행동이었다. 아닌 게 아니라 큰 곰은 이내 방향을 바꾸더니 냇가로 돌아갔고 작은 곰도 우리를 지나쳐 안전하게 자리를 떠났다. 숨을 가쁘게 내쉬긴 했으나 다친 것처럼 보이지는 않았다. 이는 생물학에서 적응 행동이라고 부르는 새롭고도 효과적인 전략으로, 새로운 환경에서 자신의 습성을 조정해 주어진 상황을 최대로 이용하는 것이다. 당시 나는 논문에 이 사실을 흥미로운 각주로 삽입했을 뿐, 기후변화가 곰에게서 더 심각한 행동 변화를 일으키리라고는 전혀 생각하지 못했다.

사실 곰은 연어를 좋아하지 않을지도

마트에서 손질된 연어를 사거나 식당에서 연어 요리를 주문할 때 사람들이 먹는 것은 아가미덮개 뒤부터 꼬리까지 척추와 갈비뼈 양쪽으로 늘어선 강력한 근육이다. 우리 집처럼 생선을 즐겨 먹는 가정에서는 뱃살을 두고 식구들이 다투기도 하는데, 그곳의 지방 함량이 나머지 부위보다 다섯 배는 높기 때문이다. 이 사실을 잘 아는 곰도 생선의 뱃살이나 뇌, 어란 등의 부위만 먹어 영양 섭취를 늘린다. 한번은 곰이 앞발로 생선 꼬리를 밟아 땅에 고정한 다음 지방이 많은 껍질을 이빨로 깔끔하게 벗겨 먹는 것을 보았다. 인간에게는 지방이 그득한 살을 먹는 것이 취향의 문제이지만, 곰에게는 필수적인 영양 섭취의 문제이자 동면을 앞두고 체중을 늘려야 하는 긴급한 필요다.

회색곰은 잡식성 동물로 먹이를 찾는 아주 다양한 전략을 구사하도록 진화했다. 해안 쪽에 사는 개체들은 낚시에 더해 풀, 또는 사초과 식물을 뜯거나 열매를 따 먹고 심지어 개펄을 파서 조개를 꺼내 먹는다. 반면에 내륙에 사는 곰들은 나방 유충에서 장미 열매까지 각종 숲 생물을 간식으로 먹는다. 사육하는 곰에게 뷔페 스타일로 먹이를 주면 단백질이 전체 가용 에너지의 17퍼센트에 불과한, 탄수화물과 지방 위주의 식단을 선택한다. 이 식단은 체중 증가를 최대화하는 영양비로 구성되어 있는데, 동굴에서 반년간 휴면 상태로 지내는 동물이라면 신경 쓰지 않을 수 없는 부분이다. 곰은 온종일 연어를 먹으면서 많은 열량을 얻지만, 영양이 많은 부위만 골라 먹는다고 해도 연어는 단백질이 70퍼센트, 심지어 80퍼센트에 이르는 지나친 고단백 식단이다.[2] 기술 논문은 이 상황을 '차선택'이라고 설명한다. 그러나 한 전문가가 내게 말한 것처럼, 연어는 곰에게 "끔찍한 설사 그리고 그 외의 모든 것"을 준다는 표현이 좀 더 현실적이다. 하지만 사냥할 연어가 풍부하다는 것만으로도 영양상의 결핍을 채우고도 남는다. 따라서 생선을 먹는 것은 아주 오랫동안 곰의 필수적인 습성으로 여겨졌다. 전문가조차 곰이 연어를 좋아하는 것은 진리에 가깝다고 말할 정도니까 말이다. 그러나 내가 일했던 팩 크릭에서 서쪽으로 1125킬로미터 떨어진 코디액섬에서는 최근 기후변화가 그 가정의 진위를 실험 중이다. 우연히 그 결과를 현장에서 직접 확인한 생물학자들이 있었다.

"바로 우리 눈앞에서 일어난 일이에요." 윌 디키Will Deacy가 설명했다. "곰들이 모두 보따리를 싸더니 계곡을 떠나더라고요." 나는 전화로 디키에게 2014년 여름에 관해 물었다. 디키의 박사과정 연구가 중요한 전환점을 맞이한 시기였다. 야생동물을 연구하는 학생이었던 디키는 그의 말마따나 그때까지 주로 "전형적인 연구"를 수행했다. 코디액섬 곰을 향한 특별한 열정을 발견하기 전에는 대벌레나 땅거북 등을 주제로 한 단기 프로젝트를 맡았다. 어쨌거나 처음에는 기후변화로 논문을 쓸 생각이 아니었다고 했다. (디키의 표현대로 대학원생 사이에서 이제 저 말은 "뻔한 스토리"다.) 원래 그는 곰이 어떻게 계곡마다 연어가 올라오는 시기를 파악해 순서대로 이동해가며 낚시 철을 연장하는지 분석하고 있었다. 모든 것은 계획대로 진행되었다. 디키는 40마리에 달하는 야생 곰에게 마취총을 쏘아 GPS 목걸이를 달아준 다음 풀어주었고, 연어의 수를 추적하기 위해 네 개의 주요 계곡에 저속 촬영 카메라를 설치했다. 그런데 연어의 수가 절정에 다다른 어느 날 주인공이 갑자기 낚시를 멈추고 무대를 떠났다.

곰의 입맛이 바꾼 세계

"기록에 필요한 만반의 준비가 되어 있었어요. 정말 운이 좋았습니다." 디키가 회상했다. 디키는 이미 연어의 수를 세고 있었기 때문에 곰들이 연어 수 부족으로 떠난 게 아니라는 걸 알았다. 그리고 GPS 목걸이를 채워둔 덕분에 바로 뒤를 쫓아 곰들이 연어를 버리고 어디로 가는지 알 수 있었다. 사라진 곰들은 낚시터를 버리고 예외 없이 언덕을 올랐다. 곰들의 머릿속에는 한 가지 생각밖에 없는 듯했으니, 바로 제철을 맞은 열매였다. 곰이 베리류(장과류)를 먹는 행동에 이상한 점은 없다. 블루베리, 시로미, 그 밖의 작은 열매들은 언제나 늦은 계절의 열량을 책임지는 중요한 탄수화물원이다. 그런데 2014년에는 그리고 그 이후로도 따뜻해진 날씨 탓에 곰이 연어보다 좋아하는 열매가 예년과 달리 일찌감치 익어버렸다.

"엘더베리(지렁쿠나무)는 특이한 열매예요." 디키가 말했다. 처음에 나는 엘더베리 냄새를 말하는 줄 알았다. 몬티 파이선의 코미디 극단이 그 냄새를 소재로 비하성 농담을 유행시킬 정도로 유명한 특징이었다. 쉽게 좋아하기 힘든 곰팡내가 나고 사람이 생으로 먹으면 구역질을 일으킨다고 알려졌지만, 알래스카 해안가의 붉은 엘더베리는 곰에게 완벽한 영양을 제공하는 기이한 특성을 자랑한다. 일반적으로 베리류에는 단백질이 거의 들어 있지 않지만, 엘더베리에는 단백질이 13퍼센트, 즉 먹이 실험에서 곰이 선호한 17퍼센트에 가까운 양이 들어 있다. 게다가 나머지 열량은 탄수화물 형태이기 때문에 엘더베리는 어떤 식단보다 빨리 곰을 살찌운다. 완벽에 가까운 이 음식은 연어 산란기가 끝나가는 가을에 해안가 곰들이 먹는 다른 열매들에 섞여 있어서 그동안 생물학자의 눈에 띄지 않았다. 디키 연구팀이 이처럼 뜻밖의 사실을 발견하게 된 것은 기후변화로 경기장의 상태가 달라졌기 때문이다. 이른 봄의 온기와 더 뜨거워진 여름이 엘더베리에 생물계절학적 변화를 강요해 개화와 결실기가 2주 이상 당겨졌다. 낚시 철이 한창일 때 열매가 익다 보니 곰들은 선택의 기로에 놓이고 말았다. 원래 일정대로 연어를 잡아먹으며 제일 좋아하는 열매를 포기할 것인가, 행동을 바꾸어 시대에 발맞출 것인가.

"곰들에게는 오히려 바람직한 움직임입니다." 디키가 설명을 이어갔다. 동면 전까지 계속해서 먹이를 찾을 수만 있다면 연어를 엘더베리로 바꾼다고 해서 해가 될 이유는 없다는 것이다. 코디액섬의 회색곰은 이미 큰 몸집으로 유명하지만, 이 조정된 식단으로 크기가 더 커질 수도 있다는 게 디키의 견해였다. "문제는 이런 행동 변화

역사적으로 곰과 연어의 관계는 이처럼 알뜰하게 먹은 사체를 결과물로 남긴다. 그러나 알래스카 코디액섬에서는 상황이 달라지고 있다. 곰들이 평소보다 일찍 익어버린 엘더베리를 먹기 위해 낚시터를 버리고 떠나는 것이다. © Thor Hanson

가 다른 종에게 어떤 영향을 미치냐는 것이죠." 디키가 기후변화 생물학에서 가장 중요한 주제 한 가지를 강조하면서 말했다. 한 관계에서 일어난 작은 변화가 다른 관계에 미치는 **연쇄효과** 말이다. 곰이 연어를 덜 먹게 되자 계곡 주변에서 연어 사체가 줄어들고, 그것을 먹고 살던 다양한 청소동물이 덩달아 줄어들면서 결과적으로 바다에서 육지로 이어지는 중요한 에너지 흐름이 제한되었다. (썩은 연어는 흙을 비옥하게 해 식물의 생장을 촉진하고 질소와 인을 비롯한 각종 영양이 먹이그물 전체를 따라 순환하는 데 이바지한다. 연어가 올라오는 계곡 근처의 새나 거미의 몸에서는 연어에게서 섭취한 영양소가 검출된다.) 디키는 코디액섬의 개울 및 강 주변 식생과 생물다양성이 50년, 또는 100년이 지나면 크게 달라질 거로 예상했다. 모두 곰의 입맛과 적응력이 주도한 변화다.

대화를 끝내기 전에 디키가 마지막으로 경고했다. "곰과 같은 잡식성 종은 다른 종과 구분해서 생각해야 합니다." 그러면서 어떻게 까다롭지 않은 입맛과 이동 능력이 환경 변화에 대한 회색곰의 적극적인 반응에 일조했는지 설명했다. 곰이 연어에서 엘더베리로 식단을 바꾸는 것은 때를 맞춰 언덕을 올라가기만 하면 되는 쉬운 일이다. 열매가 익은 날이면 언제든 숲으로 들어갈 수 있고, 반대로 열매 수확이 시원치 않은 날이면 곧장 계곡으로 돌아가 낚시를 재개하면 그만이다. 그러나 움직일 수 없는 고착종이나 식단이 까다로운 전문종은 선택의 여지가 없으므로 빠른 온난화의 영향에 힘들어할 수밖에 없다. "기후변화는 잡식성 동물과 일반종에게 유리합니다." 디키가 불안정한 시대의 절대적 진리를 한 번 더 상기시키며 강조했다. "유연성이 갑甲이다." 생물학에서 유연성은 전문용어가 따로 있을 만큼 중요한 개념이지만, 역설적이게도 그 용어는 화석연료로 만든 제품에서 비롯되었다.

늘어나고 구부러지는 가소성

만화잡지 출판사인 퀄리티 코믹스는 폴리에스터와 테플론이 개발된 직후인 1941년 플라스틱맨이라는 캐릭터를 처음 선보였다. 플렉시글라스 창과 나일론 스타킹이 여전히 값비싼 신상품인 시절이었다. 출판사는 이 새로운 합성 물질을 반기는 대중의 환호에 편승하고자 "그는 늘어난다. … 그는 구부러진다. … 그는 플라스틱맨이다!"라는 극적인 슬로건으로 잡지 표지를 장식했다. 붉은 옷을 입은 채 몸의 형태를 바꾸며 범죄자와 맞서는 능력은 플라스틱이라는 이름만큼이나 편리하고 오래가는 것으로 증명되어 플라스틱맨은 인쇄물과 영화에 수백 번이나 등장했을 뿐 아니라, 저스티스 리그라는 엘리트 조직에 초빙되면서 슈퍼히어로로의 명예까지 얻었다. (초창기에 플라스틱맨의 조수로 등장해 초록색 옷을 입고 대자연이 선사한 마법의 힘으로 활약했던 우지 윙크스의 사정은 달랐다.) 생물학자라면 플라스틱맨의 성공에 놀라서는 안 된다. 자연에서 유연성의 이점은 오래전부터 잘 알려져 있었다. 적어도 1850년대 이후부터 전문가들은 일종의 초능력에 해당하는 동물과 식물의 능력을 기술할 때 **가소성** plasticity이라는 말을 사용해왔다. 이는 플라스틱과 어원이 같은 말로, 환경의 변화에 맞추어 습성을 바꾸거나 심지어 몸을 늘리고 구부릴 수 있는 능력이다.

넓은 의미에서 가소성은 실시간 적응을 말한다. 즉 개체가 제 수명 안에서 할 수 있는 다양한 조정이다. (다음 장에서 다루겠지만 적응은 여러 세대를 거치며 유전적 변화로 이어지는 진화적 변화까지 아우른다.) 곰이 식단을 바꾸는 행동의 변화도 가소성의 발현이다. 그러나 유연한 변화에는 모든 사람이 한 번쯤 새로운 날씨에 적응해본 경험에서 직관적으로 알게 된 신체적 적응이 포함된다. 대학 진학을 위해 고향인 시원하고 습한 미국 북서부 태평양 연안을 떠나 캘리포니아주 남부로 이사 갔을 때 처음 받은 충격을 생생히 기억한다. 38도를 한참 웃도는 늦여름 폭염이 한창이었다. 아버지는 "아래 지방에 살다 보면 피가 묽어질 것이다"라고 경고했지만, 물론 그건 사실이 아니다. 캘리포니아주 사람의 피라고 해서 더 묽지는 않다. 그러나 내 몸이 새로운 환경에 적응해 크게 달라졌다는 점에서는 아버지가 옳았다. 과거보다 더워진 환경에 몸이 **순응**하며 땀이 희석되었고 피부로 가는 혈류량이 증가했으며 심박수와 산소 소비량이 미묘하게 감소했다. 이런 무의식적인 신체 조정은 매일 반팔 티셔츠와 반바지를 입고 지내는 행동의 변화와 짝을 이루어, 나는 몇 주 만에 캘리포니아주의 뜨거운 햇살 아래에서 지내는 생활을 완벽하게 정상으로 느끼게 되었다.[3]

바뀐 날씨에 적응하는 것은 단기적이고 되돌릴 수 있는 변화의 예지만, 가소성은 영구적인 변화도 일으킨다. 특히 생의 초기에 일어난 변화라면 고정될 가능성이 크다. 아마 생장 잠재력이 가장 잘 알려진 예일 것이다. 인간을 포함한 많은 종에게서 성체의 몸 크기는 초기 발달 단계에서 받은 신호에 일부 좌우된다.[4] 영양실조 같은 환경적 스트레스 요인이 미래의 생장 궤적에 한계선을 설정하는

데, 초기에 완전히 고정되고 나면 환경이 좋아져도 바뀌지 않는다. 이 반응은 적응의 결과로 보인다. 즉 생장하는 태아에게 바깥 상태를 알리는 초기 경고 시스템이 작동해 현재 먹이나 기타 필요한 자원이 부족한 상황이니 몸을 키우면 안 된다고 신호를 주는 것이다.[5] 역사학자와 생물학자는 이 가설이 사람의 키와 성장 환경의 밀접한 관계를 설명한다고 믿는다. 선진국 사람들은 최근 몇 세기에 신장이 늘어났는데, 유전자 변화가 아니라 가소성 때문일 테다. 엄마와 아기의 영양 상태가 개선되면서(즉 환경의 변화) 몸집을 키우는 내재적 경로가 활성화된 것이다.

사라지지 않는다, 다만 변화할 뿐이다

급변하는 지구의 열악한 환경에서 가소성 덕분에 동물과 식물이 유연하게 대처할 수 있다는 사실에는 의심할 여지가 없다. 다만이 능력이 고루 분포된 것은 아니다. 어떤 종은 다양한 범위의 신체적·행동적 반응이 태어날 때부터 유전자 코드에 장착되어 가소성이 뛰어나다. 예를 들어 서양민들레*Taraxacum officinale* 씨앗은 환경조건에 따라 매우 다른 식물로 자라는데, 꽃대가 땅에 바짝 붙어 잔디깎이 날을 피하는 개체가 있는가 하면, 반대로 열린 들판에서는 90센티미터까지 쑥쑥 자라는 개체도 있다. 민들레도 건조하고 자갈투성이인 길가에서 자랄 때면 잎 가장자리의 톱니가 깊고 잎맥이 쏠쏠

한 유액으로 가득 차지만, 고작 몇 발짝 떨어진 물이 충분한 잔디밭에서 자란 것은 샐러드에 넣어도 좋을 만큼 부드럽다. 서양민들레는 사시사철 꽃을 피우고 1년이든 10년이든 살 수 있으며 수분이 없이도 수천 개의 씨를 맺는다. 잡초에 학을 뗀 조경사들에게는 절대 반갑지 않은 형질이겠지만, 기후변화의 맥락에서 이 식물의 가소성은 예측할 수 없는 미래를 대비한 든든한 보험과 같다. 반면 서양민들레와 근연관계인 캘리포니아민들레는 가소성이 매우 떨어진다. 초여름에만 꽃이 피고 타가수분을 해줄 벌이 필요하며 아고산대 초원의 습한 경계에서만 자란다. 두 종의 생김새는 거의 비슷한데도 가소성의 차이로 한 종은 어디서나 눈에 띄고 복원력도 강한 잡초로 살아가지만, 다른 종은 멸종을 코앞에 둔 채로 기온이 빠르게 상승하는 샌버너디노산맥의 불안정한 일부 지역에만 분포한다.[6]

가소성의 이점은 무시할 수 없지만, 맨눈으로 보아서는 그 효과가 미미하다. 잎 가장자리의 톱니가 깊은 민들레도 똑같은 민들레고 엘더베리를 집어삼키는 곰도 여전히 곰이다. 기후변화에 대응해 현재 진행 중인 수많은 조정도 마찬가지다. 많은 종이 형태가 변하지만, 각자 제 군집 안에서 인지할 수 있는 선을 넘지 않는다. 그러나 달라진 환경에서 생물의 가소성이 극한에 달할 경우 형태가 어디까지 변할 수 있는지 보여주는 좋은 사례가 있다. 훔볼트오징어의 예를 들어보자. 이 두족류는 2009년과 2010년의 큰 수온 상승 탓에 멕시코 칼리포르니아만의 전통 어장에서 사실상 사라졌다.[7] 모두 그런 줄 알았다. 그러나 자세히 조사해보니 훔볼트오징어는 여전히 그

가소성은 주변에서 흔히 자라는 서양민들레에서도 쉽게 확인할 수 있다. 집 근처에 자라는 성숙한 개체(꽃이 폈거나 꽃눈이 형성된)들에서 이처럼 다양한 모양, 크기, 색깔의 잎을 찾는 데 단 몇 분밖에 걸리지 않았다. 이러한 차이는 자동차 진입로에서 오솔길, 열린 들판, 그늘진 잔디밭까지 다양한 성장 환경에 대한 식물의 내재된 반응을 잘 나타낸다. © Thor Hanson

곳에서 살고 있었을 뿐 아니라 오히려 수가 늘었다. 살던 곳을 떠나는 대신 아예 전혀 다른 전략으로 열 스트레스에 대응했던 것이다. 이 오징어는 예전의 절반밖에 안 되는 짧은 시간에 생장을 마쳐 번식했고, 다른 먹이를 먹었으며, 절반의 수명만큼만 살았다. 결과적으로 새로운 성체의 몸은 크기가 훨씬 줄어서 과거에 이 오징어를 낚기 위해 사용한 미끼를 물지 못할 정도로 작아져버렸다. 어부는 어쩌다 낚아 올린 훔볼트오징어를 보고 새끼, 또는 다른 종인 줄 알고 내다 버렸다.

몸의 크기에 관한 극강의 가소성은 훔볼트오징어처럼 성장이 빠른 종들에게서 가장 쉽게 발견된다. 만약 1년에 한 세대, 심지어 두 세대씩 번식하는 속도라면 형태와 치수가 달라진 개체가 빨리 눈에 띌 것이다. 그런데 가소성은 습성의 변화에도 영향을 미칠 수 있고, 그 결과 우리에게 잘 알려진 종이 전혀 달라 보이게 할 수 있다. 2016년 중반, 태평양 서부 전역에서 발생한 산호 백화현상을 계기로 산호초에 서식하는 어류 중 가장 눈에 띄고 공격적이었던 집단이 마치 디키의 회색곰처럼 하루아침에 성격을 바꾸는 일이 벌어졌다. 마침 그 자리에 있던 해양생물학자들이 모든 과정을 직접 목격했다.

수온 변화와 나비고기의 마음

샐리 키스Sally Keith는 이제껏 나비고기butterfly fish를 수도 없이 관찰해왔다. 생물의 경쟁에 관심이 있는 해양생물학자에게 나비고기는 이상적인 연구 대상이다. 혈기 왕성하고 텃세가 심하며 화려한 열대 산호초 속에서도 눈에 확 띌 만큼 색상이 선명하다. 많은 개체가 산호를 먹고 살면서 제 땅에 발을 들이는 모든 방문객을 열심히 쫓아낸다. 한시도 쉬지 않고 싸우며 서로 쫓고 쫓기기 바쁜 종이라 연구 자료가 풍부할 수밖에 없다. 하지만 물속에서 클립보드를 들고 수백 시간 동안 물고기만 바라보는 일은 꽤 고역스러울 것이다. 2016년에 키스와 동료들이 바로 그 일을 하고 있었다. 인도네시아에서 시작해 필리핀을 거쳐 일본까지 10여 개가 넘는 산호초를 거쳐온 참이었다. 이 대규모 연구의 목적은 종의 경계 지역에서 경쟁이 증가하는지 보는 것이었다. 만약 물고기 두 종이 서식 범위가 겹치는 곳에서 유독 많이 충돌한다면 그 상호작용을 관찰해 왜 그리고 어디에서 한 종이 사라지고 다른 종이 탄생하는지 밝힐 수 있을 터였다. 분명 흥미로운 질문이었지만 끝내 답은 얻지 못했다. 프로젝트가 한창일 때 해양 열파로 수온이 치솟으면서 상황이 예기치 못한 방향으로 흘러갔기 때문이다.

산호초를 형성하는 산호는 자연에서 가장 잘 알려진 **'상리공생'**의 예다. 상리공생이란 독립된 두 유기체가 상호작용을 통해 양쪽 모두 이익을 얻는 관계다. 우리가 보통 하나의 산호라고 생각하는 것은 사실 많은 개별 폴립이 모여 만들어진 집합체로, 이 산호 폴립은 해파리와 먼 친척뻘인 동물이다. 산호 폴립도 해파리처럼 촉수가 있고 일부는 플랑크톤이나 소형 물고기를 잡아먹고 산다. 그러나 먹이의 대부분은 폴립 안에 사는 **와편모충류**(또한 **공생체**, 공생성 조류, 또는 **주산텔라**)라는 단세포 유영 생물이 제공한다. 이 작은 초록색, 빨간색 플랑크톤은 식물처럼 광합성으로 당분을 만든다. 그 에너지를 숙주와 나누고, 그 대가로 해가 잘 드는 곳에 안전한 집을 얻는다.

햇빛에 크게 의존하기 때문에 산호는 해안에서 멀지 않은 석호 가장자리의 얕은 물에서 환상環狀 산호초를 형성하며 번성한다. 그런데 현실에서는 깊이 못지않게 물의 온도도 중요했다. 물이 과도하게 데워지자 산호와 와편모충류는 좁은 아파트를 두고 다투는 룸메이트처럼 사이가 나빠졌다. 결국 그 둘이 결별하는 현상을 백화라고 부르는데, 화려한 색깔을 자랑하던 동거인이 나가버리면 산호는 유령처럼 창백해진다. 하얗게 변한 후에도 산호는 한동안 살아 있고 제때 물이 차가워지면 와편모충류를 다시 불러들일 수도 있다. 그러나 열파가 계속되면 산호는 병을 얻고 굶주리게 된다. 기후변화로 이런 끔찍한 사건이 더 흔해졌다. 그 여파로 산호초 시스템 전체가 고통받다가 대량으로 죽어나가고, 물고기와 기타 산호초 서식자의 다양성이 급격히 감소한다는 연구 결과도 있다. 그러나 키스 연구팀은 마침 새로운 상황에 신속하게 적응한 종을 처음으로 목격하면서 자세한 조사에 들어갔다. 따분하기 이루 말할 데 없는 연구였다.

"산호가 백화한 후에는 물고기를 관찰하는 일이 훨씬 지루해졌어요." 키스가 내게 이메일을 보내 설명했다. (랭커스터대학교 소속인 그는 공식적으로 육아 휴직 중이었지만, 연구, 출판, 블로그 작성 및 사람들과의 교류로 여전히 바빴다.) "5분에 몇 차례씩 벌어지는 싸움판을 구경하다가 이제는 아무 일도 일어나지 않는 광경을 지켜봐야 했으니까요."

다행히 연구팀은 지루함을 이겨내고 나비고기 38종에 대해 2348건이라는 엄청난 양의 관찰 기록을 쌓았다. 데이터는 모두 한 방향을 가리키고 있었다. 산호가 하얗게 변하면서 물고기의 성질도 죽었다. 백화현상이 일어나자 적대적 상호작용은 과거의 3분의 2 수준으로 감소했고, 이로써 고작 몇 주 만에 사나운 공격자가 적당히 온순한 평화주의자로 전향하고 말았다. 키스에게 이 결과는 희귀한 자원을 두고 벌어지는 경쟁에 대한 교과서적인 예측을 실제로 보여주었다. 이론적으로 그리고 이제는 현실에서도 생물은 먹이를 구하기가 여의찮은 상황에서 오히려 덜 경쟁한다. 싸움의 비용이 승리의 보상을 넘어서기 때문이다. 백화한 산호는 형편없는 끼니이므로 그것을 먹어봐야 소용이 없다. 이처럼 열량이 줄어든 환경에서 나비고기는 에너지를 절약하기 위해 유순해진다.[8] 산호를 되살릴 시원한 바닷물이 돌아오길 고대하며 기약 없이 연명하는 상황에서 일어난 급진적인 행동 변화다.

진화적 줄타기

　가소성의 명백한 이점을 생각한다면, 왜 어떤 종은 가소성이 낮아지는 쪽으로 진화했는지 묻지 않을 수 없다. 답은 현재와 상충하는 과거의 안정된 기후에 있다. 지역에 따라 수천 년 이상까지도 지속되는 이 비교적 평온한 시기에는 대개 진화의 압력이 종의 전문화로 이어진다. 즉 경쟁 결과 일부 종은 효율성을 추구하도록 진화한다. 특정한 자원과 생활양식을 우점, 활용해 남보다 우위에 설 수 있는 작지만 중요한 이점을 얻는 것이다. 그러자면 보통 유연성을 희생해야 하는데, 마치 한 악기의 명연주가가 되면 오케스트라의 모든 파트를 다 맡을 수 없는 것과 같다. 그 결과는 전문화(안정된 상황에서 유용하다)와 가소성(변화하는 상황에서 유용하다) 사이의 진화적

나비고기는 나비고기속(*Chaetodon*) 동물로 평소 공격적으로 영역을 수호하지만, 기후가 달라져 산호가 백화하면 행동이 돌변한다. 먹이원이 귀해지면 성질이 온순해지고, 에너지를 경쟁자와의 싸움이 아닌 먹이를 찾고 더 나은 곳으로 확산하는 다른 생존 활동에 집중한다. © Elias Levy

줄타기다.[9] 산호를 먹고 사는 나비고기가 바로 그 밀고 당기기를 보여준다. 나비고기는 딱딱한 산호를 소화하는 어려운 기술을 습득하면서 기회를 얻었고, 안정된 시기에는 그 기술 덕분에 서식 영역을 넓힐 수 있었다. 그러나 바다가 따뜻해지면서 환경이 변화하자 까다로운 식성 때문에 되레 취약해지고 말았다. 이때 평소의 공격적인 태도를 그토록 빨리 유순하게 바꾼 것은 놀라운 재주다. 그러나 키스를 비롯한 과학자들은 이런 행동의 변화가 미봉책에 불과하다고 생각한다. 백화한 산호가 회복되지 않을 경우, 장기적으로 나비고기는 훨씬 더 유연하게 행동해야 할 것이다. 즉 산호를 대체할 다른 먹이를 찾아야만 살아남을 수 있다.

　과거의 환경에서 잘 작동하도록 적응한 특성을 급격하게 달라진 새로운 환경과 융화시키기 위해 분투할 때마다 비슷한 딜레마가 발생한다. 특히 가소성이 부족한 상태에서 제기되는 흥미로운 문제가 있다. 만약 기후변화에 적응하는 능력이 내장되어 있지 않다면 아예 새로 만들어내는 것은 어떨까. 새로운 형질이 빠르게 진화한다면 눈앞의 고난을 이겨낼 수 있지 않을까. 2014년 20명이 넘는 최고 전문가가 수백 건의 연구를 검토해 그 결과를 《에볼루셔너리 애플리케이션*Evolutionary Applications*》 특별호에 실었다. 기후변화에 대한 생물의 대응 방식 중 현재까지 기록된 대다수는 가소성에 의한 것이라는 게 요지였다. 원래부터 잠재되어 있던 형질이나 행동이 환경의 자극으로 발현되었다는 뜻이다. 그러나 아직 미미하기는 해도 실제로 진화가 일어나고 있다는 가시적인 징후가 확인, 측정되기 시작했다. 그 가장 설득력 있는 사례가 허리케인, 도마뱀 그리고 낙엽 청소기에서 발견되었다.

9장

진화: 선택부터 변이까지

모두 그대로길 바란다면, 모두 변해야 한다.[1]

주세페 토마시 디 람페두사, 《표범》(1957)

Evolve: From Selection to Mutation

콜린 도니휴Colin Donihue는 순탄한 길을 걸어왔다. 예일대학교와 하버드대학교를 거쳐 프랑스 파리의 국립자연사박물관에서 원하던 박사 후 연구원 자리를 얻었다. 도니휴에게 맡겨진 연구 주제는 그가 가장 좋아하는 도마뱀이었고 무엇보다 연구 장소는 카리브해의 유명한 관광지인 터크스케이커스제도였다. 2017년 가을 그는 제도 한가운데 있는 작은 섬 두 군데를 방문했다. 그곳에서는 침입종 쥐를 박멸하는 작업이 계획 중이었다. 이 쥐의 가장 두드러진 범죄행위는 아놀도마뱀과Anolis scriptus의 이 지역 특산 도마뱀을 잡아먹는 것이었다. 도니휴 연구팀은 이구아나 및 카멜레온과 근연관계인 이 작은 신대륙 종을 포획해 측정하고 풀어주었다. 이듬해 쥐가 박멸되면 다시 돌아와 도마뱀 개체군의 상황을 파악할 예정이었다. (카리브해의 다른 지역에서는 쥐가 박멸되면서 도마뱀 개체수가 증가했다.) 그러나 야외 조사를 마치고 나흘 뒤 강력한 허리케인이 조사지에 직격탄을 날리면서 그간의 고생과 계획이 물거품이 되고 말았다.

"사실은 두 번의 허리케인이었죠." 사건의 전말을 물으러 전화했을 때 도니휴가 좀 더 정확히 짚어주었다. 허리케인 어마가 먼저 도착해 카리브해 동부를 폭우와 폭풍해일, 시속 280킬로미터가 넘는 5등급 바람으로 강타했다. 다시 2주 후에 허리케인 마리아가 비슷한 세기로 섬을 휩쓸고 지나갔다. 연이은 대형 폭풍으로 도마뱀이 살던 섬의 저지대에서는 나무가 뿌리째 뽑히고 건물이 무너지면서 자연과 사람 할 것 없이 초토화되었다. 쥐잡이 사업도 기약 없이 연기되었다. 그러나 도니휴에게는 다른 기회가 찾아왔다. 천적의 박멸과 도마뱀의 상관관계에 대한 답을 기다리는 동안 허리케인의 효과를 연구할 완벽한 여건이 마련되었던 것이다. 살아남은 도마뱀이 있기는 할까. 만약 생존한 개체군이 허리케인 전에 측정했던 개체군과 차이를 보인다면 자연선택이 작용하고 있다는 증거가 될 터였다.

"별로 기대하지는 않았어요." 도니휴가 인정했다. 그러나 이론적으로는 연속해서 강타한 허리케인만큼 진화를 실험하기에 안성맞춤인 조건도 없었다. 도니휴는 다음과 같은 질문을 던졌다. 도마뱀이 폭풍에서 살아남는 데 일조한 형질이 있을까. 만약 그런 형질이 하나도 없다면 도마뱀의 생존은 단지 확률의 문제이므로 도니휴는 굳이 개체군을 다시 조사할 필요가 없었다. 그러나 반대로 허리케인을 이겨내는 데 도움이 되는 형질이 있다면, 그것이 무엇인지 파악하고 허리케인 이후 해당 형질의 확산을 관찰할 절호의 기회였다. "예상 결과를 감 잡을 수 없었어요. 하지만 저런 데이터를 얻을 기회가 다시 오지 않을 거라는 건 알았지요." 그래서 도니휴는 연구비를 끌어모아 카리브해로 돌아갔고, 불과 6주 전에 종료한 프로젝트를 다시 반복하는 과학적 데자뷔를 경험했다.

낙엽 청소기가 밝힌 도마뱀 진화의 비밀

"일정이 빠듯해서 온종일 도마뱀만 붙잡고 있었습니다." 도니휴가 회상했다. 그러나 마치 모든 사람이 열대 섬에서 그렇게 휴가를 보낸다는 듯한 즐거운 말투였다. 대화에서 드러난 도니휴의 열정은 패기에 가깝게 느껴졌다. 나는 그가 다른 이들이 일과를 끝내고 수영장이 딸린 술집에 가 있을 때도 여전히 연구 생각에 빠져 있을 사람이라는 인상을 받았다. 서둘러 돌아가 다시 도마뱀을 조사해야 한다고 판단한 것도, 게다가 용감하게 낙엽 청소기까지 들고 간 것도 모두 그가 그런 사람이기 때문이었을 테다.

"세관 직원이 아주 난감해했지요." 대형 조경 장비를 들고 입국하려는 과학적 사유를 설명하던 기억을 떠올리며 도니휴가 큰 소리로 웃었다. "허리케인급 바람 앞에서 도마뱀이 어떻게 행동하는지 봐야 했거든요." 그가 말했다. "달아나거나 나무뿌리에 웅크리고 있을 확률이 가장 컸지요." 실제 허리케인 상황에서 도마뱀을 관찰할 수는 없는 노릇이라 도니휴는 호텔 방구석에서 낙엽 청소기로 모의실험을 했다. 잡아 온 도마뱀을 막대에 올린 후 낙엽 청소기의 송풍 장치를 작동시켜 다양한 조건에서 도마뱀의 반응을 관찰했다. 바람이 약할 때 도마뱀은 바람이 부는 반대편으로 돌아가 막대를 꼭 붙잡고 있었다. 바람이 거세지자 뒷다리가 미끄러지기 시작했다. 마침내 바람이 허리케인급으로 변하자 도마뱀은 앞발로 막대를 꽉 붙잡아 매달렸고, 몸이 마치 바다를 가르는 배의 깃발처럼 바람과 평행으로 휘날렸다. 유튜브에 올린 이 실험 영상은 수천 명의 시청자에게 과학 발견의 흥미로운 세계를 엿볼 기회를 제공했다. 바람에 날리는 파충류를 관찰하면서 도니휴는 허리케인 이후 조사한 데이터에서 찾아낸 놀라운 패턴을 정확하게 설명할 수 있었다.

조사 일정의 마지막 밤, 그동안 측정한 수치를 분석 프로그램에 넣고 돌리자마자 심상치 않은 결과가 나왔다. 분명 무슨 일이 일어났던 것이다. 살아남은 도마뱀, 즉 두 번의 허리케인에도 날아가지 않고 나무에 단단히 붙어 있던 놈들은 확실히 발가락의 둥근 패드가 더 크고 앞다리도 길었다. 낙엽 청소기 실험으로 드러났듯이 바람에 날려가지 않고 물체를 꽉 움켜잡는 데 필요한 형질이었다. 게다가 이 도마뱀들은 뒷다리가 짧았는데, 가장 센 바람을 맞으며 몸이 바람에 날려 펄럭일 때 항력을 줄여주는 효과가 있었다. 이후 도니휴 연구팀은 다양한 통계 실험을 거쳐 검증을 마쳤다. 이들이 연구한 도마뱀 개체군은 자연선택을 거쳐 불과 6주 만에 확실히 달라졌다. 이로운 형질을 가진 개체가 선호되는 변화, 즉 적자생존이 일

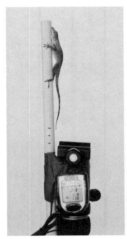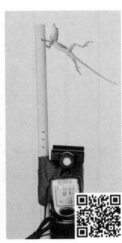

낙엽 청소기가 시속 56킬로미터로 바람을 내뿜자, 터크스케이커스제도의 아놀도마뱀은 바람을 맞지 않는 쪽으로 이동해 기둥을 꽉 붙들었다(왼쪽). 바람이 시속 103킬로미터로 강해지자 뒷발이 들리기 시작했다(가운데). 허리케인급인 시속 135킬로미터로 바람이 불자 뒷다리가 깃발처럼 늘어져 펄럭였다(오른쪽). 이 자세는 허리케인 생존자들에게서 더 큰 발가락 패드, 물체를 더 단단히 붙잡을 수 있는 강한 앞발 그리고 항력을 줄이는 짧은 뒷다리가 나타난 이유를 설명한다. (뒤쪽에 부드러운 그물을 설치해 바람에 날려 떨어진 도마뱀들을 안전하게 받아냈다. 실험에 참여한 모든 도마뱀은 야생으로 무사히 복귀했다). © Colin Donihue

어났던 것이다.

　도니휴는 허리케인이 진화의 원동력이 되었다는 사실을 알게 되어 놀랐다. 하지만 진정으로 경이로운 사실은 다음 실험에서 밝혀졌다. 그의 호기심은 한 가지 발견으로는 만족하지 않았다. 훌륭한 과학이 다 그렇듯이 도니휴의 연구는 항상 진행 중이다. 한 질문이 더 많은 질문으로 이어지고, 마지막 발견 위에 새로운 발견이 쌓인다. 그는 먼저 도마뱀의 변화가 대물림되는지 알고 싶었다. 기둥을 단단히 움켜잡는 형질이 유전되지 않는다면 더 이야기할 것은 없다. 그래서 이듬해 도니휴는 또다시 짐을 싸서 카리브해로 떠났고, 그 후로 6개월 만에 한 번 더 찾아가 똑같이 도마뱀을 붙잡고 측정하고 놔주었다. 덕분에 그는 섬에 있는 모든 도마뱀과 안면을 트게 되었다. 두 번의 조사 결과는 모두 명확했다. 어린 도마뱀은 확실히 부모에게서 큰 발가락 패드를 비롯해 허리케인을 버티기에 적합한 형질을 물려받았다. 이 결과는 이내 다음 질문으로 이어졌다. 이것은 단지 일시적인 현상일까, 아니면 잦은 허리케인이 장기적인 진화의 경향성을 유도한 것일까.

"그 질문과 관련해 연구를 많이 했습니다." 도니휴가 기다렸다는 듯이 말했다. 그러나 간단히 답할 수 있는 질문은 아니었다. 자연선택은 대개 한 형질의 평균치를 중심으로 그 양쪽에 조금씩 변이를 가하며 '뒤뚱거리게' 한다. 예를 들어 큰 발가락 패드는 거센 바람 앞에서는 도움이 되지만, 일상의 평범한 환경에서는 이점이 되기는커녕 오히려 성가실 수 있다. 게다가 허리케인이 자주 발생하지 않는다면 선택압은 고작 몇 세대 만에 발가락 패드를 원래의 '정상적인' 크기로 돌려놓을 것이다. 도니휴는 허리케인이 여러 세대에 걸쳐 형질을 한 방향으로 몰아붙여 변화의 결과물이 지속되게 유도하는지 알고 싶었다. 그것이 곧 진화다. 이 사실을 알아내려면 세 가지가 필요했다. 많은 도마뱀, 많은 허리케인, 많은 시간.

해결책을 찾기 위해 도니휴는 연구 규모를 확장하기 시작했고, 그렇게 그는 새로운 과학 분야로 진출했다. 도니휴는 기상학자와 협

업해 카리브해 전역에서 허리케인의 역사를 파악했고 발생 지역과
빈도를 지도에 표시했다. 그리고 그 지도를 해당 지역에 서식하는
아놀도마뱀의 다양한 종 및 개체군 정보와 비교해 마침내 의미 있
는 패턴을 발견했다. 허리케인이 흔한 곳일수록 도마뱀의 발가락 패
드가 확실히 더 컸다. 나무를 꽉 붙잡는 능력에 대한 자연선택이 실
제로 고정된 방향성을 보인 것이다. 그리고 도마뱀이 오랜 기간 주
기적으로 극한의 바람에 노출된 곳에서는 그 발과 다리가 모두 영
향받았다. 이는 터크스케이커스제도에서 얻은 결과가 더 큰 그림의
일부라는 암시였고, 그렇게 도니휴의 연구는 기후변화 생물학의 최
전선에 자리 잡게 되었다. "바로 그것이지요." 그가 동의했다. 날씨에
반응해 실시간으로 일어난 진화를 확인함으로써 도니휴는 기후변
화가 종의 행동은 물론이고 종 자체를 변형시킨다는 사실을 처음으
로 밝힌 사람 중 한 명이 되었다.

DNA와 공격성, 깃털, 비행근, 부리

　현재 도니휴는 허리케인과 진화에 초점을 맞춘 장기 연구 프로
젝트를 계획하고 있다. 허리케인 어마와 마리아가 휩쓸고 간 후 관
찰된 다른 현상, 가령 손상된 나무의 놀랄 만큼 빠른 회복 등도 적극
적으로 탐구할 생각이다. 자연선택은 바람에 적응한 식물도 편애할
까. 곤충, 새, 포유류는 어떨까. 도니휴의 연구에서 영감을 얻은 사람

들이 이미 거미에게서 허리케인으로 비롯된 자연선택의 증거를 발견했다. 폭풍이 지나간 후 개체군에 빠르게 번진 공격성이 유전된 것이다. (환경이 열악할 때는 친절하고 다정한 거미보다는 공격적인 거미가 더 잘 지낼 테니까.[2]) 이런 좋은 질문을 탐구한 시간은 젊은 과학자에게 훌륭한 직장을 보장하는 경력이 된다. 특정 허리케인의 발생을 오롯이 온난화의 탓으로 돌리는 기상학자는 없지만, 강력한 폭풍의 빈도가 증가한다는 사실에는 대부분 동의하기 때문이다. 다른 모든 극한 날씨에 대해서도 마찬가지다. 시스템에 에너지(이를테면 열)가 추가될수록 결과는 극심해진다. 밥솥에 불을 지펴보아라. 그럼 이 교훈의 지저분한 버전이 눈앞에서 펼쳐질 것이다.[3]

극한 날씨는 진화의 과정을 이례적으로 즉석에서 확인할 기회를 제공한다. 확연히 구분되고, 결과의 영향력이 막대하며, 타이밍만 잘 잡으면 몇 주, 심지어 며칠 만에 개체군 안에서 그 효과를 측정할 수 있다. 물론 기후변화는 더욱더 장기적인 반응도 촉발하는데, 그런 추세가 명확하게 드러날 만큼의 시간이 이미 지났다. 올빼미를 예로 들어보자. 핀란드에 사는 올빼미의 색깔은 연한 회색에서 진한 적갈색까지 다양하다. 과거에는 자연선택이 회색을 선호했는데, 당시에는 해당 색이 겨울철 깊은 눈 속에서 긴 시간을 보내야 하는 생활과 거기에서 비롯된 형질(가령 위장술)에 이로웠기 때문이다. 그러나 기온이 온화해지고 눈 덮인 들판이 줄어들면서 회색의 이점은 점점 사라졌고, 지난 50년 동안 갈색 올빼미의 빈도가 거의 200퍼센트까지 증가했다. 스코틀랜드에서는 점박이나무나비speckled wood

핀란드에서는 겨울이 온화해지고 눈으로 덮인 땅이 줄어들면서 올빼미의 깃털 색깔에 확연한 변화가 일어나 한때는 희귀했던 갈색이 회색을 대신해 흔해지고 있다. 《중부 유럽 새들의 자연사(*Natural History of Central European Birds*)》(1899).

butterfly가 눈에 띄는 수준의 진화를 보였다. 날씨가 따뜻해지면서 살기 좋아진 북쪽 땅까지 멀리 날아갈 정도로 비행근이 발달한 놈들이 나타났다. 이런 사례는 분명 설득력이 있다. 그러나 생물학자의 눈에는 이조차 절반의 완성이다. 진화로 기록될 기준을 충족하려면 야생에서 관찰된 표현형의 변화와 그 밑바탕의 유전적 변화가 일치해야 하기 때문이다. 그걸 확인하기는 상당히 어렵지만, DNA 분석 도구의 발전으로 점차 가능해지고 있다. 최근 프린스턴대학교의 피터 그랜트와 로즈메리 그랜트는 다윈 덕분에 유명해진 갈라파고스 핀치에 관한 오랜 연구에서 이 일을 해냈다. 이 연구팀은 부리 모양을 결정하는 유전자를 적응, **선택**, 심지어 종 분화 패턴과 연결하는 데 성공했다. (원래 기후변화에 초점을 맞추어 시작한 연구는 아니었지만, 40년간의 관찰에서 가장 극적인 자연선택은 이례적인 우기와 2년의 가뭄처럼 모두 날씨와 관련되어 일어났다고 보고했다.)

수수해진 매력, 축소된 선택

기후변화가 주도하는 자연선택의 증거가 쌓이면서 덜 알려진 진화의 경로를 파헤치는 유사 연구도 진행되고 있다. 종의 진화에는 '적자생존' 말고도, 다윈이 성선택이라고 부른 배우자 선택 또한 중요한 역할을 한다. **성선택**의 핵심은 매력으로, 개체가 상대의 특정한 형질을 보고 짝을 선택한다는 발상이다. 일단 한 형질에 대한 이성의 편향이 자리 잡으면 구혼자 사이의 경쟁은 이 바람직한 형질의 진화에 박차를 가하고 심지어 과열된다. 새들의 깃털이 가장 잘 알려진 사례로, 공작과 수탉 그리고 각종 오리의 수컷에게서 공들인 예복이 발달했다. 명금류의 경우 최근의 기후 및 이동성 변화와 맞물려 성선택이 훨씬 중요해졌다. 유럽 전역에서 화려하게 치장한 수컷이 알맞은 구애 장소를 선점하기 위해 번식지에 더 일찍 도착한 결과, 경쟁과 구애 시기가 확장되어 따뜻해진 봄철을 본격적으로 이용하기 시작했다. 그러나 만약 목도리딱새collared flycatcher만 두고 본다면 깃털은 꼭 화려해질 필요가 없다. 성선택은 대개 양방향으로 이루어지는데, 발트해의 섬에서 기후변화는 목도리딱새를 화려하기는커녕 오히려 전보다 칙칙하게 만들고 있다.

정면에서 보면 수컷 목도리딱새 이마의 흰색 얼룩은 종이로 만든 왕관처럼 생겼다. 이 짧고 폭신한 깃털은 검은 눈과 부리, 머리와 화려하게 대조를 이룬다. 목도리딱새 암컷은 이 특징에 특히 관심을 보여왔고, 연구자들도 그 결과에 주의를 기울였다. 스웨덴 고틀란드섬에 서식하는 한 개체군을 1980년부터 자세히 관찰했더니, 크고 눈에 띄는 이마 얼룩을 가진 수컷이 짝짓기 기회를 더 많이 누렸고, 그래서 더 많은 자손을 낳았다. 한마디로 암컷들이 그런 수컷을 더 좋아한 것이었다.[4] 그러나 최근 들어 그러한 경향이 완전히 뒤바뀌었다. 봄철 온도가 상승하면서 알 수 없는 이유로 수컷 목도리딱새의 이마 얼룩이 매력을 상실했거나, 유지 비용이 높아졌기 때문일 것이다. (커다란 얼룩은 경쟁자와의 충돌을 더 많이 일으킨다. 뜨거운 날씨에 벌이는 싸움은 에너지를 많이 소모한다.) 이유가 무엇이든 이마가 번쩍이는 수컷은 자손을 덜 낳게 되었고, 그러면서 모든 세대에서 얼룩의 크기가 줄고 있다. 이는 놀라운 진화적 반전이지만, 많은 생물학자가 이미 이 변화를 더 넓은 경향성의 일부로 본다. 성선택은 매력으로 작동하지만, 결국 여기에도 단순한 경제 원리가 적용된다. 사치스러운 장식에 에너지를 쓰는 것은 그에 따른 이익(예컨대 더 많

한때는 이마에 큰 얼룩을 지닌 수컷 목도리딱새가 더 많은 짝짓기 기회를 얻었지만, 시대가 바뀌면서 얼룩의 크기가 줄고 있다. © Anton Mostovenko

은 자손을 낳는 것)이 비용보다 클 때만 의미가 있으며, 경쟁이 격렬할수록 그 차이는 크게 줄어든다. 여기에 추가로 기후변화에서 오는 스트레스가 그 균형을 뒤집는다면, 한때 긍정적이었던 특징은 빠르게 저해 요소로 변질되어 생존을 방해하고 생식을 줄이거나 적어도 낭비된 투자로 만들 수 있다. 큰가시고기가 대표적인 사례다. 큰가시고기 수컷은 선홍색 배와 파란 눈, 재빠른 지그재그 유영을 조합해 암컷의 주의를 끌어왔다. 그러나 바다가 따뜻해지면서 조류가 많이 자라 시야가 탁해진 탓에 원래의 요란한 구애는 의미를 상실했다.[5] 큰가시고기에게서 화려한 색깔과 지그재그 영법은 조만간 사라질 것으로 보인다. 자길 볼 수도 없는 상대를 위해 뭐 하러 옷을 차려입고 춤을 추겠는가.

40년에 걸친 딱새 관찰처럼 성선택에 따른 최종 결과를 보기까지는 많은 데이터가 필요하다. 그리고 그 결과는 자연선택에서 비롯된 경쟁 효과와 뒤엉킨다. 특히 개체가 상대의 생존에 불리한 특성을 선호할 때 더 그렇다. 그런데 성선택 말고도 측정하기 어려운 또 다른 진화적인 힘이 있으니, 바로 무작위성이다. 특히 개체군의 크기가 작은 경우라면 우연도 진화에 영향을 미친다. 엠앤엠즈 초콜릿, 또는 색깔 있는 사탕으로 이 원리를 설명할 수 있다. 초콜릿이 든 봉지에 손을 넣고 넉넉히 두 움큼쯤 꺼내 보면 아마 모든 색깔이 조금씩 골고루 들어 있을 것이다. 이는 크기가 큰 개체군이 다음 세대로 유전적 다양성을 전달하는 방법과 유사하다. 그러나 봉지 안에서 초콜릿을 단 몇 개만 꺼낸다면, 손바닥 위의 작은 집단은 봉지 속의 전체 개체군과 딴판일 가능성이 훨씬 크다. 어떤 색깔은 드물거나 아예 없을 수도 있고, 한 가지 색깔이 우점할 수도 있다. 그건 적응력이나 적합도 때문이 아니라 순수한 뽑기의 운 때문이다. 생물학자들은 그런 무작위성을 **유전자 부동**이라고 부른다. 이는 어떤 개체군에서든 어느 정도 존재하는 유전자 추첨이다. 이 무작위성의 영향력은 축소되거나 격리된 개체군에서 훨씬 강력해진다.[6] 이것이 바로 살 곳을 잃고 있거나 새로운 지역으로 이동하는 바람에 소규모 집단으로 흩어진 종이 직면한 시나리오다. 살아남은 개체군은 빈약한 유전적 다양성을 물려주며 시련의 흔적을 오래 유지할 것이다. (다시 한번 앞의 예로 돌아가자면 고작 몇 알의 초콜릿으로 구성된 집단의 후손이 잃어버린 색깔을 이른 시간 안에 다시 발명해낼 것 같지 않다는 말이다.)

과학자들은 기후가 이끄는 유전자 부동이 일어나고 있다는 걸 안다. 이는 수학적인 측면에서 피할 수 없는 일이지만, 그 효과를 다른 동식물 개체군에 미치는 영향, 또는 파편화하고 수를 줄이는 다른 요인과 분리하지 못했을 뿐이다. 그렇게 되기까지는 시간이 걸릴 것이다. 한편 즉각적인 결과를 생산하는 또 하나의 진화가 증가하고 있다. 관련된 유명한 사례 연구에서는 결과까지 손에 쥘 수 있다. 단 낚싯줄을 어디에 드리울지, 미끼로 무엇을 사용할지 알아야 한다.

낚시터 연구소

노아와 나는 트라우트만이라고 불리는 한 호수의 구석으로 조용히 노를 저었다. 노걸이가 삐걱댔다. 나무가 우거진 해안선이 내륙을 향해 움푹 들어간 지역에 불과하지만, 낚싯줄을 드리우면 화려한 미끼를 문 물고기가 올라와 유명한 곳이었다. 한 번 출항하면 연어만 한 클라크송어cutthroat trout를 100마리도 넘게 끌어올렸다는 기록이 있을 정도다. 우리는 그런 아침을 맞이해본 적이 없었다. 우리의 운은 물의 정령에게 화가 난 큰까마귀가 이 호수에 번개를 던진 바람에 수세대 동안이나 물고기가 잡히지 않았다는 오랜 전설에 더 가까웠다. 애초에 큰까마귀가 왜 그렇게 화가 났는지는 이야기에 나와 있지 않지만, 아무래도 낚시 성적이 신통치 않은 게 아니었을까 하는 생각이 들기 시작했다.

　바로 그때 노아의 낚싯대에 입질이 왔고 그 순간 모든 좌절감이 사라졌다. 하지만 낚싯줄을 감아올리는데도 당김이 강해지지 않았다. 물고기가 물 위로 올라오자 그 이유를 알았다. 미끼만큼이나 작은 어린 농어였다. 노아가 웃으면서 놓아주자 쏜살같이 물속으로 들어가 사라졌다. 어차피 우리가 고대하던 종은 아니었고, 그나마 원하는 만큼 낚지도 못했다.

　가끔 삶에서 일과 즐거움이 신의 은총인 마냥 일치할 때가 있다. 예를 들어 깃털에 관한 책을 쓸 때 나는 자료 조사를 하느라 행복하게 새를 쫓아다녔다. 씨앗에 관한 책을 쓸 때도 커피나 초콜릿처럼 씨앗과 관련된 사치를 마음껏 누렸다. 그래서 기후가 주도한 진화의 훌륭한 사례가 최고의 송어 계곡에 존재한다는 사실을 알게 되었을 때 이것이 나의 운명이라는 생각이 들었다. 노아와 나는 둘 다 낚시를 좋아한다. 그래서 나는 곧바로 일을 핑계 삼아 몬태나주 플랫헤드계곡으로 가는 휴가 일정을 짜기 시작했다. 하지만 그 계획은 강력한 다른 생명현상으로 차질을 겪었다. 2020년 봄 코로나바이러스가 확산하면서 모든 낚시 여행이 집에서 가까운 곳으로 제한된 것이었다. 우리 동네에서는 문제의 비범한 송어를 끝내 잡을 수 없었지만, 내가 찾아가려 했던 몬태나주의 과학자와 이야기는 나눌 수 있었다. 그의 연구는 플랫헤드계곡에서 벌어진 진화의 퍼즐 한가운데 있었고, 그 이야기를 나누려는 열정 덕분에 물리적 거리는 문제가 되지 않았다.

"어려서부터 낚시광이었어요." 라이언 코바크Ryan Kovach가 통화를 시작하면서 어떻게 낚싯대와 낚싯줄의 매력이 자기 삶을 결정해왔는지 설명했다. 코바크는 대학 진학을 위해 몬태나주로 떠났다. "몬태나주를 선택한 것은 거기만큼 낚시하기 좋은 곳이 없기 때문이에요." 실제로 그의 첫 주요 프로젝트는 옐로스톤국립공원에서의 송어 유전학 연구였는데, 역시 낚시에 최적화된 주제였다. 대학원에 가서는 알래스카의 곱사연어를 연구했고, 마침내 몬태나주로 돌아와 현재 '몬태나주 어류, 야생동물 및 공원 관리과'에서 유전학자로 일하고 있다. 코바크의 온라인 프로필에는 "코바크는 각종 물고기를 끊임없이 낚아 올려 보전 활동의 긍정적인 결과를 허사로 만들지도 모른다. … 그러나 그는 멈출 수 없다"[7]라고 적혀 있다.

몬태나주의 통제할 수 없는 낚시꾼이 코바크만은 아니다. 이 사실이 그의 파격적인 기후변화 연구의 발판이 되었다. "이 사람들이 플랫헤드계곡에 무시무시하게 많은 무지개송어를 채워 넣었습니다." 코바크가 양식 무지개송어를 공공 수로에 풀어주는 관례를 설명했다. 미국 서부 전역에서 어류와 야생동물을 관리하는 부처들이 이런 방식으로 파수꾼을 끌어모아왔다. (바로 이 무지개송어가 노아와 내가 우리 집 근처 호수에서 견지낚시로 낚은 물고기였다.) 이렇게 부화장에서 길러진 물고기가 매년 호수와 강으로 쏟아지면서 안타깝게도 토종 개체군을 대체했는데, 그건 직접적인 경쟁 때문이기도 했지만, 흔히 간과되는 다른 진화 과정의 영향이 더 컸다. 바로 코바크의 전문 분야가 된 **이종교배**였다.

송어는 어디에서 와서 어디로 가는가

　근연관계인 두 종이 교배할 때면 많은 양의 유전물질이 한꺼번에 옮겨지곤 한다. 보통 식물에서는 그 결과로 새로운 진화적 계보가 탄생하며,[8] 잡종은 새로운 종의 주요 공급원이 된다. 하지만 동물의 잡종은 대개 불임이다. 일례로 말과 당나귀가 교배하면 노새가 태어나는데, 노새는 새끼를 낳을 수 없으므로 대가 끊긴다. 그러나 무지개송어가 플랫헤드계곡 등 서부 계곡에 자생하는 웨스트슬로프컷스로트송어westslope cutthroat를 만날 때는 사정이 다르다. 이 둘이 교배해 낳은 자손은 서로는 물론이고 부모 종과도 **역교배**해 유전자가 한쪽으로 꾸준히 침투하는 경로를 만든다. 전문가들은 이 과정을 **유전자 이입**이라고 부르며, 그 결과는 중요하고 오래 지속될 수 있다. 유전자 이입은 현생인류와 네안데르탈인이 이미 4만 5000년 전에 교배를 멈추었는데도 왜 그들의 DNA가 여전히 피부 색소나 머리카락 생장에 관여하는 우리의 유전자에 나타나는지를 설명한다. 이 예는 몬태나주의 컷스로트송어에게 불길한 메시지를 던진다. 네안데르탈인의 유전자는 현생인류 안에서 살아남았지만, 네안데르탈인 자

190

체는 지구에서 사라졌다는 것.

"꼭 컨베이어벨트 같아요." 코바크가 비유를 들며 무지개송어와 그 유전자가 어떻게 몬태나주의 토종 컷스로트송어를 잠식했는지 설명했다. 기후변화로 기온이 올라가자 따뜻한 물에 살던 무지개송어는 한때 컷스로트송어의 주요 서식지였던 계곡의 상류로 지류를 타고 꾸준히 이동했다. "무지개송어는 컷스로트송어의 서식지를 끝까지 침범하고 있어요." 코바크에 따르면 이 두 종은 서로 만날 때마다 교배했다. 그 결과인 잡종 '컷보우cutbow송어' 또한 차가운 물이 흐르는 먼 피난처까지 거슬러 올라가 얼마 남지 않은 순수 혈통의 컷스로트송어와 교배하며 무지개송어 DNA를 주입했다. "이런 방식으로 유전자 이입은 온도 장벽을 넘어섭니다." 교배를 통해 원래라면 순종 무지개송어가 갈 수 없는 상류 지역까지 그 유전자가 퍼진 탓에 컷스로트송어가 대체될 위험이 커졌다는 뜻이다.

송어 연구는 코바크에게 달콤하고 쌉싸름한 충격을 안겼다. 생물학적으로는 흥미로운 이야기지만, 결국 언젠가는 한 종이 사라질 거라는 예언을 남겼기 때문이다. 그는 이 연구와 낚시를 모두 그리워하게 될 것이다. 그러나 코바크는 이종교배가 진화에서 늘 부정적인 힘은 아니라고 덧붙였다. 식물의 잡종은 적어도 초기에는 일반적으로 부모보다 적합도가 높다.[9] 또한 어류에서도 새로운 종의 유입으로 혜택을 얻은 동종 번식 개체군의 예가 있다. 호모사피엔스에게 남아 있는 네안데르탈인의 형질처럼, 수가 감소하는 종에게 이종교배는 멸종으로 지워질 위험에 처한 독특한 유전물질을 보존하는 방

몬태나주 플랫헤드계곡의 웨스트슬로프컷스로트송어(*Oncorhynchus clarkii lewisi*)에게서
무지개송어의 DNA가 늘고 있다. 기후변화로 두 종의 이종교배가 빈번해지면서 컷스로트
송어 개체군은 그 수가 더 많은 사촌 무지개송어의 유전자에 잠식되기 시작했다. 물이 따
뜻해지면서 무지개송어의 서식 범위가 점차 확장하고 있다. © Jonathan Armstrong

법이 될 수도 있다. 상황에 따라 그 결과는 다양하지만, 기후변화로
이토록 많은 종이 제 영역을 벗어나 다른 종과 부딪히는 상황에서
한 가지는 분명하다. 잡종이 늘고 있다는 것.

　노아와 나는 노를 저어 호수로 나가 낚싯줄을 바닥까지 늘어뜨
렸으나 결국 실패하고 말았다. 우리는 낚시 원정을 포기하고 헛헛
한 마음을 아이스크림으로 달랬다. 송어가 미끼를 물지 않더라도 홍

연어를 잡을 기회는 항상 존재한다. 홍연어는 호수의 가장 깊고 차가운 구역에서만 발견되는 일종의 육지 연어다. 하지만 서식지가 따뜻해진 여름철 기온 탓에 서식지가 축소될 운명이다. 그러나 호수가 아주 깊어서 계속 차가운 온도가 유지된다면 홍연어도 문제없이 살 것이다. 뭍이든 물속이든 변화가 거듭되는 상황에서도 어떤 종은 평소와 다름없이 생활하며 기후변화에 잘 대처한다. 다만 그 전략이 유효하려면 부동산 업계의 절대 진리를 잘 따라야 한다. 입지, 부동산은 입지다.

10장

피난: 길 잃은 종들의 안식처

변하는 것과 좋게 변하는 것은 전혀 다른 것이다.

독일 속담

Take Refuge: The Heaven for Stray Species

뉴잉글랜드에 사는 대학원생이라면 으레 '사이다 도넛'으로 숲속의 가을을 시작할 것이다. 이 지역에서는 신선한 애플 사이다를 넉넉히 끼얹어 도넛을 반죽하고 튀긴 다음 마지막에 계핏가루와 설탕을 아낌없이 뿌려 사이다 도넛을 만든다. 진한 커피와 잘 어울리는 이 제철 간식은 늦은 밤까지 계속되는 학과 공부와 연구로 무뎌진 뇌파에 기분 좋은 자극을 준다. 나와 동료들은 버몬트대학교에서 40킬로미터 떨어진 브리스틀 마을에서 갓 튀긴 도넛을 맛보았는데, 근처 언덕으로 밴을 몰고 가며 이미 우리의 대화는 활기를 띠기 시작했다. 금요일, 박물학 석사과정에 있는 학생들이 다른 과제는 모두 뒤로 미룬 채 현장 체험을 나가는 시간이었다. 우리는 금요일마다 밖으로 나가 습지를 돌아다니고 채석장과 바위 노두露頭를 조사하고 호숫가에서 산꼭대기까지 어디든 다녔다. 그때마다 전문가들이 우리와 동행했다. 야외 수업은 자연에 감춰진 연관성을 강조해 기반암과 토양에서 날씨 패턴에 이르기까지 이 지역의 역사가 어떻게 특정 장소에서 발견되는 동물과 식물에 영향을 미쳤는지 가르쳐주었다. 우리는 매주 새로운 사실을 배웠지만, 브리스틀 클리프 아래에서 만난 미스터리만큼 경관과 기후를 대하는 내 태도에 크게 영향을 미친 것은 없었다.

그날의 인솔자는 얼리샤 대니얼Alicia Daniel로 우리와 같은 석사과정 졸업생이었고 당시 버몬트주에서 가장 큰 도시인 벌링턴의 공식 박물학자라는 부러운 직함을 달고 있었다. 이 지역 지형과 생태에 관해 누구보다 빠삭한 대니얼인데, 덜컹거리는 밴을 타고 좁은 시골길을 달리는 내내 그날의 목적지에 대해 이상하리만치 아무 말도 하지 않았다. 마침내 도착한 우리는 바위투성이 절벽 면 아래의 가파른 경사에 차를 세웠다. 저 멀리 보이는 능선의 정상부에 낭떠러지와 튀어나온 바위가 이어져 있었다. 대니얼은 버몬트주의 상징인 설탕단풍이 우점한 전형적인 활엽수림 사이로 난 오르막길로 우리를 데려갔다. 금세 식생이 희박해지면서 사방이 바위 천지인 그날의 진짜 목적지가 나타났다. 현지에서는 지옥의 해프 에이커라고 불리는 절벽 기슭의 바위 황무지였다. 거의 16만 제곱미터 크기의 이 **애추** 사면에는 절벽 위에서 굴러떨어진 바위와 돌이 널찍하게 쌓여 있었다. 잘못 밟았다가는 발목을 접질리기에 딱 좋은 작은 자갈부터 집채만 한 평판까지 돌의 크기가 다양했는데, 그날의 일지를 보니 체셔 **규암**으로 구성되어 있다고 적어놓았다. 그러나 우리가 브리스틀 클리프에 지질 탐사를 하러 온 것은 아니었다. 진짜 퍼즐은 그 푸석돌이 우연한 침식의 결과로 제공한 것에 있었다.

시간을 거슬러 올라온 냉기

10월치고 더운 날이라 모두 언덕을 오르며 땀을 제법 흘렸다. 그래서 애추가 시작되는 곳에 도착했을 때 내가 받은 첫인상은 공기가 상쾌하고 시원한 그늘이 있다는 것이었다. 한숨 돌린 다음 주위를 둘러보니 나무가 눈에 들어왔다. 잎이 넓은 활엽수 대신 적가문비나무, 흑가문비나무, 발삼전나무까지 어느 틈에 사방이 침엽수로 둘러싸여 있었다. 발밑을 보니 땅을 덮은 식물도 달라지긴 마찬가지라 백산차와 진퍼리꽃나무처럼 추위에 잘 견디는 관목이 많아졌다. 심지어 꽃이끼와 물이끼로 뒤덮인 곳도 있었다. 몇 발짝 사이에 북쪽으로 수백 킬로미터 떨어진 캐나다 한대림이나, 근처 그린산맥에서 서리가 내리는 고도 600미터 지점까지 이동한 듯했다. 이처럼 반전 있는 애추에서 몇 미터만 벗어나도 방금 전의 활엽수림으로 돌아갔다. 대니얼은 잠시 모두에게 이 이상한 장소를 감상하게 한 다음 침엽수 숲으로 불러 모아 각자 본 것을 이야기하게 했다.

우리는 이끼 낀 바위와 땅바닥에 걸터앉아 이곳의 기이한 냉기에 몸을 식혔고 급기야 몇몇은 재킷을 걸치거나 배낭에서 스웨터와 모자를 꺼냈다. 이날의 주제는 기온이었다. 알고 보니 대니얼은 학생들과 함께 브리스틀 클리프를 방문할 때마다 애추 사면으로 데려왔다. 이곳의 물리적 환경을 통해 간접적으로 배울 수 있도록 한 배려였다. 이처럼 세심한 성격이 그를 좋은 선생으로 만들었다. 그러나 이곳에서 무슨 일이 일어나고 있는지 알기 위해서는 아직 몇 가지 단서가 더 필요했다. 분명히 이 침엽수들은 서늘한 곳에서 자라고 있었다. 그러나 바로 옆에서는 애추 평야의 열기가 뜨겁게 피어오른다는 점이 신기했다. 햇빛이 강하게 내리비치는 주차장처럼 이곳도 해가 높이 떠오를수록 더 많은 열기를 방출했는데, 매와 칠면조독수리가 그 위에 형성된 상승기류를 타고 맴돌 정도였다. 애추 사면은 비탈 전체가 서향이라 절정에 오른 태양광선을 온몸으로 받았고, 그 결과 이곳의 환경은 버몬트주의 여느 지역보다 훨씬 따뜻했다. 실제로 참나무나 히코리처럼 좀 더 남쪽에서 주로 자라는 수종이 설탕단풍 사이로 보였다. 그런데 어찌 된 일인지 바로 그 아래에 작은 침엽수 숲이 들어선 것이었다. 이곳은 애추 사면 발치에 있으면서도 서늘한 북쪽 지역의 느낌을 물씬 풍겼다. 마침내 대니얼은 학생들의 시선을 애추의 바위가 아닌 그 사이의 공간으로 돌렸다. 자갈과 바위가 서로 기대어 생긴 작은 동굴과 틈이 커다랗게 그물망을 이루고 있었다. 어두운 틈바구니에 가까이 가자 반대쪽에서 차가운 바람이 불어왔고, 누군가 유난히 깊은 틈에 손을 넣어 얼음덩어리를 꺼냈다.

"냉각된 공기라고 볼 수 있어요." 첫 만남 이후 20년 만에 버몬트

뉴잉글랜드의 애추 사면은 바위 사이로 흐르는 찬 공기를 붙잡아 활엽수가 우점한 곳에서도 침엽수 등의 한대 종이 명맥을 유지하는 환경을 조성한다. © Libby Davidson

주의 집으로 전화해 그때의 일을 묻자, 대니얼은 어떻게 차갑고 밀도 높은 공기가 애추 사면을 통과해 가라앉은 다음 기부로 흘러나와 독자적인 소기후를 형성하는지 설명했다. 바위의 표면은 햇볕에 달궈졌지만 열에너지가 그 아래의 그늘진 깊은 곳까지 파고들지는 못했고, 밤이 되면 주변이 시원해지면서 안쪽의 신선한 냉기가 흘러나왔다. 겨울이면 냉기가 브리스틀 클리프의 가장 깊은 틈까지 채웠는데, 1년 내내 남아 있는 얼음과 나무가 자라기 좋은 장소로 하강기류를 흘려보내는 애추 밑 암반이 그러한 과정을 더욱 강화했다. 그 결과물은 대니얼이 "약 수영장 크기"라고 추정한 작고 차가운 땅이었다. 그 지대를 넘어서면 이내 한기가 사라지지만 적어도 그 안에서만큼은 누가 봐도 어울리지 않는 식물상이 형성되었다. 그런데 어울리지 않기는 시간도 마찬가지였다.

버몬트주를 비롯한 뉴잉글랜드 지방에서 시간을 먼 과거로 돌리면 냉각된 공기를 찾아 굳이 애추 사면까지 찾아갈 필요가 없다. 1만 8000년 전에는 이 지역 전체가 남쪽으로 오늘날 뉴욕시 인근까지 뻗은 빙상 아래에 있었다.[1] 빙하가 물러간 후 제일 먼저 툰드라 식물이 자리 잡았고 이어지는 2500년 동안 한대림이 뒤덮었다. 그러나 기후가 계속 따뜻해지면서 침엽수는 북쪽으로 물러나고 활엽수가 빈자리를 채웠다. 대부분 이동했다는 말이다. 그러나 그늘진 산비탈이나 애추의 특별한 땅처럼 냉기가 남아 있는 곳에서는 침엽수가 떠나지 않았다. 피난처를 찾았기 때문이다. 주위의 숲이 데워지고 변화하는 동안 브리스틀 클리프 기슭에서는 소수의 가문비나무,

전나무, 그 밖의 한대 종이 소량의 냉기를 최대한 활용하며 세대를 거듭해 수천 년을 버텨냈다. 그게 아니라면 그 숲의 모든 북방 종의 종자나 포자가 수백 킬로미터를 여행한 끝에 1제곱킬로미터의 몇분의 일도 안 되는 바로 그곳에 우연히 착륙했다는 불가능한 일이 일어났어야 한다. 원인과 결과 어느 쪽이든 교훈은 하나다. 동물과 식물은 아무리 독특하고 유별난 것이라도 주변 경관이 제공하는 환경에 대응해야 한다는 사실. 따라서 기후변화에 적응한다는 큰 틀에서 브리스틀 클리프 같은 장소는 재수 좋은 소수에게 최고의 선택지를 제공한다. 여기에서는 그냥 살던 대로 살아도 됩니다.

멸종하는 종들의 피난처, 레퓨지아

"그곳에서 자라는 것은 무엇이든 예외예요." 대화의 주제가 빙하기 이후 애추 사면의 역사로 바뀌었을 때 대니얼이 말했다. 툰드라 종은 현재 침엽수가 활엽수 사이에 끼어들어 간 것처럼, 브리스틀 클리프에 침엽수가 자리 잡은 후에도 한참을 더 버텼을 것이다. 저 장소는 온난화의 영향에 휘둘리지 않는 것처럼 보이지만 사실은 차가운 공기가 완충 역할을 해 소위 기후변화의 속도를 늦추고 있을 뿐이다. 브리스틀 클리프의 애추가 극단적인 경우이긴 하지만 깊고 그늘진 계곡, 또는 직사광선을 덜 받는 북향(남반구에서는 남향)의 사면처럼 환경이 비정상적으로 시원한 곳에서는 어디든 비슷한 원리가 적용된다. 담수계의 냉천이나 눈 녹은 물은 바다의 한류나 심해 용승과 비슷한 효과를 미칠 수 있다. 이상 상태가 지속되는 가운데 이처럼 특별한 지역은 척박한 환경에서도 생물이 격리된 소규모 개체군으로나마 버틸 수 있게 해준다. 언젠가 기후변화에 따라잡히는 날이 올지도 모르지만, 최대한 시간을 늦추다가 때마침 기후가 안정되거나 추세가 역전되면 결과적으로 종의 지속을 돕는다는 게 지금까지의 역사가 시사하는 바다.

과학에서 한 개념에 대한 열정을 가장 크게 드러내는 방법이 있다면, 그 개념을 기술하는 용어를 새로 만드는 것이다. 이런 측면에서 **레퓨지아**는 브리스틀 클리프의 애추 같은 장소를 위해 특별히 고안된 용어로서, 주변 환경이 열악해졌을 때 종이 멀리 떠나지 않고도 피난처로 삼을 수 있는 곳을 가리킨다. 레퓨지아는 1902년 스위스의 깊은 산악 호수를 지칭하면서 처음 등장했다. 그 차가운 물에서 마지막 빙하기 이후 다양한 북방 어류와 갑각류가 명맥을 이어왔다. 당시 생물학자들은 처음부터 레퓨지아의 개념을 기후변화에서 살아남는 것과 연관 지었는데, 여기에서 기후변화란 온난화는 물론이고 냉각화, 건조화 등 모든 심각한 날씨 변화를 포함한다. 브리스틀 클리프에 다녀온 직후 동료들과 나는 멀리 북쪽의 퀘벡에서 역전된 패턴을 발견했다. 침엽수로 둘러싸인 북방의 작은 땅에 남방계인 단풍나무와 참나무가 자생하고 있었다. 남향의 절벽 지대가 열기를 가두었다가 주변 식물에 방사했기 때문이다. 그 나무들은 수천 년 전 활엽수가 일시적으로 현재 분포 범위에서 더 북쪽으로 올라

갔던 온난기의 유물로 보인다. 그 외에도 잘 연구된 후기 빙하기 사
례가 유럽과 북아메리카 전역에 존재한다. 한편 사람들은 열대지방
에서도 레퓨지아가 중요하다고 주장한다.[2] 예를 들어 아프리카 콩
고분지에서는 **플라이스토세** 내내 간헐적으로 건기가 닥쳐 거대한 우
림이 사바나에 의해 쪼개지고 일부만 조각보 형태의 레퓨지아로 남
아 있었다. 시간이 지나 환경이 나아지자 레퓨지아에서 버티고 있던
산림 종들이 밖으로 확산했다. 그러나 종마다 속도가 다른 데다가
격리되어 있는 동안 형태가 조금씩 변형되면서 달팽이에서 영장류
까지 오늘날 볼 수 있는 온갖 분포 패턴을 낳았다.[3] 유명한 한 가지
예를 들자면 고릴라는 산림이 복원된 이후에도 분지의 중앙 지대에
서는 끝내 수를 불리지 못했고, 그 결과 지금은 서로 다른 두 집단으
로 나뉜 채 하나는 동쪽 경계에서, 다른 하나는 서쪽으로 1000킬로
미터 떨어진 곳에서 살아간다.

메이플 시럽 사업가들의 분산투자

　20세기 내내 레퓨지아를 관심 있게 연구했던 사람들은 종이 어
떻게 빙하기와 그 외 격동의 시대에서 살아남았는지를 보기 위해
과거를 살폈다. 그러나 최근 기후가 빠르게 변화하면서 레퓨지아 개
념에 긴급성이 더해지자 초점이 미래로 옮겨졌다. 앞으로 어느 별난
곳의 경관, 수온, 날씨가 현대 기후변화의 속도를 늦출 것인가. 또한

어떤 종이 피난처에 합류할 것인가. 앞으로 100년 후 브리스틀 클리프 아래에 무엇이 자랄 것 같은지 물었더니 대니얼은 바로 답하지 못하고 잠시 생각에 잠겼다. 나는 대니얼이 수십 년간 사용한 손때 묻은 나무 종 목록을 머릿속에서 뒤지는 모습을 상상했다.

"이 주변에서 사람들이 가장 걱정하는 나무는 설탕단풍이에요." 혼돈에 빠진 날씨 탓에 봄철의 수액 흐름이 이미 지장을 받고 있다면서 대니얼이 입을 열었다. 수액의 변화는 나무의 건강은 물론이고, 뉴잉글랜드 사람들에게 사이다 도넛보다 더 중요한 메이플 시럽 생산에 막대한 영향을 미쳤다. 산업계 연구자들은 기후가 따뜻해지면서 "최대 수액 생산 지역"[4]이 북쪽으로 수백 킬로미터 이동할 것으로 내다보았다. 사정에 밝은 버몬트주의 생산자들은 이미 가장 추운 지역의 나무에 분산투자를 하고 있다. 2017년 버몬트설탕단풍학회가 제시한 경영 지침은 그런 곳을 레퓨지아라는 익숙한 용어로 지칭했다. 따라서 언젠가 경관 전체가 온난한 기후 지대로 바뀌어 몇 그루의 설탕단풍이 브리스틀 클리프 애추에서 피난처를 찾아 침엽수를 몰아내고 참나무 숲 한가운데에서 살아남는 날을 상상하는 게 전혀 얼토당토않은 일은 아닐 것이다. 어쩌면 고향의 시럽을 그리워한 일부 진취적인 이웃이 그 나무줄기에 양동이를 매달아놓을지도 모르고.

브리스틀 클리프에서 자랄 설탕단풍을 상상하듯이 오늘날 대부분의 기후변화 레퓨지아 연구는 정보에 기반한 추측을 포함한다. 이 추측은 결과물보다는 기대치에 바탕을 두기 때문에 '평가', '미래 취약성', '개념적 틀' 같은 단어를 많이 포함한다. 생물학자에게 이런 연구는 생물다양성을 위한 안전한 피난처가 될 만한 장소를 정확히 기술하고 궁극적으로는 그곳을 보호한다는 의미가 있는데, 이미 다양한 예측 모델이 광범위한 지역에서 유망한 후보지를 물색 중이다. 예를 들어 미국 서부의 콜드 마운틴 계곡은 아주 천천히 따뜻해지면서 수십 년간 토종 송어와 개구리를 품을 것으로 예상되는 지역이다. 한편 오스트레일리아 동부 고지대의 얕은 지하수가 흐르는 그늘진 땅은 점점 빈번해지는 가뭄과 화재에서 다양한 동물과 식물에 피난처를 제공한다. 스웨덴에서는 한대 종이 서식하는 최남단 지역에서 99개 피난처를 식별한 다음, 1년 동안 각 장소에서 하루에 여덟 번씩 기후 변수를 측정하는 야심 찬 프로젝트가 진행되었다. 연구팀은 면적에 상관없이 극히 미미한 기온과 조도의 차이만으로도 기후변화의 완충지 역할을 충분히 해낸다는 사실을 알아냈다. (이런 지역을 특별히 마이크로레퓨지아라고 부른다.) 아직 불확실한 부분이 많이 남아 있고, 대부분의 연구는 해답 이상의 많은 질문을 던진다. 레퓨지아의 크기가 최소한 얼마나 되어야 하는가. 격리된 개체군은 얼마나 오래 생존할 수 있는가. 평균기온을 유지하는 것과 극한의 기온을 저감하는 것 중 어느 것이 더 중요한가. 수분은 얼마나 중요한가. 꽃가루받이나 포식 같은 필수적인 상호작용은 어떠한가. 일부 전문가는 레퓨지아가 어떤 차이를 끌어낼 만큼 아주 오랫동안 많은 종을 보듬을 것으로 믿지 않는다. ("그 정도로 어디 충분하겠어요?"라고 해양생물학자 페클이 무시하듯이 말했다.) 그러나 워낙 환경이 빨리 변하다 보니 이제는 그 예측을 확인까지 할 수 있는 상황이 되었다. 적어도 미국 서부의 산맥에 서식하는 한 종에 대해서는 피난처로의 대피가 효과적이고 생명을 구한 대응이었음이 이미 증명되었다.

변덕스러운 기후 역사의 산증인

자몽 크기에 공처럼 둥글고 회갈색의 토끼처럼 생긴 짐승을 상상해보라. 그게 바로 아메리카우는토끼*Ochotona princeps*(피카)다. 피카는 로키산맥 서쪽에서 태평양까지 수목한계선 훨씬 위쪽의 고산지대에 서식하는 동물이다. 번식이 느리고 서식지 확장을 꺼리기 때문에 오래전부터 기온 상승에 따른 피해가 예상되었다. 다른 고산 거주자처럼 피카도 숲속의 다른 동물이 위쪽으로 이동하기 시작하면 물러날 곳이 없다. 그러나 새로운 연구 결과 희망의 창이 열렸다.[5] 피카가 브리스틀 클리프에서와 같은 원리로 도움을 받았기 때문이다. 이 토끼목 동물은 거의 전적으로 애추 사면의 바위 틈바구니에 집을 짓고 살며, 풀과 야생화를 구할 때도 집 밖으로 몇 미터 이상 나가지 않는다. (나중에 먹으려고 잘라낸 풀을 집까지 질질 끌고 와서는 차곡차곡 잘 쌓아둔다. 심지어 과학 논문에서 건초 더미라는 표현을 사용할 정도다.) 다행히도 차가운 공기가 애추에 모이는 바람에 캘리포니아 시에라네바다산맥 같은 지역에서 여름철 피카 서식지는 주변보다 3.8도나 더 시원하다.[6] 아울러 브리스틀 클리프처럼 차가운 공기가 산비탈

기부의 인접한 식생으로 퍼져나가 피카가 선호하는 고산 식물을 계속 자라게 한다. 이런 현상을 전제로 미국산림청 생태학자 콘스탄스 밀라Constance Millar는 연구팀을 이끌고 피카가 서식할 가능성이 있는 넓은 지역을 재조사하기 시작했다. 연구팀은 고산지대뿐 아니라 훨씬 따뜻해 보이는 곳까지 조사지에 포함했다.

"맨 처음 깨달은 건 콘택트렌즈가 필요하다는 거였어요." 밀라가 수화기 너머에서 여유 있게 웃으며 말했다. "맨눈으로는 똥이 안 보이더라고요!" 피카는 대개 바위 사이에 숨어 지내기 때문에 이 생물을 찾는 가장 좋은 방법은 유난히 동글동글한 똥을 찾는 것이다. 시력을 보정하고 나자 일이 일사천리로 진행되었다. "개체군을 많이 찾아냈어요." 그런데 연구팀은 고도가 더 낮은 애추에서도 똥을 많이 찾았다. 소나무 숲이나 심지어 산쑥 지대에 둘러싸인 애추였다. 피카는 까다롭게도 약간의 풀이 자라는 시원한 바위 지대를 가장 선호한다는 점에서, 밀라 연구팀의 발견은 기후변화 레퓨지아가 이론에서 현실로 바뀌었다는 증거였다. 피카는 이미 레퓨지아를 활용하고 있었고, 모든 증거를 볼 때 오랜 시간 그렇게 살아온 것 같았다.

"피카는 추위에 적응한 동물이에요. 역사적으로 지금처럼 따뜻한 시대가 아니라 빙하기에 번성했습니다. 그때는 저지대에서도 살았으니까요." 밀라의 입에서 쏟아지는 중요한 이야기들을 받아 적느라 손에 쥐가 날 지경이었다. 밀라는 나에게 되도록 많은 정보를 압축해서 전달하려고 애썼는데, 그가 지금까지 많은 결과물을 낸 것도 이런 태도 덕분일 것이다. 피카에서 브리슬콘소나무에 이르기까지

피카는 고산지대의 애추 사면에 살면서 일시적으로나마 온난화의 영향에서 벗어나는 완충 효과를 누리는 중이다. 이 지역은 차가운 공기가 모여 서식지의 급격한 변화를 늦추고 있다.
© Bryant Olsen

40년 동안 많은 주제를 연구한 밀라는 최근 《뉴요커》에서 '존경받는 산림생물학자'라는 칭호를 얻었다. 밀라는 말이 빠른 편이었으나 상대의 말도 잘 경청하는 사람이었다. 내가 오래전 브리스틀 클리프에 방문했던 이야기를 했더니 가보고 싶다면서 정확히 어딘지 되물었다. 브리스틀 클리프에서 간신히 명맥을 유지하는 가문비나무와 전나무가 밀라에게 낯설지 않은 것은 피카도 같은 처지이기 때문이다. 이 생물도 마지막 빙하기 이후 점점 따뜻해져가는 세상에서 애추 사면을 레퓨지아로 삼아 살고 있다. 플라이스토세의 변덕스러운 기후 역사를 거치며 여러 번 그래왔을 것이다. 현대의 기후변화는 속력이 최대로 가속화된 것일 뿐, 패턴만큼은 오래되었다.

레퓨지아에서 살게 된 것은 행운이지만 그렇다고 피카에게 걱정 거리가 없는 것은 아니다. 피카는 열 스트레스와 눈덩이의 소실 등 여타 기후변화에도 매우 민감해 실제로 최근 몇십 년간 많은 개체 군이 사라졌다. "서식 범위는 줄어들게 되어 있어요. 피할 수 없는 사실이에요." 기온이 이렇게 계속 오르면 최상의 애추 지역도 마침 내 "따뜻해질" 것이다. 밀라가 잠시 말을 멈추더니 레퓨지아의 한계 와 잠재력을 모두 포괄하는 말을 덧붙였다. "이 지역은 시간을 사고 있어요. 하지만 아주 많은 시간을 사야 할 거예요."

팝콘 바닷말의 차가운 핫스폿

소규모로 일어나는 경관과 기후의 상호작용은 어디서든 경험할 수 있다. 예를 들어 우리 집 텃밭은 온종일 햇볕을 많이 받지만 야트 막하게 패인 지형이라 해가 지면 차가운 공기가 가라앉아 춥다. 그 래서 비닐하우스 바깥에서는 토마토를 제대로 키울 수 없다. 반대 로 우리 집에서 길을 따라 내려가면 나오는 작은 언덕은 따뜻한 남 향의 경사지를 선사해 동네 사람들이 토마토처럼 열을 좋아하는 작 물을 키운다. 비슷한 원리가 마을에서 몇 킬로미터 떨어진 지역에도 적용된다. 나는 최근 2월의 어느 맑은 날 오후에 그곳에서 약간의 데이터를 모았다. 동쪽에서 서쪽으로 이어지는 큰길이었는데, 겨울 철 햇빛이 비치는 각도가 낮아서 12월 중순부터 3월까지 도로의 남쪽 보도는 건물 그림자가 짙게 졌다. 온도를 재봤더니 햇볕이 잘 들고 벽과 창문에 햇빛이 반사되는 건너편 북쪽의 보도보다 3도 정도 더 시원했다. 주위 경관도 그에 맞춰 반응했다. 해가 잘 드는 북쪽에는 용괴불나무에 잎이 돋고 뿔남천이 꽃을 피우고 크로커스와 붓꽃 같은 초봄의 야생화가 만개했다. 하지만 길을 건너면 세상은 여전히 헐벗은 겨울의 휴면 상태였다. (내가 마주친 보행자의 65퍼센트가 양지바른 북쪽 보도로 걸었다는 것도 특기할 만하다. 겨울철의 따뜻한 미기후를 좋아하는 건 식물만이 아니니까.) 이런 일상적인 풍경의 대비를 보면, 기후란 일부를 제외하고 거의 모든 곳에서 불균일하게 작용한다는 사실을 되새기게 된다. 그런 부조화는 어디에나 존재하지만 그 차이가 별개의 환경을 만들 만큼 뚜렷하고, 그 환경이 기후변화 궤도에서 벗어날 만큼 오래 계속될 때만 레퓨지아로서 자격을 얻는다.

애추를 비롯한 여러 특별한 지형에서 레퓨지아가 형성되는데, 바다에서는 그 과정이 훨씬 더 뚜렷하고 간단하다. 한 환경이 통째로 다른 환경의 한복판으로 운반될 수 있기 때문이다. 해안가를 따라 거대한 물기둥 형태로 심해의 밀도 높고 차가운 물이 수면까지 올라오는 용승 현상이 좋은 예다. 애추 사면처럼 그곳은 적어도 일부 종이 이미 피난 오기 시작한 또 다른 장소다.

포르투갈 해양생물학자인 카를라 라우렌수Carla Laurenço는 박사과정 중에 우연히 용승을 알게 되었다. 당시 북쪽으로 서부 사하라사막부터 지브롤터해협을 지나 이베리아반도까지 조수 웅덩이와 바위 해안선을 조사하던 중에 라우렌수는 호기심이 가는 패턴을 발견했다. 라우렌수는 용승이란 바람의 패턴과 해안의 지리적 특성이 복잡하게 뒤엉킨 결과라고 설명했다. 한 장소에 강한 바람이 계속해서 불어 표층수를 꾸준히 밀어내면, 그 자리를 채우기 위해 심해의 물이 올라온다. 그런 지역은 심해에서 퍼 올린 풍부한 영양 덕분에 생산성 높은 먹이사슬이 형성되므로 지역 어부들에게는 명소와 마찬가지다. 라우렌수는 저 시원하고 풍부한 물을 보면서 아직 연구를 시작하지도 않은 종에게 관심을 품게 되었다.

"예상 밖의 결과였어요." 원래 라우렌수는 홍합 같은 무척추동물의 유전학과 분포를 연구했다. 그런데 조사 중에 같은 바위를 공유하는 갈조류에서 특별한 일이 벌어진 것을 발견했다. 영어로 블래더랙bladder wrack, 또는 바위잡초rockweed라고 알려진 이 종은 푸쿠스속 *Fucus* 바닷말인데, 북위도 전역의 바위투성이 해안선을 따라 자란다. 이 속의 모든 종은 가지가 갈라졌고, 납작한 엽상체는 썰물 때면 바위 위에 축 늘어져 있다가 밀물 때 물이 들어오면 내장된 작은 부구浮球를 이용해 10여 센티미터 높이로 몸을 세워 우아하게 잎을 흔든다. (이 작은 주머니를 손가락으로 터트리면 기분 좋게 톡톡 터지는 소리가 난다. 그래서 어렸을 때는 '팝콘 바닷말'이라고 불렀다.) 라우렌수가 연구한 바위잡초는 차가운 물을 선호하는데, 온난화가 진행되면서 해양의 핫스폿으로 꼽히는 아프리카 북서부 해안을 따라 계속해서 북상했다. 한편 라우렌수가 조사한 결과, 최고 수온이 주변보다 5도 정도 차갑게 유지되는 다섯 개 용승 지역에서는 바위잡초가 생존 수준을 넘어 크게 번성하고 있었다. 마치 그 지역을 레퓨지아로 사용한 게 처음이 아닌 듯이 유전적 다양성도 높았고 오래 격리된 것처럼 보였다.

일부는 살아남고 대부분은 사라졌다

라우렌수와 이메일을 주고받은 후 나는 그의 논문을 출력해 내가 사는 섬 남동쪽 끝에서 다시 읽었다. 그곳에서는 우리 지역의 바위잡초가 황갈색 담요처럼 바위 지대를 덮고 있었다. 내가 만난 개체군은 아직 물러설 기미가 보이지 않아 라우렌수의 경험과 비교할 수 없었다. 그러나 나는 라우렌수가 아프리카 해안에서 레퓨지아를 발견하고 마침 그곳에서 평화롭게 살아가는 무성한 바위잡초를 만났을 때 어떤 기분이었을지 느껴보고 싶었다.

썰물이라 서서히 수면이 가라앉고 해류가 그 너머 깊은 통로로 소용돌이치면서 유막 띠처럼 어두워진 파도 선이 거칠어지기 시작했다. 나는 미끄러운 바위를 기어올라 바위잡초가 자라는 가장 가까운 곳까지 갔다. 손가락으로 흐린 갈색 부구 하나를 집어 꼬옥 눌렀다. 여전히 톡 하는 소리를 내며 터졌다. 라우렌수는 바위잡초를 창시종이라고 불렀다. 창시종이란 뒤엉킨 수관에 다른 생명체를 품고 있는 생물을 말한다. 아니나 다를까. 갈색 엽상체를 들춰내자 삿갓조개, 총알고둥, 진주담치가 득시글거리고 선명한 담자색 산호말 껍질로 장식된 바위가 드러났다. 근처에서는 검은머리꼬까도요black

이 바위잡초(*Fucus guiryi*)는 아프리카 북서부 해안 곳곳에 형성된 차가운 용승, 즉 물속 레퓨지아에서 번성하며 다양한 조간대 군집에 구조물과 피난처, 생계 수단을 제공한다. © Carla Laurenço

turnstone 한 떼가 발목까지 뒤엉켜 올라온 갈색 바닷말 속에서 갑각류를 찾고 있었다. 멧종다리 한 쌍이 숲에서 날아와 이 조간대에 합류했다. 세상은 완벽하게 평범해 보였으니, 기억 속 어린 시절의 바위투성이 해안선 그대로였다. 이것이 레퓨지아의 매력이다. 세상이 아무리 빨리 변해도 달라지지 않을 것이라는 믿음을 주는 곳. 그러나 라우렌수의 연구는 다른 새로운 사실도 알려주었다. 바위잡초와 더불어 찬물에 사는 일부 종을 보긴 했으나, 다른 수십 종은 사라졌다는 것이다. 용승은 기존 거주자의 일부만 포함할 뿐, 조간대 군집을 완벽하게 보존하지는 못한다. 바위잡초에 적합한 조건이 이웃 모두를 만족시키리라는 법은 없다. 이는 모든 것이 우연에 불과하며, 레퓨지아가 본질적으로 어떤 종을 보존하게 될지 예측할 수 없다는 뜻이다. 기후변화에 대한 여러 대응 방식 중에서 피난처를 찾는 것은 해결책이라기보다는 운과 우연에 더 가까울지도 모른다.

물론 우연은 기후로 비롯된 모든 결과에 중요한 역할을 하므로, 지금부터 그 이야기를 살펴보고자 한다. 생물학자들은 지금 여기에서 동물과 식물이 어떻게 변화에 반응하는지 연구하지만, 결국 모든 질문은 미래로 향하게 되어 있다. 우리가 현재 그리고 과거에 관해 배운 것은 앞으로 다가올 미래에 대해 무엇을 알려줄 것인가.

일곱 번 넘어져도
여덟 번 일어난다.

일본 속담

4부

결과

The Results

장기간 저술할 때면 책마다 사람들이 반복적으로 묻는 말이 있다. 예를 들어 한 권 전체가 오롯이 깃털을 다룰 때 사람들은 "깃털에 관해 그렇게 할 말이 많나요?"라고 묻곤 했다. 관심을 벌에 돌리자 벌에 몇 번이나 쏘였냐고 물었다. 그리고 기후변화에 초점을 둔 지금은 미래에 관해 질문한다. "앞으로 어떻게 될까요?" 물론 누구도 이 물음에 명확히 답하지 못하겠지만, 이미 우리가 살펴본 많은 생물학적 역경과 그 반응에 실마리가 있다. 그런데 어떤 과학자에게는 관찰할 수 있는 변화를 측정하는 것이 그저 시작점에 불과하다. 4부에서 우리는 예언의 잠재력과 위험성을 살펴본다. 모델이 어떻게 만들어지고 얼마나 놀라운지, 예상해야 할 것에 대한 가장 명확한 징후가 어떻게 이미 일어났는지 조사한다.

11장

한계를 조월하다

하지만 누가 날씨를 미리 알고 싶어 하겠는가.
미리 알아서 기분만 상할 필요가 있을까.[1]

제롬 K. 제롬, 《보트 위의 세 남자》(1889)

Pushing the Envelope

물소리에 잠에서 깼다. 세차게 흐르는 강물 소리, 금속 지붕에 쉬지 않고 떨어지는 빗방울 소리였다. 이어서 내 감각은 창문으로 들어오는 희미한 새벽빛을 보고, 커지는 새소리를 듣고, 코를 찌르는 양말 냄새를 맡았다. 열대지방에서의 연구를 이야기할 때 양말 냄새를 언급하는 사람은 별로 없지만, 무더운 날씨, 고된 야외 작업, 열악한 세탁 시설 탓에 피할 수 없는 현실이다. 이 냄새는 말뚝과 침대 기둥마다 젖은 옷과 장비가 걸려 있는, 이방인으로 가득 찬 비좁은 다인실에 머물 때면 유난히 심하게 느껴진다. 코스타리카에 있는 라셀바 생물학 연구기지의 단골인 나는 사실 업그레이드된 방을 받을 수 있었다. 주로 과학자와 학생들이 오가는 이곳에서 신축 건물만큼은 베란다, 개인 욕실, 심지어 냉방 시설까지 갖춰 관광객도 받을 만하다. 그렇지만 나는 예약할 때마다 리버 스테이션에 있는 2단 침대 방을 빌린다. 연구기지 내에서 가장 오래되고 외딴 건물이다. 고생을 사서 한다거나 괜한 미신을 믿는다고 생각해도 좋지만, 나는 과학계의 위대한 발상이 체계를 갖춰나간 장소에 머물고 싶다. 예기치 않게 생물학적 기후변화 예측의 토대가 마련된 이곳에 말이다.

　조용히 옷을 입고 다른 사람들이 깨기 전에 살금살금 방에서 나왔다. 이런 곳에서는 아침을 먹으러 나오는 시간을 보고 상대의 연구 분야를 짐작할 수 있다. 예를 들어 조류학자는 새들의 기상 시간에 맞춰 아침 일찍 일어난다. 내 룸메이트들은 야행성 생물을 연구하는 게 틀림없다. 밤늦게 들어와 아침 10시가 될 때까지 눈을 뜨지 않는 걸 보면 말이다. 당시 나는 나무 연구를 하고 있었다. 나무야 하루 중 언제라도 잘 협조하는 연구 대상이지만 이날은 특별한 이유로 일찍 일어났다. 1950년대 초반에 개인 연구기지 겸 휴양지로 리버 스테이션을 세운 열대산림학자 레슬리 홀드리지에 관한 내 직감을 확인하고 싶었기 때문이다. 그는 라 셀바 주변의 사유지를 "열대 농장"이라고 부르며 그곳에서 카카오나 복숭아야자 같은 수목 작물을 실험했다. 그러면서 토종 식물과 함께 각종 작물을 심어 우림 개간의 대안을 제시한 공을 세웠는데, 홀드리지의 미래지향적 발상이 이것만은 아니었다. 그는 자신의 연구기지에서 홀드리지 생물분포대life zone의 최종 버전을 완성했다. 간단한 기후 변수를 결합해 특정 지역의 식생이나 서식지 상태를 예측하는 훌륭한 도구다.

현대 생물학의 기본 도구

밖으로 나와 무릎까지 오는 고무장화를 신고 잠시 멈춰 주위를 돌아보았다. 리버 스테이션은 나무판자로 지은 2층의 외팔보가 1층 위로 지붕이 드리운 통로를 만들어 마치 육군 막사와 프랭크 로이드 라이트의 작품이 교차한 느낌을 주었다. 건물이 있는 곳은 사라피퀴강 위의 절벽으로, 사방에서 압박하는 조밀한 초록 벽 때문에 물소리만 들리고 강이 보이지는 않았다. 세계적인 이론이 탄생한 곳이라고 보기엔 폐소공포증이 느껴질 정도로 갑갑한 환경이었다. 라 셀바가 자리한 저지대 우림은 풍경의 다양성보다 생물학적 다양성이 훨씬 풍부하다. 홀드리지 자신도 이 수그러들 줄 모르는 식생을 두고 압도적이며 버겁다고 묘사했다. 그러나 이처럼 우거진 정글에서도 기후와 서식지에 대한 발상을 실험할 방법은 있었다. 나는 잠시 식당에 들렀다가 연구기지의 서남쪽 경계를 넘어가는 길을 걸었다. 계획대로라면 등산로를 따라 전혀 다른 생물분포대에 들어갔다가 점심시간에 맞춰 돌아올 것이었다.

실험실과 강의실을 지나 16제곱킬로미터짜리 천연림과 재생림에 발을 들였다. 홀드리지가 활동하던 시기에는 이런 식생이 사방으로 수 킬로미터나 뻗어 있었지만 이제 라 셀바는 유물이 되었다. 이곳 주변의 해안평야는 가장 큰 나무 군락지 중 하나였는데, 바다를 제외한 나머지 삼면이 목초지, 바나나 플랜테이션, 광활한 파인애플 경작지였다. 다만 라 셀바의 일부가 어두운 장벽처럼 평원에 높

홀드리지는 덥고 축축한 우림에 둘러싸인 라 셀바에서 식생에 대한 기후의 효과를 나타내는 구체적인 틀을 세웠다. © Thor Hanson

이 숲은 화산 산맥인 코르디예라센트랄산맥의 발끝에 닿았다. 이곳은 국립공원이었기 때문에 해수면 고도인 라 셀바에서 2900미터가 넘는 바르바화산의 정상까지 바로 올라갈 수 있었다. 홀드리지가 이 경로를 따라 걸은 적이 있는지는 모르겠지만, 적어도 여기에서 무엇을 보게 될지는 알았을 것이다. 그는 기후에 대한 식물 군집의 반응을 토대로 생물분포대를 설정했는데, 한 세기 이상 검증되었듯이 커다란 열대 산림보다 그 관계가 뚜렷한 곳은 없다.

모든 훌륭한 통찰은 홀로 시작되지 않는다. 홀드리지의 발견도 예외는 아니어서, 19세기 독일 박물학자 훔볼트의 연구가 직접적인 밑바탕이 되었다. 훔볼트는 에콰도르의 침보라소산을 탐험하면서 사면을 따라 가로띠를 이루는 식생의 고유한 분포 지도를 그렸다.[2] 훔볼트의 도표는 일견 당연해 보인다. 산을 오르다 보면 서식지와 종이 변하게 마련이니 말이다. 그러나 도표에 깨알같이 적힌 글씨를 보면 그가 더욱 근본적인 사실에 접근한 것을 알 수 있다. 고도는 이차적인 요인일 뿐, 사실상 어디에 무엇이 자랄지 결정하는 것은 기후다. 따라서 온도, 습도, 그 밖의 조건이 비슷하다면 지질 조건에 상관없이 어디서나 비슷한 식생이 나타난다. 예를 들어 나무는 생장기 평균기온이 섭씨 6도 미만인 곳에서는 살아남지 못한다. 3550미터의 침보라소산과 2200미터의 알프스산맥, 해수면보다 고작 1~2미터 높은 캐나다 북부나 시베리아 평원의 기후 조건이 모두 그러하다. 완전히 별개의 장소라도 역치를 넘어서는 순간 모든 숲은 툰드라에 자리를 넘겨준다.

홀드리지가 생물분포대 개념에 막 관심을 품었을 때, 그는 훔볼트 이후 놀라울 정도로 변하지 않은 연구 주제를 하나 발견했다. 그때까지 기후와 서식지 사이의 관계를 분류하려던 다른 시도들은 홀드리지가 훔볼트의 근본적 통찰이라고 보았던 것에서 벗어나 있었다. 훔볼트가 설정한 것과 비슷한 변수에서 시작하고, 또 비슷한 열대 환경에서 일하며 홀드리지는 열, 강수량, 습도라는 세 가지 단순한 측정값에 기반한 모델을 고안했다. 먼저 그는 스스로 생물온도 biotemperature라고 이름 붙인 변수를 사용했다. 생물온도란 식물이 활발하게 생장하는 기간을 나타내는 측정값이다. 다음 변수로는 표준

홈볼트의 유명한 침보라소산 삽화. 기후와 고도, 서식지 사이의 보편적인 관계를 나타낸다. 이 그림은 산의 사면을 따라 나타나는 식생과 각 종의 이름으로 된 띠를 상세하게 보여준다. 《식물의 지리학에 관한 에세이(*Essay on the Geography of Plants*)》(1807). 취리히중앙도서관 제공.

강우량과 강설량으로 계산한 강수량 데이터를 사용했다. 마지막 변수는 앞의 두 변수를 조합해 식물이 사용할 수 있는 습기를 생물학적으로 나타내는 지표였다. (이 시점에 한 가지 언급하자면, 홀드리지가 식물을 중심으로 모델을 세운 것은 단지 그가 산림학자이기 때문은 아니다. 모든 육상 생태계는 그 안에 사는 동물이 아니라 해당 생태계의 기본 틀을 형성하는 식물로 정의된다. 가령 숲을 '숲'이라고 부르는 것이 '나무가 자라는 새와 다람쥐의 영역'이라고 부르는 것보다 낫다.)

이 시스템을 설명하기 위해 홀드리지는 격자 형태의 삼각형을 그

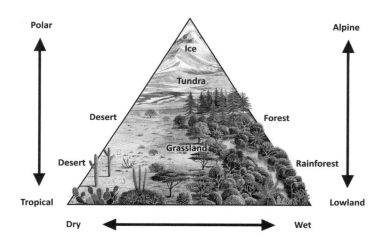

홀드리지가 맨 처음 그린 생물분포대는 텍스트, 숫자, 선으로만 이루어졌다. 삽화로 구현된 이 모델은 원 모델의 정수를 포착해 어떻게 기온과 습도의 상호작용으로 전 지구의 서식지를 정의할 수 있는지 보여준다. © Chris Shields

린 다음, 그 안에 가장 눈에 띄는 30가지 생물분포대를 배열했다. 꼭대기에는 얼음과 툰드라, 밑바닥에는 뜨거운 열대지방, 오른쪽에는 습한 숲을 배치했고, 왼쪽으로 갈수록 사바나와 관목 숲에서 건조한 사막으로 바뀌었다. 홀드리지의 삼각형은 점선과 칸으로 빼곡히 채워져 있어 훔볼트의 침보라소산 그림에 비하면 미적 호소력은 떨어지지만 기본적인 관계를 군더더기 없이 표현했다. 여전히 여러 교과서가 이 삼각형으로 서식지에 대한 기후의 영향을 설명한다. 그러나 홀드리지는 이 도해가 자신의 발상을 조잡하게 나타낸다고 생각했다. 사실 그는 이 시스템을 피라미드에 가까운 3차원으로 상상했고, 수백 가지 생물분포대와 아분포대를 위한 공간을 마련했다. 각

공간은 개별 기후의 세부 사항으로 정의된 개념상의 구성 요소였다. 이 발상이야말로 홀드리지의 선견지명이 가장 돋보이는, 또 생물학에 오래도록 이바지할 업적이 될 것이다. 왜냐하면 이제는 컴퓨터의 발달로 그처럼 복잡하고 추상적인 개념을 구현하는 것이 가능할 뿐 아니라, 실제로 흔한 일이기 때문이다. 이것이 바로 현대 생물학의 기본 도구다.

가장 널리 인용된 가장 짧은 논문

라 셀바에서 산기슭을 향해 가파른 언덕을 걸으며 왜 그렇게 홀드리지가 오랜 시간을 들여 열과 습기에 몰입했는지 알 수 있었다. 꼭 머리에 김이 나는 수건을 두르고 하이킹하는 기분이 들었다. 비는 잦아들었지만 갈라진 구름 사이로 강한 햇볕이 내리쬐면서 날씨가 한층 뜨거워졌다. 진흙 길에서 미끄러지고 번들거리는 나무뿌리에 걸려 넘어지길 반복하며 겨우겨우 몇십 미터씩 고도를 올렸다. 아무래도 처음에 계획한 곳까지는 가지 못할 것 같았다. 그렇긴 해도 이미 주변 식생은 크게 달라져 있었다. 내가 연구하던 수종으로, 저지대에서 흔하게 보이던 거대한 알멘드로나무가 시야에서 완전히 사라졌고 숲지붕을 덮는 종의 키도 전반적으로 작아졌다. 하층부 식생에서는 양치류가 늘어났고 큰 야자수는 줄었다. 숲은 여전히 빽빽했지만 간혹 멀리 라 셀바와 그 너머를 보여주는 틈이 열렸다. 홀드리지의 삼각형에서 보았을 때 나는 오른쪽 아래 귀퉁이의 축축한 우림에서 출발해 그가 "전前 산간 전이 지대premontane transition"라고 명기한 지역을 향해 올라가고 있었다. 시간이 있었다면, 혹은 헬리콥터를 탔다면 구름 숲을 뚫고 올라가 마침내 이끼로 뒤덮인 참나무 고산 지대까지 갔을 것이다. 그곳이 바로 바르바화산이다. 코스타리카에서 더 높은 봉우리들은 파라모paramo라고 알려진 일종의 툰드라 초원 지대로 이어진다. 한편 이 나라의 북서쪽 경계 지역은 계절에 따라 몹시 건조해지는 비그늘(산맥이 습한 바닷바람을 가로막고 있어 비가 내리지 않는 지역—옮긴이) 아래에 있다. 그곳의 관목림은 아카시아 나무나 선인장이 자랄 정도로 건조하다. 최근 통계에 따르면 코스타리카는 23개의 생물분포대를 자랑한다. 아메리카 전체에서 발견되는 생물분포대의 3분의 2가 덴마크만 한 땅에 들어찬 셈이다.

　다양한 기후와 서식지가 압축되어 존재하는 코스타리카는 홀드리지에게 그의 이론을 증명할 이상적이고 확고한 근간을 제공했다. 1947년 홀드리지는 생물분포대 개념을 세 쪽짜리 개요로 먼저 발표했다. 이 논문은 다음 문장으로 끝난다. "더 자세한 내용과 예시는 현재 준비 중인 논문에서 설명하겠다."[3] 하지만 그 준비를 마치기까지 20년이나 걸렸는데, 홀드리지가 코스타리카의 많은 생물분포대에서 직접 자신의 가설을 실험했기 때문이다.[4] 그 결과 200쪽이나 되는 긴 논문이 발표되었으나 사실상 큰 의미는 없었다. 이미 과학자들은 홀드리지의 세 쪽짜리 논문을 인용해 새와 개구리의 분포부터 페루의 지형도까지 갖가지 주제에 생물분포도 개념을 적용하고 있었다. 홀드리지의 이론은 이미 과학적 창공의 일부가 되었고, 광범위한 학문 분야에서 인용, 수정되었다. 그 결과 제작된 모델이 홀드리지의 원래 설계와는 다를 수 있어도, 사람들은 서식지를 추상적이고 다차원적인 공간 그리고 변수를 조정해 정의하고 조작할 수 있는 대상으로 본 그의 관점에는 모두 동의했다. 곧 한계범위envelope라는 개념이 함께 쓰이기 시작했는데, 원래 비행기 조종사가 공기의 속도, 하중, 양력의 균형을 맞추어 안전한 비행 공간을 계산하는 방식을 가리키는 용어였다. 이러한 전용에는 비행기를 조종할 때처럼 서식지 변수를 한계범위 밖으로 지나치게 몰아가면 시스템 전체가 붕괴한다는 함의가 깔려 있었다.

기후변화를 연구한 적 없는 기후학자

홀드리지가 맨 처음 생물분포대를 구상했을 당시에는 탄소 배출이 대기를 바꾼다는 발상이 순수한 "추정"[5]에 불과했다. 그는 식물 군집이 상대적으로 안정된 상태라고 보았고 자신의 모델은 예측이 아닌 기술하는 시스템이라고 생각했다. 그러나 1980년대 들어 온난화를 염려하게 된 연구자들은 생물분포대 개념을 미래를 예상하는 기본 틀로 받아들였다. 새로운 기후 모델이 더 나은 기온 및 강수 예측을 내놓을 때마다, 그 수치를 으레 홀드리지 시스템에 적용했다. 환경이 더워지면 출력값은 홀드리지 삼각형에서 아래쪽으로 내려갔고, 건조해지면 왼쪽으로 이동했다. 심지어 기후와 관련된 눈에 띄는 초기 논문 한 편은 독자들이 그대로 따라 해보도록 안내하기도 했다.[6] 이 논문은 숲과 관목 지대가 건조한 초원과 사막으로 빠르게 전환될 거라는 예측과 함께 홀드리지 시스템을 전면에 그려 넣었다. 이 분야가 발전하면서 기후와 생물학적 예측은 갈수록 정교해졌다. 이제 연구자들은 기후를 수십 개의 변수에 따라 분류한 다음, 군집이나 서식지는 물론이고 그곳에 터를 잡고 살아가는 개별 종의 가장 중요한 세부 사항에 집중한다. 평균기온이 최고, 최저기온보다 더 중요한가. 특별히 더 연관된 계절이 있는가. 폭풍, 홍수, 가뭄 같은 기후적 요인 외에 토양의 종류나 지형 같은 비기후적 요인은 어떠한가. 이러한 질문들에 맞춰 탄생한 결과는 어지럽게 배열된 잠재적 모델들인데, 어지럽기가 매한가지인 머리글자로 표현된다. 몇 개만 이름을 대보면 GLMGeneralized Linear Models(일반화 선형 모형), GAMGeneralized Additive Models(일반화 가법 모형), PRISMParameter-elevation Relationships on Independent Slopes Models(독립 사면에 관한 변수-고도 관계 모형), CEMClimate Envelope Models(기후 한계범위 모형) 등이 있다. 기후변화로 촉발된 각종 패턴은 설사 자연에서 쉽게 관찰되는 것이라도 수학적으로 나타내기가 여간 어렵지 않다. 홀드리지를 움직인 가장 큰 동기도 그것이었으며, 기후변화를 직접 연구한 적이 없었는데도 전기 작가들이 그를 산림학자이자 기후학자로 묘사하는 이유가 여기에 있다.

라 셀바에서 그 잠깐 산을 오르는 사이에 기온이 떨어지는 걸 느

껐다고는 말할 수 없다. 그리고 등산이 끝날 때쯤 내 양말에서 냄새가 덜 났는지도 의심스럽다. 그러나 그 짧은 수직 거리에서도 식생은 분명 변화에 반응하고 있었다. 반세기 동안 제작된 수많은 생물학적 모델이 알려준 게 있다면, 아무리 작은 변화라도 중요하다는 사실이다. 정교한 컴퓨터 시뮬레이션과 데이터 마이닝을 포함해 저 미묘한 차이를 이해하는 데 사용되는 도구들은 (생물학자에게조차) 어렵고 벅차다. 그러나 그 결과까지 어려운 것은 아니다. 역사상 가장 야심 넘치는 프로젝트가 온라인상에 완전히 공개되어 북아메리카에 사는 사람이라면 누구나 자기 집 뒷마당에서 당장이라도 실험해볼 수 있으니 말이다.

데이터, 더 많은 데이터

모름지기 제대로 된 과학이 그렇듯이 철저한 생물학에도 감상을 뺀 객관적이고 명확한 사고가 요구된다. 다만 생물학자라면 저마다 가장 마음이 가는 종이 있는 것 또한 사실이다. 개인적으로 나는 노란관상모솔새golden-crowned kinglet를 편애해왔다. 이 요정 같은 명금류는 몸이 구름과 나무를 닮은 회색과 초록색이고, 어쩌다 한 번씩 치켜세우는 붉은 관모는 흐린 하늘을 뚫고 나오는 햇살 같아서, 마치 지금 내가 살고 있는 축축한 숲을 제 몸에 그대로 옮겨놓은 것처럼 보인다. 어릴 적에는 동네에 상모솔새가 너무 흔해서 정원에 물을 줄 때면 호스에서 떨어지는 물을 마시려고 발치에 우르르 모여들던 모습이 생각난다. 대학원 시절에는 몇 주에 걸쳐 이 새의 겨울철 무리 행동을 연구하기도 했는데, 언제든 필요할 때마다 찾을 수 있어서 단기 연구 프로젝트를 위해 이만한 생물도 없었다. 그러나 최근에 문득 이 날랜 새가 가까운 숲에서 점점 드물게 보인다는 생각이 들었다. 이유는 알 수 없으나 내가 제일 좋아하는 뒤뜰의 새가 사라지고 있는 것 같았다.

　과학 저널에서 '어림짐작'이니 '예감'이니 따위의 단어를 찾기는 쉽지 않다. 모든 연구자가 확실한 데이터를 제시해 제 가설을 뒷받침하거나 반박한다. 마찬가지로 상모솔새 개체군에 관한 명확한 수치 없이는 동네에서 이 새가 정말 줄어들고 있는지, 아니면 다른 외부적인 요인으로 내가 잘못 판단한 건지 알 수 없었다. 막말로 중년 연구자의 노안 때문에 눈앞에 두고 보지 못했을 수도 있고, 청력이 나빠진 바람에 벨 소리 같은 이 새의 울음소리를 미처 듣지 못했을 수도 있다. 그래서 나는 데이터를 찾아 세계에서 가장 큰 조류 정보 목록인 국립오듀본협회의 크리스마스 탐조 기록을 뒤지기 시작했다. 1900년대 당시 유행하던 명절 사격을 대체하는 바람직한 행사로 시작된 탐조는 최초의 25개 지역에서 크게 확장되어 지금은 북아메리카, 남아메리카는 물론이고 전 세계 2500개 지역에서 자원봉사자들의 헌신에 힘입어 계속되고 있다. 내가 사는 섬에서도 1985년부터 사람들이 매년 겨울철에 하루 날을 잡아 숲과 해변을 배회하며 눈에 보이는 모든 새를 보고해 자료 축적에 이바지했다. 당연

232

전나무 보금자리에 있는 노란관상모솔새. 컴퓨터 모델 연구는 미래의 어느 곳에서 이 장면이 흔하게 나타날지, 또는 그런 곳이 있기는 할지 예측할 수 있게 해준다. 디포짓포토스 제공.

히 노란관상모솔새는 모든 연간 목록에 등장했다. 그 데이터로 그래프를 그렸더니 확실한 추세가 보였다. 지난 5년 동안 우리 지역에서 관찰된 이 새의 수는 1985년에서 2000년까지의 평균보다 65퍼센트 이상 감소했고, 일부 집계에서는 수치가 더 낮았다. 2017년에는 화창하고 맑은 날을 골라 수십 명의 탐조가가 수색에 나섰지만 한 마리도 발견하지 못했다.

이제 내 추측이 단순한 기분 탓이 아님을 확인했으므로 새가 사라진 원인을 본격적으로 따져볼 수 있게 되었다. 기후에 따른 서식 범위 이동이 이렇게 흔한 시대에 이 새처럼 추위를 잘 견디는 종이라면 얼마든지 북쪽으로 이동할 수 있겠다 싶었다. 그러나 그 가설을 실험하려면 한 지역에서 고작 1년에 한 번 관찰한 데이터로는 부족했다. 다행히 국립오듀본협회 사람들은 크리스마스에 새의 수를 세는 것보다 많은 일을 해왔다. 최근 이 협회의 과학 스태프들은 기후변화가 노란관상모솔새를 몰고 간 정확한 장소를, 심지어 그 우편번호까지 알려주는 상세한 서식지 모델을 완성했다. 노란관상모솔새만이 아니라 북아메리카의 다른 새 603종에 대해서도 동일한 모델이 만들어졌다.

"최대한 많은 종에 대해 기후변화의 영향력을 밝히고 싶었습니다." 채드 윌지Chad Wilsey가 말했다. 국립오듀본협회 수석 과학자인 윌지는 대학 연구자, 정부 기관, 온라인 eBird 플랫폼에 등록된 개인 탐조가 수천 명의 활약에 기대어 1억 4000만 개 이상의 관찰 자료를 수집하고 분석하는 대형 과제를 감독했다. 크리스마스 탐조 기록을 훨씬 넘어서는 방대한 작업이었다. 윌지 연구팀은 이 대단한 일을 완수하기 위해 데이터 분석 회사와 협업해야 했다. 클라우드 컴퓨터의 엄청난 힘에도 불구하고 프로젝트의 초기 단계를 마무리하는 데만 수개월이 걸렸다. 프로젝트의 시작은, 첫째, 현재 새들이 어디에 살고 있고, 둘째, 더 중요하게는 왜 거기에 살고 있는지를 알아내는 것이었다. 수백만 건의 관찰 내용을 표기한 상세 지도가 첫 번째 질문의 답이 되었다. 그러나 두 번째 질문에 답하려면 조류학에서는 상대적으로 새로운 접근법이 필요했다. 바로 인공지능이다.

인공지능이 예측한 새들의 여행

윌지가 수화기 너머에서 "기계 학습은 방대한 데이터에서 패턴을 추출하는 강력한 도구입니다"라며 무슨 스무디나 밀크셰이크 레시피를 설명하듯이 요약했다. "관찰한 내용을 입력하고 모델을 돌리면 최적의 결과가 나오는 것이지요." 이런 여유 있는 태도는 모두 오랜 노력과 연습에서 왔을 테다. 그는 10년도 넘게 인공지능에 기반한 기술로 새를 연구해왔다. 현대판 홀드리지처럼 윌지도 코스타리카에서 서식지 모델을 구축하기 시작했다. "새와 보전 활동에 대한 제 열정도 코스타리카에서 시작했지요." 윌지는 언제나 새와 사람이 한 경관 안에 살 수 있게 도왔다고 했다. "모델을 통해 관리에 필요한 정보를 찾고 제공하는 것이 제 관심사입니다." 실제로 윌지의 연구는 군사기지나 천연가스 개발지를 포함한 다양한 환경에서 서식지를 관리하는 데 이바지해왔다. 그는 연구와 관련된 추상적인 내용을 곧장 결론으로 뛰어넘어도 될 만큼 명료하게 설명했다. 그러나 나는 모든 과정을 듣고 싶어서 윌지가 단지 "모델을 돌린다"라며 건너뛴 중간 단계도 설명해달라고 졸랐다. 연구팀이 저 방대한 데이터를 입력하고 버튼을 눌렀을 때 어떤 일이 일어났을까. 컴퓨터는 실제로 어떤 일을 하는 걸까.

통화가 잠시 중단되었고 나는 배경에서 키보드 치는 소리와 다른 전화기가 울리는 소리를 들었다. (본인이 연구하는 컴퓨터 모델처럼 윌지도 동시에 여러 일을 처리할 수 있는 능력을 갖추었다는 생각이 들었다.)

"모델이란 학습으로 이어지는 반복 과정이라고 생각하면 됩니다."
마침내 그가 다시 입을 열었다. "그게 진짜 알고리즘의 정의예요. 제
가 제일 좋아하고 또 가장 익숙한 예가 바로 기계 학습 알고리즘의
하나인 랜덤 포레스트입니다." 윌지는 랜덤 포레스트가 소량의 하위
데이터를 수집해 결정 트리라는 간단한 모델을 세우는 과정을 설명
했다. 결정 트리는 '평균 봄 기온이 X도 이상인지', '연간 강수량은 Y
보다 적은지' 등의 기후 변수와 그 밖의 요인을 사용해 특정 종의 새
들이 목격될 만한 위치를 짚는다. 서로 다른 하위 데이터 집합과 질
문을 조합해 이 과정을 수천 번 반복함으로써 알고리즘은 잠재적
모델들의 '숲(포레스트)'을 창조한다. 같은 데이터라도 더 잘 설명하
는 모델이 있으며, 성공적인 모델은 문제의 종에게 가장 중요한 변
수가 무엇인지 드러낸다. "한번 직접 실험해보세요." 윌지가 권했다.
"프로그램이 알아서 잡음과 진짜 신호를 구분합니다."

　국립오듀본협회의 데이터를 바탕으로 모든 종에 대해 여름철과
겨울철 서식 범위의 필요조건을 식별하는 모델이 만들어졌다. 이 모
델은 기후와 서식지에 관한 12가지 이상의 변수를 각각의 상대적인
중요성에 따라 정의한다.[7] 예를 들어 어떤 새는 강우량보다는 기온
변화, 서리가 내리지 않는 일수, 지형의 굴곡, 습지의 유무 따위에 반
응한다. 일단 각 종에 대한 '최적합' 모델이 결정되면 실제 예측 단계
는 간단한 지도 제작 작업에 불과하다. 상모솔새가 특정 기온과 습
도 범위의 숲이 우거진 서식지에만 나타난다면, 더 더워진 세상에서
그런 장소가 어디에 있는지만 찾으면 된다는 말이다. 표준 기후변화

예측은 다양한 미래 시나리오에 맞춰 답을 제공했고, 국립오듀본협회가 그 결과를 발표했다. 또한 논문과 보고서 외에도 협회는 공을 들여 화려하고 일반인도 사용할 수 있는 웹사이트를 만들었다.[8] 그곳에 접속하면 완벽한 컬러 지도를 볼 수 있는데, 모델 제작이 기후변화 생물학에 제공한 가장 중요한 정보가 곧바로 눈에 띈다. 각 종이 저에게 필요한 환경을 찾아 향하게 될 장소 말이다. 그러나 윌지 연구팀은 그보다 훨씬 중요한 질문과 씨름하고 있다. 새들이 그곳까지 도착할 가능성은 얼마인가.

그리워하지만 애통해하지 않는 마음

"이 모델은 취약성 예측에도 놀랄 정도로 적합합니다." 윌시는 (왜 거기에 사는지 묻는) 분석의 두 번째 측면이 앞으로 변화할 환경에서 가장 고전하게 될 새를 식별하는 데 도움이 되었다고 설명했다. 서식지 감소 대 서식지 획득을 나타낸 지도는 적응성 측정(예를 들어 어린 새가 둥지에서 얼마나 먼 곳까지 확산하는지)과 결합해 각 종의 취약성을 평가했다. 이는 윌지가 항상 목표로 삼았던 관리 도구다. "되도록 유용하고 실용성 있는 결과를 얻고 싶었습니다." 이 도구는 단지 관리자나 과학자만을 위한 것이 아니다. "대중은 가장 중요한 청자입니다." 윌지가 덧붙인 말이 귀에 맴돌아 나는 전화를 끊자마자 인터넷에 접속해 노랑관상모솔새의 미래를 탐색하기 시작했다.

　제일 먼저 눈에 들어온 것은 지도의 색깔 구성이었다. 진한 빨간색이 상모솔새 서식지의 남쪽 전체를 물들였다. 이는 극적인 서식지 소실을 나타내는데, 내가 사는 섬의 경우 온난화의 수준이 가장 미약한 지역에도 빨간색이 칠해져 있었다. (마침 우리 집 바로 위에 있는 픽셀인 것 같았다.) 이어서 다양한 차트와 예측 결과를 클릭하자 개선된 서식지를 표시하는 초록색 지역과 상모솔새가 새롭게 영역을 넓힐 수 있는 옅은 푸른색 지역이 나타났다. 예상한 대로 모든 가능성은 북쪽에 있었다. 그리고 내 촉이 사실이었다고 증명하듯이 상모솔새는 이미 기회를 향해 질주하고 있었다. 적어도 저 새들에게는 갈 곳이 있었으므로 윌지 연구팀은 노랑관상모솔새에게 중간 단계의 취약 등급을 매겼다. 해양생물학자 페클이 했던 말이 떠올랐다. 어떤 종이라도 이동해서 살아남을 수 있다면 다행이라고. 그래서 나는 내가 제일 좋아하는 뒷마당의 작은 새에 대해 어느 정도 안심하며 컴퓨터를 껐다. 나는 이 새들을 그리워하겠지만 애통해하지는 않을 것이다. 살아남기 위해 더 나은 곳으로 이동하고 있으니까. 이런 객관적 분류는 반드시 필요하다. 분투하는 종을 돕는 자원은 한정되어 있기 때문이다. 과학과 보전 자본 측면만이 아니라 감정적 자본에도 마찬가지다. 세상이 하루가 다르게 달라지면서 생물학 모델은 실용적인 정보와 더불어 개인적인 정보도 제공한다. 우리가 누구를 걱정해야 하는지 알려준다는 말이다.

　나와 윌지는 마침 그의 연구팀이 프로젝트의 후속 논문을 발표한 날 우연히 또 이야기를 나누었다. 모델의 예측력을 실험한 논문이었다. 전문 조류학자로 구성된 연구팀이 전국의 자원봉사자들과 협업해 새를 찾아 나섰다. 이들은 다양한 동고비류와 파랑지빠귀류가 기후 모델이 예측한 장소에 실제로 살고 있는 것을 확인했다. 모델이 최적의 서식지로 짚은 곳에는 확실히 개체 수가 더 많았고, 그 주변에서는 감소했다. 그러나 가장 충격적인 결과는 군집화였다. 새롭게 적합성이 인정된 지역으로 서식지를 확장한 경우가 일곱 건이나 있었다. 윌지는 검증이 만족스럽다고 인정하는 동시에 어떤 모델의 예측도 있는 그대로 받아들여서는 안 된다고 경고했다.[9] "불확실성은 늘 존재하니까요." 윌지는 상관관계와 인과관계의 차이를 강조했다. 이 모델이 식별하는 패턴은 그 원인을 몰라도 효과적이고 유용하게 쓰일 수 있다. 예를 들어 상모솔새는 모델이 예측한 대로 시원한 기온을 찾아 북쪽으로 간 것일 수 있으나, 누구도 그 정확한 이유는 알지 못한다. 새들이 왜 따뜻한 날씨를 싫어하는지 알아내려면 더 많은 연구가 필요하다.

생물학에서 기후와 관련된 모델의 대부분은 국립오듀본협회의 연구와 비슷하게 종 분포에 초점을 맞추어 미래에 어떤 동물과 식물이 나타날, 또는 나타나지 않을 장소를 식별한다. 그러나 이 책에서 지금까지 소개했듯이 기후변화로 시작된 문제가 기온 상승만 있는 것은 아니고 대응 방식에도 이동만 있는 것은 아니다. 생물의 예상치 못한 가소성이나 빠른 진화, 꽃가루받이와 기생과 같은 중요한 관계의 변화 등 많은 변수 때문에 모델 구축은 쉽지 않다. 어떤 모델도 실제 세상 속 생명의 복잡성을 모두 포괄할 수는 없다. 그 대안으로 일부 생물학자는 종을 다른 장소로 이식해 조만간 맞이할 더운 환경에서 얼마나 잘 살 수 있는지 보고 있다. 예를 들어 고산 식물과 수분 매개자는 더 낮은 고도에, 산호는 다양한 수온의 산호초에 이식하는 식이다. 그러나 이 경우에도 군집 전체를 옮길 수는 없으므로, 그 안에 내재된 모든 복잡한 상호작용을 실험할 수는 없다. 이 문제를 해결하고자 미네소타주 북부 습지의 과학자들은 창의적인 해결책을 생각해냈다. 생물을 이식하는 대신 서식지 자체의 기후를 바꾸는 것이다.

현실에 만들어진 가짜 봄

"총생태계 온난화 실험이라고 부르는 프로젝트입니다." 이 말을 하자마자 랜디 콜카Randy Kolka의 얼굴이 얼어붙었다. 양쪽 모두 시골의 느린 인터넷으로 접속한 탓에 스카이프 통화가 잘될지 걱정하던 참이었다. 다행히 이때 딱 한 번만 연결이 지연되었다. 마우스를 클릭하며 몇 분간 기다리자 다시 콜카의 자택 사무실이 화면에 나타났다. 나는 콜카가 앉은 자리 뒷벽에 걸린, 강꼬치고기의 일종인 강능치고기의 박제를 보았다. 웹캠의 배경은 코로나바이러스 봉쇄를 거치며 일종의 비언어적 소통 수단이 되었다. "3개월 동안 지하실 구석에 처박혀 있었어요." 콜카가 투덜거리는 소리를 들으며 그가 봉쇄 때문에 연구에 지장이 생긴 것과 낚시 기회를 놓친 것 중 무엇을 더 안타깝게 생각하는지 궁금했다. 나로서는 콜카를 인터뷰하러 SPRUCE 연구기지를 방문할 기회가 날아가 통탄할 지경이었다. SPRUCE는 '변화하는 환경하에서 가문비나무와 이탄지의 반응Spruce and Peatland Responses Under Changing Environments'이라는 긴 명칭의 약자인데, 콜카가 말했듯이 지구상에서 가장 큰 기후 조작 실험이었다.

"독보적인 실험입니다." 콜카가 자신 있게 말했다. 그가 보낸 사진을 본 나는 인정할 수밖에 없었다. 사진 속 연구기지는 과학보다 과학소설에 더 잘 어울렸는데, 강철로 된 틀에 반짝거리는 유리 패널이 벽을 이루고 천장이 없는 2층 높이의 팔각형 방 10개가 숲이 우거진 평평한 습지 곳곳에 설치되어 있었다. 교목과 관목이 자라는 수백 제곱미터의 땅을 둘러싼 이 방들은 기온을 조절할 수 있었고, 미래의 다양한 환경을 시뮬레이션하기 위해 이산화탄소를 여러 농도로 24시간 주입할 수 있었다. 수백만 달러의 예산과 100명 이상의 연구자가 투입된 SPRUCE 프로젝트는 한발 더 나아가 지하에 파이프를 묻어 땅 자체를 데우는 기발한 시스템까지 갖추었다. 미국산림청 토양과학자인 콜카가 이 부분에 크게 이바지했다. 그는 기후변화 생물학자들이 너무 자주 간과했던 숨겨진 영역에 스포트라이트를 비추며 현실성을 더했다.

"벌써 높이가 달라지고 있어요." 콜카는 발아래에 추가된 열기가 어떻게 땅속 활동을 촉진해 부패와 재생의 순환을 조절하는 많은 미생물과 토양 거주자의 환경을 변형하고 있는지 설명했다. 최종 결과는 분해 활동의 증가였다. 미생물의 활발한 작용으로 이탄층이 분

콜카가 SPRUCE 연구기지의 보드 워크에 서 있다. 천장이 열린 거대한 테라리움은 미래 기후의 다양한 토양 온도, 대기 온도, 이산화탄소 농도를 모방한다. © Layne Kennedy

해되다 보니 습지의 수위가 현저하게 낮아졌다. 기후과학자에게는 그것만으로도 프로젝트 전체의 가치를 높이기에 충분한 결과였다. 습지에서 벌어지는 부패의 속도는 온난화의 속도를 좌우하는 결정적인 요인이기 때문이다. "결국 온난화란 모두 탄소 때문에 일어나는 일이니까요." 콜카가 긴 세월 동안 눅눅한 산성 환경에 식물의 유해가 쌓여 이탄을 형성하는 과정을 설명했다. SPRUCE 연구기지의 퇴적물들은 묻힌 깊이가 3미터 이상으로, 그 역사가 1만 1000년 전까지 거슬러 올라간다. "이탄지는 지구 육지의 고작 3퍼센트를 차지하지만, 전체 토양 탄소의 30퍼센트가 그 안에 들어 있습니다." 콜카가 이어서 강조했다. 이탄지는 탄소 "흡수원"으로서 대기에서 제거한 탄소를 땅속에서 장기간 저장해왔다. 그러나 미래의 기온 상승이 분해를 촉진하면 저 퇴적물은 썩기 시작할 테고, 결국 그 안에 저장된 모든 탄소가 일시에 방출될 수 있다. "얼마든지 반전이 일어날 수 있습니다." 콜카가 말했다. "탄소 흡수원에서 탄소 공급원으로 바뀔 수 있다는 말이지요."

언제, 어디서, 어떤 온도에서 전환점에 도달할지, 또 열기가 깊이 침투해 아주아주 오래된 고대 이탄에까지 영향을 미치지는 않을지 등 많은 의문이 남아 있다. 이때 SPRUCE 프로젝트는 콜카와 같은 과학자에게 컴퓨터상의 알고리즘과 모델을 넘어 진짜 습지에서 살아 있는 진짜 미생물을 이용해 진짜 온도를 예측할 기회를 제공한다. 추가로 이 장소에서 다른 거주자들이 어떻게 반응하는지도 볼 수 있다. "큰 변화가 일어나고 있습니다." 콜카는 온도가 올라갈수록 식물의 생장기가 길어지고 환경이 건조해지자, 목본식물(줄기나 뿌리가 크고 단단한 식물. 나무가 대표적이다—옮긴이)이 영역을 확장하고 물이끼가 감소할 거라던 예측이 어떻게 실제로 이뤄지고 있는지 설명했다. 새로운 종이 유입되어 달라진 환경을 유리하게 이용하기도 했다. 추가된 이산화탄소가 적어도 일시적으로는 생장률을 높이는 효과도 보여주었다.[10] 그러나 대화 중에 밝혔듯이 가장 내 관심을 끈 것은 콜카의 말마따나 "원래의 가설에 포함되지 않았던" 현상의 발견이었다.

"가장 더운 방에 있던 나무들은 그곳을 싫어했어요." 프로젝트와 이름이 같은 흑가문비나무 집단이 생각지도 않게 붕괴하는 과정을 콜카가 묘사했다. 열기가 추가되면서 생장기는 늘어났지만, 늦은 2월과 3월에 시작된 "가짜 봄"에 속아 나무가 일찍 싹을 틔웠다가 이어서 닥친 한파에 모두 죽고 말았던 것이다. "나무한테는 어쩌다 한 번씩 버틸 만큼의 힘만 있어요." 콜카가 말했다. 이런 일이 너무 자주 일어나면 나무는 시들고 마침내 식물학적 고갈로 죽는다는 뜻이다. 이런 의외의 결과를 예상한 사람은 없었고, 왜 다른 나무는 같은 운명을 겪지 않았는지 여전히 의문이다. 같은 방에서도 어떤 관목은 아주 잘 자랐다. 더 빨리 퍼지고 더 크게 자라서 더 즙이 많은 열매를 맺었다. "블루베리를 좋아하신다면 미래는 밝습니다"라고 콜카가 농담했다.

앞으로 SPRUCE 프로젝트는 지의류에서 사초과 식물 그리고 거미까지 다양한 생물을 연구하면서 기존에 예측된 결과는 물론이고 뜻밖의 놀라움을 계속해서 안겨줄 것이다. 콜카와 동료들은 이 프로젝트가 원래 계획된 10년보다 연장되길 바라며, 이미 새로운 실험을 제안하고 새로운 가설을 실험 중이다. 이처럼 한 가지 발견이 새로운 질문으로 이어지는 것이 과학의 방식이다. 그 결과를 예측할 수 없을 때조차 말이다. 기후변화 생물학자들에게는 깜짝 놀라는 일이 점점 직업의 일부가 되어가고 있다. 다음 장에서 보겠지만, 겉으로 보기에는 지극히 단순하고 명확해 보이는 관계와 예측도 전혀 생각지 못한 방향으로 빗나갈 수 있기 때문이다.

12장

깜짝 쇼

지금까지 경험한바, 과거에 아무리 완벽하게 관찰했더라도
볼 수 있고 측정할 수 있는 모든 것이 예측 가능한 것은 아니었다.[1]

윌리엄 맥크레 경, 〈우주론에 관한 소고 Cosmology-A Brief Review〉(1963)

Surprise, Surprise

카오스이론으로 유명해진 나비는 원래 갈매기였다. 1963년 기상학자 에드워드 로렌즈는 예측 가능성의 한계를 설명하는 강의에서 대기의 변화는 갈매기의 날갯짓처럼 작은 것에서 시작했더라도 파급 효과를 통해 알 수 없는 결과를 초래할 수 있다고 언급했다. 이후 로렌즈는 동료의 조언을 받아들여 바닷새를 화려한 곤충으로 교체했고, 그렇게 '나비효과'가 탄생했다.[2] 애초에 로렌즈는 복잡한 시스템을 예측하는 어려움을 논하고자 나비효과라는 말을 사용했지만, 시간이 갈수록 작은 변화가 예상치 못한 결과를 가져올 수 있다는 뜻으로 더 많이 인용되었다. 어느 쪽이든 기후변화 생물학에 걸맞은 좋은 비유다.

요약하면 카오스이론은 무질서 속에서 질서를, 즉 무작위성 안에 숨겨진 근본적인 패턴을 찾는다. 카오스이론의 시작이 날씨 연구였다는 사실은 기후 관측자들에게 뜻밖의 일이 아니다. 로렌즈의 유명한 이력은 기상학자라는 직업이 주는 좌절에서 크게 벗어나지 않는다. 정확한 장기예보는 왜 그리도 어려운가. 생물학자도 기후변화의 결과를 예측할 때 같은 난관에 봉착한다. 물론 모두가 동의하는 몇 가지 예상 행로가 있다. 많은 종이 이동할 것이고, 일부는 적응할 것이며, 나머지는 사라질 것이고, 새로운 군집이 형성될 것이다. 유연성이 뛰어난 일반종은 까다로운 전문종보다 많이 유리하다. 기타 등등. 그러나 자연 시스템은 날씨만큼이나 복잡해 비유로든 실제로든 펄럭대는 날개가 도처에 있다. 실로 무한한 나비효과의 잠재력은 생물학 분야의 확률 분석가에게 적어도 한 가지는 확실히 예측하게 한다. 기대하지 않았던 결과를 기대하라.

제인 오스틴은 소설에서 "깜짝 선물이라니, 어리석은 짓이지. 기쁨을 더하기는커녕 불편한 일만 많아지니까"[3]라고 썼다. 적어도 뒤 문장에 대해서는 과학자들도 동의할 것이다. 공들여 계획한 실험이나 야외 조사가 예상치 못한 일로 엉망이 되었을 때만큼 낙심하는 순간이 또 있을까(금전적 손해는 말할 것도 없고). 그렇지만 불편함이 곧 비생산적이라는 뜻은 아니고, 과학에서 깜짝 놀랄 일은 종종 중요한 발견과 발상으로 이어진다. 이미 당신도 식단을 바꾸는 곰, 고향을 떠난 펠리컨, 하룻밤 사이에 진화한 도마뱀까지 많은 예를 보았다. 이 사례들은 예상치 못한 기후에서 비롯된 변화로 대략 설명할 수 있다. 생물학자는 뻔한 것을 기대하며 현장에 들어갔다가 새로운 상황에 놀라고 만다. 간과했던 세부 사항이 신중한 예상을 깨고 결과를 뒤엎는 바람에 기후 모델 자체가 실패하는 것은 전혀 다른 문제다. 현실이 기대치를 따라잡는 곳 어디에서나 이론을 다시 한번 시험대에 올리는 종류의 놀라움이 점차 늘어나고 있다. 단순하고 이변이 없을 것 같은 예상도 어긋날 수 있다. 점점 따뜻해지는 북극 황야의 어느 바닷새처럼.

전혀 다른 미래

프란츠요제프제도는 러시아북극국립공원 안에 있다. 유라시아 대륙 최북단의 건조한 노두 지대를 포함하는 이곳은 북극에서 겨우 900킬로미터 떨어져 있다. 1년 내내 해빙에 둘러싸여 있어 북극곰, 바다코끼리, 턱수염물범 등 얼음에 의탁해 살아가는 짐승들에게 식사할 기회를 넉넉히 제공한다. 서식자 중에서 가장 작은 동물은 각시바다쇠오리dovekie인데, 포동포동, 둥글둥글한 흑백의 이 바닷새들은 마치 푹신한 솜 인형에 생명을 불어넣은 것처럼 귀엽다. 각시바다쇠오리는 극북에 서식하는 다른 바닷새에 비할 수 없을 정도로 수가 많아 19세기 탐험가 프레데릭 비치 대령은 다음과 같이 묘사할 정도였다. "어찌나 수가 많은지 해만海灣의 절반, 또는 5킬로미터 길이로 뻗어 있다. 모두 다닥다닥 붙어 있어 엽총 한 방에 30마리가 쓰러질 정도다. 이 살아 있는 기둥은 평균 폭이 5.5미터이고 깊이도 그만큼이며 약 0.8세제곱미터에 16마리가 들어가므로 한 지역에 얼추 400만 마리가 날고 있는 셈이다."[4]

비치가 묘사한 새 떼는 벼랑가 둥지터를 떠나 북극의 해빙 가장자리를 따라 헤엄치며 즐겨 찾는 먹이터로 향하는 중이었을 테다. 다른 바다쇠오리처럼 각시바다쇠오리도 먹이를 뒤쫓아 짤막한 날개로 물속을 날아다닌다. 그러나 몸집이 큰 다른 바다쇠오리들이 물고기를 뒤쫓을 때 각시바다쇠오리는 동물성 플랑크톤 찾기에 여념이 없다. 이 작은 생물은 해빙의 녹아내린 물이 북극해의 차가운 소금물과 뒤섞이는 곳에서 크게 번성하는 갑각류다. 해빙 가장자리에 대한 애착이 심해 유난히 기후변화에 취약하다. 비치가 활동하던 시대에 얼어붙은 바다는 프란츠요제프제도 해안에서 몇 킬로미터 이상 퇴각하는 일이 없었다. 하여 그가 목격한 새 떼는 제 먹이터에 쉽게 도달할 수 있었다. 그러나 오늘날 해빙 가장자리는 매년 북쪽을 향해 쪼그라들고 있다. 당연히 번식 중인 각시바다쇠오리가 한창 자라는 새끼에게 줄 먹이를 찾는 일도 점점 어려워질 것이다. 2050년이면 북극해에서 여름철 해빙이 모두 사라질 것으로 예상되는 가운데, 각시바다쇠오리 개체군의 미래는 불 보듯이 뻔하다. 서서히 감소하다가 갑자기 곤두박질칠 운명. 하지만 그 모델을 실험하기 위해 현장에 출동한 조류학자들은 전혀 다른 버전의 미래를 보았다.

"프란츠요제프제도 탐사는 깜짝 쇼 그 자체였고 아주 대단한 모험이었어요"라고 다비드 그르미예David Grémillet가 내게 보낸 이메일에서 강조했다. 현재 프랑스 국립과학연구소 선임 과학자이자 라로

셸대학교 쉬제생물학연구센터 소장인 그르미예는 2013년에 프란츠요제프제도를 방문했다. 당시 원정에는 서방 과학자와 러시아 과학자 수십 명이 참가해 조류, 지질학, 해양 바이러스까지 다양한 주제를 연구했다. 그르미예가 속한 연구팀은 티키야만에 버려진 소련의 연구기지에서 한 달 가까이 지냈다. 그르미예는 그곳을 "1950년대 소련의 지붕 없는 커다란 박물관 같았어요. 모든 목조 막사가 그대로 남아 서서히 얼음으로 채워지고 있었거든요"라고 묘사했다. 이곳 덕분에 연구팀은 수만 마리가 모여 사는 각시바다쇠오리 번식 군락에 쉽게 접근할 수 있었다. 그린란드와 노르웨이에서 같은 종을 연구한 적 있는 그르미예 연구팀은 잘 짜인 프로토콜을 따라 능숙하게 조사를 시작했다. "늘 하던 대로 했습니다. 둥지 근처에서 각시바다쇠오리를 잡아 3그램짜리 전자 추적기를 달았어요." 그러나 새를 다시 붙잡아 추적기를 떼고 그 안에 기록된 데이터를 다운로드하면서 생각지도 못한 깜짝 쇼가 시작되었다.

"예상되는 행동에 대한 확실한 가설과 예측이 있었습니다." 과거에 그르미예가 연구했던 각시바다쇠오리는 북극 해빙까지 가기 위해 거의 100킬로미터를 날았다. 그르미예는 "군락과 먹이터 사이를 최소 한 시간 정도는 비행했을 거로 예상했죠"라고 하더니, 자신이 "연구자로 보낸 세월 중에서 가장 흥미진진했던 순간"을 묘사하기 시작했다. 그는 러시아 동료들과 식탁에 앉아 노트북에서 추적 데이터의 첫 번째 파일을 열어 새들이 공중에서 얼마나 머물렀는지 확인했다. 맙소사, 비행시간은 4분이 채 되지 않았다. 해빙 가장자리까지 날아가는 대신 문 앞에서 다른 먹이원을 찾아냈던 것이다. 그게 무엇일까. 그리고 그곳이 어디일까. 그때부터 저들이 보드카 잔을 부딪치며 나누었을 신나는 대화가 저절로 상상된다. 각자의 시나리오가 이내 새로운 가설을 중심으로 합쳐지기 시작했다.

예상 밖의 기회

"마침 동료인 제롬 포트가 일주일 전에 러시아 동료들과 인근 산을 오르면서 보았던 것을 기억해냈습니다." 그르미예가 그때를 회상하며 피오르 어귀를 가로지르는 뚜렷한 선에 대해 설명했다. 그곳에서는 섬의 빙하에서 녹아내린 탁한 푸른빛 물이 어둡고 밀도 높은 북극해로 곤두박질치고 있었다. 포트와 그르미예 모두 새를 공부하기 전에는 해양학을 전공했기 때문에 그런 갑작스러운 전환의 결과를 잘 알고 있었다. "둘 다 이 최전선의 의미를 알았어요. 온도와 **삼투압 충격**으로 죽어버린 플랑크톤이 드리운 커튼이었지요." 작은 갑각류가 민물에서 바닷물로 그렇게 갑자기 유입되는 것은 차를 몰고 전속력으로 단단한 벽을 들이받는 것과 같다. 포식자 앞에 성대한 잔칫상이 차려졌던 셈이다.

이 가설을 확인하려면 배가 필요했지만 사용할 수 있는 거라고는 "항상 공기가 빠져 있는 소형 보트"뿐이었고, 공교롭게도 원정팀이 무르만스크에서 가져온 연료는 물에 오염되었다. 극지 바다를 탐사

각시바다쇠오리는 녹아내린 북극 빙하가 선사한 새로운 사냥 기회를 활용하면서 기후변화와 관련된 예측을 가볍게 깨버렸다. © David Grémillet

하기에 이상적인 상황은 아니었지만, 어쨌든 원정대는 길을 나섰고 가까스로 피오르에 도착했다. 처음에는 별로 눈에 띄는 것이 없었다. 하지만 융빙수와 해수가 합쳐지는 곳으로 건너가는 순간, 그 주위에 바글바글 떼 지어 모여 있는 새들이 보였다. "세상의 모든 각시바다쇠오리가 거기에 다 모여 있는 것 같았습니다." 그르미예가 설명을 이어갔다. "바다 쪽으로 열을 지어 … 물속으로 잠수해서는 아래로 한없이 흘러내리는 플랑크톤으로 쉽게 배를 채웠어요."

이 발견으로 각시바다쇠오리와 기후변화 이야기는 개체군 감소에서 탄력성의 문제로 순식간에 뒤바뀌었다. 그렇다. 예상대로 해빙은 빠르게 녹고 있었지만 그건 북극의 빙하도 마찬가지였다. 그리고 프란츠요제프제도처럼 빙하가 풍부한 곳에서 누구도 미처 생각하지 못한 기회가 만들어졌다. 그르미예 연구팀은 남은 기간 추가 조사를 진행해 각시바다쇠오리가 새로운 먹이원 덕분에 잘 살아남은 것은 물론이고 크게 번성하고 있다는 사실을 확인했다. 과거 연구와 비교해보니, 각시바다쇠오리 새끼는 수십 년 전 같은 장소에서 전통적인 식단을 먹었을 때와 똑같은 속도로 성장하고 있었다.[5] 유일한 스트레스 징후라면 성체가 보인 잠수 행동 변화와 미미한 체중 감소 정도였는데, 아무래도 '수중 커튼'에서의 사냥이 버거웠던 것 같다. 그르미예에게 이 프로젝트는 쉽게 간과한 세부 사항이 결과에 얼마나 큰 영향을 미칠 수 있는지를 보여주었다. "다 아는 것 같아도 반드시 밖으로 나가 실제 야생에서 생물이 어떻게 하고 있는지 확인해야 합니다. 분명 놀랄 때가 더 많을 거예요." 그르미예는 이렇게 요약했다.

비선형의 세계와 가소성

현재의 온난화 추세와 빙하가 녹는 속도를 감안했을 때 프란츠요제프제도의 빙하는 앞으로 180년을 버티면서 플랑크톤 커튼을 유지할 것이다. 그 이후에는 각시바다쇠오리들이 무엇을 할지 아무도 모른다. 다만 궁극적으로 그르미예의 연구에서 가장 중요한 발견은 각시바다쇠오리가 어디에서 무엇을 먹는지가 아니라 이들이 얼마나 쉽게 행동을 바꾸는지다. 즉 다시 한번 가소성이다. 식단의 급격한 변화는 그린란드의 각시바다쇠오리에게서도 나타나는데, 그곳에서는 새들이 고등어를 비롯해 새로 도착한 난류 어종의 유어를 먹는다. 그러나 여전히 그르미예는 각시바다쇠오리가 대단히 취약한 상태라고 본다. 그의 표현대로라면 "에너지학의 칼끝"에 서 있기 때문이다. 다시 말해 이 새들은 혹독한 환경에서 열량을 확보하기 위해 1년 내내 분투한다. 게다가 만약 그가 최근에 제시한 가설이 옳다면 각시바다쇠오리에 대한 예측을 한 번 더 뒤집을 만한 변화가 가까워지고 있다. 마지막 이메일이 오갈 무렵 그르미예는 "잠재적으로 엄청난" 의미가 있는 최신 논문을 보내주었다. 만약 여름철 해빙이 사라진다면 북대서양 바닷새가 북극해를 넘어 북태평양까지 진출하는 것을 누가 막겠는가. 그르미예 연구팀은 각시바다쇠오리와 그 밖의 많은 종이 프란츠요제프제도를 떠나 더 따뜻한 북태평양에서 겨울을 보냄으로써 에너지를 절약하고 어쩌면 그곳에서 번식 군락을 형성할지도 모른다고 예측했다. 그로 인한 지리적 혼란이 미래의 조류학자에게는 진짜 카오스처럼 느껴지지 않을까. 당신의 새가 당신이 기대한 대로 먹지 않는 것을 알게 되는 것과 당신의 새를 엉뚱한 바다에서 찾아 헤매는 것은 전혀 다른 문제일 테니까.

시스템이나 방정식에 값을 입력했을 때 예측과 다른 출력값이 나오는 관계를 수학에서는 **비선형**이라고 부른다. 생물학자도 그 용어를 사용한다. 특히 각시바다쇠오리와 빙하처럼 예상 밖의 관계를 기술할 때 말이다. 누군가의 연구 결과를 비선형이라고 평한다면, 놀랍다는 간접적 인정이기도 하다. 최근 생물학 연구에서 이 용어가 흔하게 등장하는 것은 점점 더 많은 기후 예측이 시험대에 오르고 있기 때문이다. SPRUCE 프로젝트에서 관찰된 습지 나무에 찾아온 가짜 봄의 영향이 좋은 예다. 식물학자들은 먼 북쪽에서 비슷한 현상을 발견했는데, 그곳에서는 툰드라와 한대림의 넓은 땅이 꽁꽁 얼어버리는 바람에 식물이 비상식적인 죽음의 운명으로 고통받았다. (기온이 따뜻해지면서 생장기가 길어져 처음에는 식물에 유리한 듯이 보였지만, 겨울이 오자 땅을 덮는 눈이 줄면서 치명적인 추위에 노출되었다.) 가장 흔한 기후 반응 중 하나인 봄철의 이른 개화도 강수량의 변화, 다른 계절의 기온 변화, 고도나 방향 같은 여타 장소 특이적인 요인에 따라 쉽게 지장을 받거나 심지어 관계가 역전된다. 수분 매개자는 상황을 더욱 꼬이게 한다. 예를 들어 뒤영벌은 꿀을 내줄 봄꽃을 찾지 못하면 개화를 자극하기 위해 자기가 제일 좋아하는 식물의 잎에 구멍을 내기 시작한다. 그 물리적 손상에 따른 스트레스가 "지금이 아니면 안 된다고" 다그치는 꼴이 되어 날씨에 상관없이 개화기를 한 달까지도 앞당긴다.[6] 참으로 흥미진진한 생명현상이지만, 이런 사례들은 대단히 지엽적이고 불규칙해 예측 알고리즘을 힘겹게 한다.

간과되거나 아직 알려지지 않은 연관성이 기후변화 생물학에서 깜짝 선물의 가능성을 보장한다. 그런데 나비효과를 일으키는 또 다른 혼돈의 요인이 있다. 멀리서 일어난 사건에서 비롯된 예기치 않은 결과다. 그 가장 좋은 예를 설명하고자 나는 이 책을 시작했던 조슈아나무국립공원과 그 공원의 이름이 된 대표적인 식물로 돌아가려고 한다. 이 나무의 이야기에는 생물학적이자 고생물학적인 요소가 들어 있다. 공간은 물론이고 시간 차원에서도 아주 멀리 떨어진 사건에서 시작하기 때문이다.

조슈아나무와 숲쥐 그리고 부동산

"몇 해가 지나도 연구비를 받을 수 없었습니다." 켄 콜Ken Cole이 조슈아나무 프로젝트를 시작하기 위해 분투하던 긴 세월을 떠올리며 한탄했다. 성목은 죽어가는데 대체할 자손은 없었으며 그나마 찾아낸 유목 중에는 부모에게서 30미터 이상 떨어진 것이 없었다. 콜에게는 이런 상황을 설명할 확실한 가설이 있었다. 그가 미국 국립공원관리청에 이 프로젝트를 제시했을 때 괜찮은 반응을 얻었다. 미국 지질조사국에서 미국 남서부 사막의 기후와 식물 전문가로 먼저 자리 잡은 그의 상관도 같은 의견이었다. 그러나 어찌 된 일인지 그 지역을 상징하는 종의 운명은 어느 기관의 우선순위에도 오르지 못했다. 결국 켄은 어떤 후원도 받지 못한 채 스스로 독창성을 발휘해 부족한 자금을 메꾸면서 연구를 진행했다.

"이 나무의 현재 분포 상황을 파악하는 일이 가장 어려웠습니다. 조슈아나무가 당장 어디에서 자라는지 아는 게 급선무였는데 말입니다." 콜이 회상했다. 그렇게 유명한 종인데도 희한할 정도로 정보가 부족했고, 그는 현장에서 발로 뛸 사람을 고용할 형편이 못 되었다. 하지만 콜은 포기하지 않았고, 마침내 비용을 줄이는 것으로 모자라 아예 비용이 들지 않는 방법을 찾아냈다. 부동산 광고였다. 콜은 부동산 웹사이트를 검색해 조슈아나무 서식지에 관한 데이터를 모으기 시작했다. 모하비사막 안과 주변 지역에서 주택이나 토지 매물이 나올 때마다 그는 정확한 주소까지 포함된 새 데이터를 얻었다. 부동산 매물 목록에 으레 포함된 사진을 훑어보며 익숙한 나무가 있는지 확인하기만 하면 되었다. "조슈아나무의 위치를 아주 쉽게 확인할 수 있었지요."

8년의 저렴한 연구 끝에 콜은 외부에서 연구비를 받지 않고도 데이터를 충분히 모았고, 그 자료를 분석해 논문을 발표할 수 있었다. 마침 동료가 종 분포 모델의 전문가였던지라 요긴한 도움을 받았고, 콜 자신도 다른 사람이라면 얻기 힘들었을 귀중한 정보를 손에 쥐고 있었다. 콜은 조슈아나무의 역사 그리고 플라이스토세 이후로 이 나무가 분포했던 모든 장소에 관해 알았다. 무려 3만 년을 아우르는 데이터였다. 게다가 콜은 유해 동물로 무시당하는 작은 사막 거주자에 대한 연구 결과까지 합쳐서 자료를 완성했다.

"조슈아나무 화석에는 숲쥐 두엄이 가득합니다." 콜이 박사과정과 박사 후 연구원 시절에 오래된 숲쥐 둥지를 뒤져 식물의 잔해를 골라내던 때를 회상했다. 별로 산뜻한 이야기는 아니었고, 여느 평범한 설치류의 둥지였다면 그럴 일도 없었을 것이다. 하지만 숲쥐는 특별하다. 숲쥐는 강박적 수집가라 보물이나 먹이를 숨기는 것에 그치지 않고, 나뭇잎과 종자부터 시작해 뼈, 곤충의 잔해, 반짝거리는 단추까지 뭐든지 주워 모아 거대한 **두엄 더미**를 쌓는다. 그 보물단지는 숲쥐의 보금자리인 동굴이나 바위 틈바구니에서 몇십 미터 떨어지지 않은 곳에 있어 주변 환경의 특징을 그대로 간직한다. 또한 두엄 더미는 사막의 건조한 공기와 딱딱한 호박색 껍질로 결정화되는 숲쥐의 오줌 덕분에 무기한 보존되어 콜과 같은 과학자에게 더없이 소중한 자료가 된다.[7] 어떻게 보면 숲쥐 데이터를 분석하는 일은 부동산 광고를 보는 것과 크게 다르지 않은데, 집터를 보고 주변 식생을 추정하기 때문이다. 부동산 광고와 숲쥐 데이터를 하나로 결합해 콜은 조슈아나무의 오랜 지리적 역사를 담고 있는 자료를 확보했고, 그 결과 과거에 이 종의 분포 범위가 기후에 따라 어떤 식으로 확장, 수축했는지 알 수 있었다. 그리고 이 자료가 알려준 특별한 정보가 한 가지 더 있었다.

똥에서 찾은 실마리

"조슈아나무는 이런 종류의 연구에 이상적입니다. 기온에 직접 반응하기 때문이죠." 콜이 말했다. 이런 특징 덕분에 콜은 과거 조슈아나무의 서식 범위 지도를 수월하게 제작하고 역사를 재구성할 수 있었다. 조슈아나무는 기후가 추워지면 남쪽으로 현재의 멕시코까지 이동하고 따뜻해지면 북쪽으로 이동하는 패턴을 반복했다. 그러나 마지막 빙하기가 끝날 무렵부터 그 오랜 패턴이 사라졌다. 세상이 더워지면서 남쪽의 개체군이 죽어나갔는데, 그 추세는 현재의 기후변화로 빨라지고 있다. 그렇다고 방정식의 나머지 절반이 작동하는 것도 아니었다. 이유는 알 수 없으나 북쪽으로의 확산도 완전히 중단되었다. 조슈아나무가 살 만한 곳이 아주 없어진 것도 아니었다. 네바다주 남부와 근처 캘리포니아주를 아우르는 거대한 지대가 서식지로 안성맞춤이었지만, 어쩐지 이 식물은 이주할 기미를 보이지 않았다. 켄 콜은 그 이유를 아주 잘 알았다.

"제 평생의 연구가 이 프로젝트로 집대성되었습니다." 콜이 중얼거렸다. 풍성한 흰 수염을 자랑하는 이미 은퇴한 학자였지만, 콜은 여전히 매일 일했다. 나와 영상 통화를 하기 직전에도 사막을 수 킬로미터나 돌아다니며 원격 날씨 측정기를 회수했다. 그러나 조슈아나무에 대한 기본 발상은 대학원생이던 수십 년 전, 어느 현장 답사 때 시작되었다. "그랜드캐니언의 한 동굴에 들어갔어요. 메가테리움이라는 땅늘보 똥이 3미터 높이로 쌓여 있었죠." 콜은 박사과정 지도교수가 그 똥 더미의 꼭대기를 가리키며 말했던 극적인 선언을 회상했다. "저건 1만 2000년 전, 메가테리움이 멸종하기 전에 마지막으로 떨어뜨린 똥 덩어리라네." 콜은 당시 주변 풍경과 지도교수의 말은 물론이고 그 고대의 똥에 들어 있던 내용물까지 생생하게 기억했다. 그의 연구지였던 숲쥐 두엄에서처럼 땅늘보의 배설물에서도 조슈아나무의 잎과 열매가 눈에 띄었던 것이다.

보통 사람이라면 고대 사막의 가장 큰 거주자가 가장 작은 거주

자와 같은 종류의 식물을 유물로 남겼다는 사실을 단지 재미있는
우연의 일치쯤으로 여겼을 테다. 그러나 콜에게는 이 사실이 대단한
의미가 있었다. "왜 조슈아나무는 나무 꼭대기에 열매를 맺을까 생
각하게 되었어요." 콜은 유카속 식물치고 남다른 조슈아나무만의 특
징을 나열했다. "이 열매는 쉽게 쪼개어 열 수 없어요. 크기도 레몬
처럼 크고요. 다육질인 데다가 영양도 풍부합니다." 그러니까 대부
분의 유카속 식물이 쪼개어 벌어지는 꼬투리 형태의 삭과蒴果를 낮
은 곳에 매달 때, 조슈아나무는 누가 봐도 어떤 특별한 손님을 끌어
들이려고 의도한 즙이 많은 과일을 높은 곳에 매달았다는 말이다.
한데 그 손님이 누구란 말인가. 숲쥐도 조슈아나무 열매의 껍질을
갉아내고 종자를 꺼내지만, 그건 오래전에 땅에 떨어져서 말라버린
열매를 발견했을 때만이다. 열매가 한창 무르익는 시기, 즉 25퍼센
트의 당분 함량을 자랑하고 초록색 배경 아래에서 가지 끝을 무겁
게 짓눌러 눈에 잘 띄는 절정기에 이 열매를 먹어주는 동물이 없다
는 사실이 이해되지 않았다. 어느 연구자의 말대로 "뭐 하러 내다 팔
시장도 없는 물건을 만드느라 그 많은 에너지와 자원을 낭비하겠는
가?"[8] 물론 정답은 간단하다. 전에 있던 시장이 없어진 것이다.

"샤스타땅늘보는 매머드를 비롯한 다른 **거대동물**과 같은 시기에
죽어나갔습니다." 콜은 이 동물들의 멸종을 플라이스토세 대살육이
라고 불렀다. 마지막 빙하기가 끝날 무렵 사냥꾼 인간이 아시아에서
북아메리카로 이주하면서 창과 그 밖의 무기로 향상된 실력을 발휘
해 수십 종의 대형 포유동물을 단기간에 몰살했다는 주장이다. (마

샤스타땅늘보가 멸종하면서 조슈아나무는 종자를 퍼뜨려주는 장거리 운반자를 잃었다.
그 영향은 조슈아나무가 변화하는 기후를 따라잡기 위해 분투하는 오늘날까지 계속되고
있다. © Chris Shields

침 콜의 박사과정 지도교수, 그러니까 메가테리움의 똥에 처음 관심을 품게
한 사람이 다름 아닌 이 이론의 핵심적인 주창자인 폴 S. 마틴인 것도 우연은
아니다.) 샤스타땅늘보가 어떻게 죽었든, 그 빈자리가 계속해서 생물
학적 반향을 일으켰다.[9]

키가 최대 2.7미터, 무게가 250킬로그램을 넘는 성체 샤스타땅
늘보는 높은 곳의 열매를 따 먹기에 딱 좋은 크기다. 실제로 이 짐승
의 똥 무더기에서 나온 화석 증거를 살펴보면 그랜드캐니언을 비롯

한 미국 남서부 사막 전역에서 조슈아나무 열매를 따 먹으며 살았다는 것을 알 수 있다. 이로써 땅늘보는 열량을 얻고, 조슈아나무는 믿을 만한 장거리 종자 배포자를 얻었다. 이 협업 관계를 통해 조슈아나무의 분포 범위는 기후 패턴의 리듬에 따라 확장하거나 수축했다. 콜은 과거 조슈아나무의 분포 지도를 그리고 예측 모델을 만들어 기후가 따뜻해지기 시작한 이후 어디로 이주했는지 살펴보았다. 그러자 지도교수의 말처럼 땅늘보의 마지막 똥이 떨어졌을 때 조슈아나무의 확산도 멈추었음이 드러났다. 사방으로 수 킬로미터씩 돌아다니는 거대한 생물이 사라지자 조슈아나무는 숲쥐를 비롯해 고작 종종걸음이나 치는 설치류에게 의지할 수밖에 없었다. 그러자 확산 속도가 1년에 기껏 2미터 정도로 곤두박질쳤다.[10] 기후변화가 현재 서식지를 점점 더 살기 힘든 곳으로 만드는 상황에서, 조슈아나무는 과거에까지 발이 묶여 시원한 북쪽으로 이동하지 못한 채, 이제는 제 이름을 걸고 있는 국립공원에서조차 사라질 위험에 처하고 말았다.

혼돈은 계속된다

대화가 끝날 무렵 나는 콜에게 사고실험을 하나 제안했다. 만약 샤스타땅늘보가 멸종되지 않고 여전히 미국 남서부를 돌아다니고 있다면 조슈아나무도 오늘날의 기후변화에 보조를 맞출 수 있을까.

온난화와 확산에 관한 복잡한 계산이 머릿속의 닳고 닳은 경로를 거치는 아주 잠시 동안 미소 지은 채 말을 멈춘 그였지만, 곧 답을 내놓았다. "네, 아마 그럴 거예요." 그러나 현실에서 조슈아나무는 조만간 북향의 산비탈, 또는 기타 시원한 레퓨지아에 제한적으로 서식하거나 역설적이게도 인간의 힘을 빌려 장거리 확산을 도모할지 모른다. "이미 사람들이 정원에서 조슈아나무를 즐겨 기릅니다." 콜이 주장했다. 그렇다면 북쪽에 조슈아나무 개체군을 자리 잡게 하는 것은 단지 규모를 키우는 문제일지도 모른다. 생물학자들은 그런 전략을 '인간이 보조한 이주'라고 부르는데, 이동 능력이 예상치 않게 혼란을 겪거나 차단된 종이 조슈아나무만은 아니기에 점점 더 많은 종이 그 대상으로 고려되고 있다. 기후변화에 대처하는 자연의 대응을 방해하는 요인은 고대의 멸종 사건 말고도 많다. 서식지 소실, 도시화, 환경오염, 침입종, 그 밖에 인간이 주도한 많은 경향이 생태계를 급격하게 변형해왔고,[11] 그 와중에 수많은 진화적 관계와 전략이 뒤죽박죽되었다. 오늘날 많은 동물과 식물이 원래 진화하고 적응해온 곳과는 크게 다른 환경에서 기후 도전에 직면하고 있다. 그 시나리오는 예측 작업에 또 다른 혼돈의 요소를 더해 기후변화 생물학자들에게 깜짝 쇼를 기대하게 한다.

1952년 단편 과학소설 〈우렛소리A Sound of Thunder〉에서 레이 브래드버리는 문자 그대로의 나비효과를 예견했다. 이 소설은 쥐라기 시대로 여행을 떠난 시간 여행자들의 이야기인데, 그들은 과거에서 실수로 금색, 검은색, 초록색 무늬의 나비 한 마리를 밟고 말았다. 현재로 돌아왔을 때 사람들은 자신들이 살던 세계가 미묘하게, 그러나 근본적으로 달라진 것을 알게 되었다. 단어의 철자가 다르고 여행자들은 이상하게 말하고 최근 대통령 선거 결과가 뒤바뀌었다. 작은 변화 하나가 시대를 거치며 엄청난 파급효과를 일으켰기 때문이다. 타임머신이 있다면 생물학자도 과거로 가고 싶을 것이다. 과거를 바꾸기 위해서가 아니라 과거에서 배우기 위해서. 점차 더워지는 지구에서 미래를 안내하는 최선의 지침은 이미 지나간 것에 있을지도 모른다. 사건의 원인은 다를지 모르지만 모든 역사가 한 가지를 명확히 말하고 있다. 기후변화는 새로운 것이 아니라고.

13장

그때는 그때고 지금은 지금이다

역사학자는 과거를 향한 예언자다.[1]

프리드리히 슐레겔, 《리체움 *Lyceum*》(1798)

That Was Then, This Is Now

"그대, 다시는 고향에 돌아갈 수 없으리"라는 말은 다른 누군가 집을 대신 차지하게 되었을 때 특히 아픈 진실이 된다. 다행히 내가 다시 찾아가고 싶었던 추억의 장소는 그렇지 않았다. 나는 어려서 살던 동네의 뒷골목을 보고 싶었다. 차고 뒷벽에서 남쪽으로 여섯 블록을 지나 가장 가까운 큰 교차로까지 이어지는 공공 통행로였다. 차를 세우고 나와서 돌아보니 기억 속의 장소와 거의 흡사했다. 포장된 좁은 도로는 쓰레기통, 마당용 가구, 트레일러가 달린 보트, 그 밖의 다양한 생활용품들로 어수선했다. 어느 집 뒤뜰에서 그네와 흩어진 장난감, 농구 골대, 아동용 간이 수영장, 집에서 만든 스케이트보드 경사로를 보고 반가웠다. "감속-아이들이 놀고 있어요"라고 손으로 쓴 표지판을 보았을 때 나는 이 동네에서 한 가지만큼은 바뀌지 않았다는 걸 알았다. 집에 살고 있는 사람은 달라졌을지 몰라도 골목은 여전히 아이들의 것이었다. 그곳에 살던 시절에 "골목에서 만나"라는 말은 자전거 경주, 농구 그리고 무엇보다 내가 제일 좋아했던 화석 사냥의 시작을 알렸다.

지질 현상의 변덕 덕분에 내가 자란 동네는 고대 생명체의 흔적으로 가득 찬 사암 능선에 자리 잡았다. 암반 대부분이 잔디밭, 집 그리고 숲 아래에 묻혀 있었지만, 골목의 좁은 한구석에는 아마도 도로를 내느라 폭파했을 베이지색 바위가 노출되어 있었다. 비탈길 쪽으로 10미터쯤 이어진 가파른 바위였다. 미래의 고생물학자들이 이곳을 그냥 지나쳤을 리 없다. 우리는 금세 이 바위 파편을 포장도로에 힘껏 던지면 쪼개져서 그 안에 갇힌 것의 흔적을 완벽하게 보여준다는 사실을 배웠다. 당연히 모두가 티라노사우루스 렉스, 또는 적어도 트리케라톱스를 찾길 바랐고, 심지어 둥근 바위를 보고는 커다란 공룡알이라고 우기기도 했다. 그때는 몰랐지만 우리가 파낸 지층은 새의 조상을 제외하고 모든 공룡을 멸종으로 몰아간 운명의 소행성 충돌 이후 시대와 연결된다. 특히 잎과 잔가지 등 당시 발견했던 식물의 화석은 우리가 자라온 세상과 관련된 이야기를 더 많이 전해준다. 거기에는 오늘날 미국 북서부 태평양 해안가의 식물상을 지배하는 전나무, 가문비나무, 소나무와는 전혀 다른 낯선 양치류와 야자잎이 들어 있었다. 비전문가의 눈으로도 동네의 옛 풍경이 아주 달랐을 것은 분명했다. 만약 주변에 전문가가 있었다면 우리가 **팔레오세-에오세 극열기**의 증거를 발견했다고 말해주었을 것이다. 팔레오세-에오세 극열기는 역사적으로 현대 기후변화와 가장 유사한 시기이자 가장 많이 연구된 시기 중 하나다.

식물은 어디에나 있다

"지난 6500만 년 중에 가장 따뜻한 시기였습니다." 지질학자이자 고생물학자인 러네이 러브Renee Love가 자신이 전문적으로 연구하는 시기를 이렇게 묘사했다. 현재 아이다호대학교 강사인 러브는 워싱턴주의 내가 살던 동네 아래에 묻혀 있는 화석 식물로 952쪽짜리 박사학위논문을 썼다. 나는 그 논문 파일을 저장한 노트북을 들고 옛 동네를 방문했다. 도감용으로 쓴 논문은 아니었겠지만, 혹여라도 내가 어린 시절 캐며 놀던 식물 화석을 다시 한번 찾는다면 그의 완벽한 삽화와 사진들이 과학적 의미를 부여하리라 믿었기 때문이다. 그렇게 집에서 완벽하게 준비한 계획은 그 옛날 친구들과 놀던 화석 지대를 보는 순간 물거품이 되었다. 침식된 사암 대신 조경용 벽돌로 반짝이는 하얀 벽이 언덕을 따라 삭막하게 뻗어 있는 게 아닌가. 노출된 암반의 흔적은 전혀 찾을 수 없었다. 그 순간 나는 깊은 상실감을 느꼈다. 나 자신을 위해서가 아니라 뒷골목 화석 사냥의 즐거움을 모르고 자랄 동네 아이들을 향한 안타까움이었다. 현실적으로 그럴 수밖에 없다는 건 나도 알고 있다. 그 시절에도 어른들은 아이들이 길에서 돌을 부수고 노는 걸 보면 집에 가라고 쫓아내곤 했으니. 하지만 지금 사람들이 나에게 보일 반응은 다르리라. 팬데믹 시기에 마스크를 쓰고 배낭을 메고 망치를 든 채 주변을 어슬렁대는 중년의 낯선 남자가 바로 지금 이 골목의 나다. 이미 내 존재는 호기심 어린 눈초리를 끌고 있다. 이제는 떠나야 할 시간이다.

마침 화석을 탐사해도 남들의 눈에 그리 띄지 않을 마을 남쪽의 외진 언덕이 떠올랐다. 그곳에는 같은 종류의 암석, 즉 **에오세**의 사암 덩어리가 돌출된 절벽에서 깎여 내려와 흩어져 있었다. 나는 즉시 그곳으로 향했고 러브의 논문이 자작나무의 고대 사촌이라고 알려준 거의 완벽한 표본 두 점을 발견했다.

"맞아요." 나중에 줌(스카이프와 비슷한 무료 인터넷 영상 통화 프로그램—옮긴이)으로 통화하면서 러브가 확인해주었다. "그 무렵 자작나무와 오리나무는 막 공동 조상에서 진화하고 있었어요. 꽤 많은 종이 있었지요." 대화를 이어가다 보니 그 고대 세계에서 유일하게 낯익은 존재는 자작나무뿐이었다. 과거 이 지역은 언덕과 산 대신 하도河道가 장식하는 방대한 범람원과 저지대 하천이 넓어지면서 바다를 만나는 우각호牛角湖가 평평하게 펼쳐져 있었고, 습한 아열대 기후는 오늘날의 멕시코와 비슷했다. 강둑에는 **맥**과 디아트리마가 돌아다녔다. 디아트리마는 털이 덥수룩하고 목이 두꺼우며 망치 같은 큰 부리가 달린 날지 못하는 새다.[2] 악어는 얕은 물에 숨어 있으면서 진흙땅에 다섯 발가락과 무거운 꼬리가 길게 쓸린 자국을 찍어댔다. 러브는 그 화석들을 모두 보았지만, 저 이국적인 동물들은 조연에 불과했다. 이 기후 이야기의 진짜 주인공은 나뭇잎이었다.

"식물은 어디에나 있었어요." 5500만 년 된 식물과 수없이 많은 시간을 보낸 사람의 확신에 찬 발언이었다. 대학원생이었던 러브는 현장에 주차한 밴에서 먹고 자며 수개월간 에오세 화석을 수집하고 사진을 찍고 스케치했다. 거기에 오랜 분석 기간까지 고려한다면, 그곳이 한때 커다란 나무고사리, 야자 그리고 최소한 142종의 교목, 관목, 덩굴로 무성한 숲이었다는 러브의 말은 신빙성이 높다. 물론 러브가 표본을 전부 동정할 수 있었던 것은 아니고, 아마 일부는 과학계에 처음 알려진 신종이었을 것이다. 그러나 그 잎들의 가장 중요한 특징을 기록하는 데 이름이 꼭 필요한 건 아니었다.

여섯 번째 대멸종

"잎 가장자리 분석법이라고 합니다." 러브는 식물의 잎 화석이 "과거 기후를 연구하는 가장 좋은 도구"가 되는 원리를 설명했다. 이 개념은 새로운 것이 아니다. 이미 1916년에 두 명의 하버드대학교 식물학자가 온대 식물의 잎은 가장자리가 매끄럽지만, 한대 식물의 잎은 엽葉이 갈라졌거나 거치鋸齒가 있다는 데 주목했다. 정확한 이유는 알 수 없지만 식물이 물을 조절하는 방식과 관련된 것으로 보인다.[3] (거치는 잎의 표면적을 넓혀서 모공에서 증산작용이 더 많이 일어나게 한다. 건조한 지역에서는 거치가 적은 게 물을 보존하는 데 도움이 될 것이다.) 신기하게도 저 패턴은 현대의 모든 식물상에 일관되게 적용되므로 이 사실을 발견한 학자들은 같은 원리를 과거의 식물상에도 적용할 수 있다고 설명했다. 그들은 "잎의 가장자리가 **백악기와 제삼기**의 전반적인 기후 조건을 가늠하는 손쉬운 도구를 제공한다"[4]라고 썼다. 두 사람의 논문이 발표된 이후 20세기를 거치며 잎 가장자리 분석법이 개발되고 다듬어져 지질시대의 기온을 측정하는 정확한 온도계가 탄생했다. 이제 화석의 양만 충분하다면 가장자리가 매끄러운 잎과 거친 잎의 비율을 계산해 고대의 기온을 몇 도의 오차 내로 정확하게 추정할 수 있다. 추가로 다른 세부 사항이 예측의 디테일을 살린다. 예를 들어 끝으로 갈수록 길게 가늘어지는 잎은 따뜻하고 비가 많이 내리는 지역에서 아주 흔하다. 러브가 설명을 이어갔다. "고대의 사료는 기후가 지속해서 변화해왔다고 말합니다. 잎의 모양이 그 역사를 말해주고 있어요."

손끝을 스쳐 간 많은 잎 화석을 토대로 러브는 팔레오세-에오세 극열기에 내 고향의 기후가 현재보다 평균 8~12도나 더 더웠다고 계산해주었다.[5] 놀라운 수치는 아니다. 당시는 행성 전체가 뜨겁게 달궈져 러브의 표현대로라면 "적도에서 극지방까지 어디든 똑같이" 푹푹 쪘다. 그 지속적인 열기는 미국 북서부 태평양 연안 같은 온대 지방의 식생만 바꿔놓은 게 아니었다. 아열대숲이 북쪽으로는 그린란드, 남쪽으로는 남극대륙을 가로질러 퍼져나갔다. 온실 세상에서는 길을 가로막을 빙하도, 만년설도 없었다.

기후과학자에게 초기 에오세는 온난화의 강력한 사례 연구를 제공한다. 단지 지구가 데워졌기 때문이 아니라 온난화가 온실가스로

이 화석은 5000만 년도 더 된 팔레오세-에오세 극열기 시대의 잎이다. 이 시기는 대기 중에 이산화탄소 농도가 증가해 지구 기온이 급격히 상승하면서 생태계가 전반적으로 재조정되었다. © Thor Hanson

촉진되었기 때문이다. 당시 대기의 이산화탄소 농도는 화산활동, 또는 해양 침전물에 축적되어 있던 메탄의 방출 등 아직 전문가들도 합의하지 못한 모종의 사건 때문에 오늘날의 세 배, 심지어 네 배나 되었다. 참고로 메탄CH_4은 그 자체로도 강력한 온실가스지만, 분해되면서 방출하는 탄소c가 공기 중의 산소O_2와 결합해 이산화탄소를 추가하기도 한다. 고배출 기준 전망치 모델에 따르면 현대의 온난화는 다음 세기 중반이면 에오세 수준에 도달할 것으로 보이며,[6] 그렇게 되면 러브의 연구는 과거는 물론이고 미래를 보여주는 창이 될 것이다. 그런 수준의 온난화가 반복될 때 어떤 결과가 예상되냐고 묻자 러브는 즉각 대량 멸종이라는 말을 꺼냈다.

러브는 "지금까지 다섯 번의 대멸종 사건이 일어났고, 현재 진행 중인 것까지 치면 모두 여섯 번입니다"라면서 "적어도 절반은 기후 때문에 일어났습니다"라고 강조했다. 그 비율이 절반을 넘는다고 말하는 사람도 있을 것이다. 처음 네 번의 멸종은 모두 지구 기온이 극도로 뜨거워지거나 차가워지면서 일어났다. 그 많던 공룡을 모조리 쓸어간 소행성도 아마 충돌의 충격 자체보다는 그로써 발생한 먼지가 햇빛을 가리며 전 지구에 드리운 길고 긴 겨울로 영향을 미쳤을 것이다.[7] 대규모의 기후 변동은 많은 종의 적응 능력을 동시다발적으로 망가뜨려 멸종의 무대를 마련했다. 그러나 러브는 "생물은 반응합니다"라며 대량 멸종이 필연적인 것은 아니었다고 강조하고는 화석 기록에서 관찰한 것들을 줄줄 읊어댔다. 모두 이 책의 앞부분에서 다뤘던 생물학적 반응의 고대 버전이었다. "생물은 돌아다닙니다." 러브가 이어서 설명했다. "기회주의자들은 잘 지내고 멀리 확산합니다. 고통받는 쪽은 전문종들이에요." 러브는 자신의 데이터에서 그런 사례를 수차례 보았는데, 그가 수집한 화석은 팔레오세-에오세 극열기의 끝 무렵 암석에서 더 나아가 훨씬 어린 에오세 암석까지 포함하기 때문이다. 이 시기에는 일련의 완화된 온난화와 냉각화가 일어났다. 기후가 바뀔 때마다 식물 군집은 종의 조성을 바꿔가며 대응했으며 집단 전체가 영원히 자취를 감추는 일은 거의 없었다. 지금까지 연구된 초기 에오세 화석 군집에 대해서도 마찬가지다. 저서 생활을 하는 특정 해양 플랑크톤이 사라진 것을 예외로

한다면,[B] 탄력성 덕분에 세상이 유지되어온 것 같다. "기후는 계속해서 바뀌어왔습니다." 그리고 식물을 비롯한 생물 군집도 항상 조정해왔다. 늦더라도 결국에는.

시간 여행의 오차 범위

화석 연구는 시간 여행이라는 이점이 있다. 러브의 경우 지층에서 30센티미터, 또는 60센티미터 위로 올라가는 것만으로 식물의 역사를 수천 년, 심지어 수백만 년 건너뛸 수 있었다. 그런 규모로 시간이 압축되어 있으면 적응과 생존에 관한 장기적인 결과를 알고 싶을 때 편리하다. 즉 그 세월을 거치며 생물은 지속하든지 아니면 사라져버린다. 이러한 거리감을 가지고 역사를 보다 보면 문제의 대격변에서 멀리 떨어진 듯한 기분이 든다. 이 효과는 현재의 즉시성에 사로잡힌 우리에게 꽤 신선하다. "기후변화라고요?" 어느 화석곤충학자가 내게 말했다. "매주 일어나는 일이죠!" 물론 그는 과장해서 말했지만, 사실 심하게 부풀린 것도 아니다. 과거의 많은 예가 지구의 온도는 늘 변화무쌍했고, 방방곡곡에서 모든 동물과 식물이 때로는 탄력적으로, 때로는 멸종으로 대응해왔다고 말한다. 그러나 화석만으로는 한계가 있다. 멸종은 생태적 격변을 나타내는 유일한 척도가 아니다. 또한 최상의 퇴적물조차 구체적인 내용을 알 수 없게 하는 (시간과 다양성의) 간극으로 채워져 있다. 특히 문제의 사건이 일어난 시기와 속도에 관해서 말이다.

지층 위의 몇 센티미터가 영겁의 시간과 맞먹는다면, 그 안에서 10년, 100년은커녕 1000년의 단위를 구분하는 것은 불가능하다. 예를 들어 팔레오세-에오세 극열기는 100만 년 이상의 오차 범위 안에서 시기가 추정된다. 전문가들은 지구가 빠르게 데워졌다는 데는 입을 모으지만, 온난화가 5만 년에 걸쳐 일어났는지 수백 년 만에 걸쳐 일어났는지는 확신하지 못한다. 지질학적 차원에서는 미미한 차이일지 모르나 변화에 맞춰 적응해야 하는 생물의 처지에서는 어마어마한 차이다. 오늘날처럼 급속도로 일어나는 변화에 가장 가까운 사례를 찾으려면 정확한 날짜와 기후 기록이 새겨진 화석이 필요하다. 그런 이상적인 조합은 에오세처럼 너무 먼 과거에서는 찾을 수 없다. 수많은 시간이 흘렀기 때문이다. 반면에 비교적 최근의 표본에는 연대 측정 기술을 적용하는 것이 가능하다. 특히 빙하지질학자들이 남극과 그린란드 빙상에 구멍을 뚫기 시작하면서 80만 년짜리 기후 데이터를 얻을 방법이 마련되었다. 고대 환경을 간접적으로 추정하는 게 아니라 직접 측정해서 말이다.

얼음 위에 음료를 따를 때 한번 자세히 들여다보길 바란다. 지금 내가 이 글을 쓰면서 보고 있는 얼음에는 현미경 불빛 아래에서 작은 은빛 공처럼 반짝이는 공기 방울이 들어차 있다. 얼음 틀에 물을 채울 때는 없던 것이다. 우리 집은 수돗물을 정수해서 사용하므로 실온에서는 완벽하게 투명해 보인다. 그러나 모든 액체 상태의 물은 주위에서 기체를 흡수하므로, 물이 얼 때 그 기체가 용액 밖으로 밀

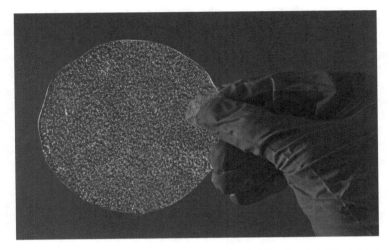

남극 빙하코어 단면에서 고대의 공기가 들어 있는 방울이 명확하게 보인다. 빙상에 두께 3킬로미터에 달하는 연속 코어를 뚫어 80만 년 전으로 거슬러 올라가는 기후 기록을 수집했다. © Pete Bucktrout, 영국남극조사단.

려 나와 거품 속에 갇히게 된다. 따라서 내 얼음 속 공기는 며칠 전 우리 집 대기 상태를 그대로 반영한다. 같은 원리로 빙하 깊은 곳에 생긴 공기 방울에는 물이 액체에서 결정으로 바뀌는 순간의 공기가 들어 있다. 따라서 저 빙하는 고대 하늘의 미세 표본으로서, 이산화탄소를 포함한 온갖 가용성 기체를 보존한다.

기후학자에게 빙하코어는 온실가스와 지구 기후를 연결함으로써 온도의 역사까지 포함하는, 모두가 한참 동안 고대한 기록을 제공한다. 물 분자의 미세한 차이는 그 물이 형성될 당시의 평균적인 기온을 반영하며,[9] 그 정보는 공기 방울 바로 옆의 얼음에 보존된다. 두 정보원에서 수집한 데이터를 함께 도표로 나타내면 시대에 따라

온도와 이산화탄소가 심전도처럼 완벽하게 나란히 오르내리는 그래프가 만들어진다. (같은 방법으로 과학자들은 대기 중 이산화탄소에서 새로 얻은 고점을 추적해 현대의 기온이 앞으로 계속해서 올라갈 것으로 추정한다.) 고생물학자는 빙하코어 데이터를 책력처럼 사용해 과거의 환경과 추세를 달력 넘기듯이 들여다볼 수 있다. 그린란드 빙하에서 눈으로 식별할 수 있는 층은 6만 년 전까지 거슬러 올라가는데, 화학 분석을 거치면 그 수치는 두 배로 늘어난다. 빠른 기후변화의 과거 사례를 찾을 때 필요한 정밀도가 딱 이 정도다. 한데 놀랍게도 급격한 변화의 사례를 찾기가 생각보다 어렵지 않다.

더는 버틸 수 없는 순간이 올 때까지

지난 12만 년간 그린란드 상공의 기온은 불과 몇십 년 만에 5~10도나 치솟았다가 수백 년 동안 따뜻함을 유지한 후 서서히 식어가기를 최소한 25번 반복했다.[10] 당연히 이산화탄소의 배출이 원인이 되어 일어난 현상은 아니었고, 또 애초에 훨씬 낮은 온도에서 시작했으므로 오늘날의 변화와 크게 닮지 않았으며, 지구 전역에서 일어난 현상도 아니었다. 대서양의 따뜻한 열대 바다에서 북쪽으로 향하는 해류의 갑작스러운 변화 때문으로 추정되는데, 따라서 그 영향력이 북반구에 한정되었을 것이다. 그러나 영향권에 든 대륙과 바다에서는 동식물이 현재와 비슷하거나 현재를 넘어서는 속도와 규모로 기온 상승을 반복적으로 경험했다. 고생물학자와 생물학자들이 이제 막 이 사실에 관심을 집중하기 시작했다. 고해상도의 빙하 코어 데이터는 아직 상대적으로 새로운 자료다. 그러나 초기 결과가 말하는 메시지는 낯익다. 바로 탄력성이다. 연구자들은 최근에 출간된 60편 이상의 논문을 요약하면서 서식 범위 이동, 행동 변화 그리고 생물학적 군집이 폭넓게 전환한 사례들을 찾아냈으나 문제의 시기에 멸종은 거의 없었다. 러브가 광범위한 시간 척도를 들여다보며 관찰한 것은 초점을 더 좁혀 본 경우에도 옳았다. 종과 군집은 빠른 변화를 계속해서 탄력적으로 견뎌내고 있었다. 더는 버틸 수 없는 순간이 올 때까지.

마지막 빙하기 말, 얼음이 후퇴하고 지구가 대략 지금 정도로 따뜻해졌을 때 거대동물 150종 이상이 갑자기 사라졌다. 멸종은 대부분 북아메리카, 남아메리카, 유라시아에서 발생했는데, 마스토돈, 동굴곰, 털코뿔소 같은 유명한 짐승부터 과거 조슈아나무 종자를 퍼뜨리던 샤스타땅늘보처럼 덜 알려진 짐승까지 깡그리 절멸했다. 과거에 저 종들은 비슷하거나 더 심한 온도 변화에서도 살아남았기 때문에 전문가들은 기온 변화만으로 대규모의 죽음을 설명하지 못한다고 믿는다. 플라이스토세 대살육, 즉 인간이 공격적으로 사냥에 나선 일이 다른 주요 요인으로 거론되고 있다. 다만 사냥 활동의 상대적인 중요성은 뜨겁게 논쟁 중이고, 아마 종과 상황에 따라 정도가 다를 것이다. 그러나 진정한 교훈은 상호작용 그 자체에 있다. 기후변화가 급격한 시기에 생물이 받는 영향은 다른 환경적 스트레스 요인으로 증폭된다. 이 사실은 왜 과거의 어떤 기후변화는 종의 미미한 재정비를 촉진하는 수준에서 그친 반면에 다른 경우는 대량 멸종으로 이어졌는지를 그리고 왜 서식지와 집단에 따라 영향을 받는 정도가 달랐는지를 설명한다(예를 들어 에오세 초기의 해양 플랑크톤). 탄력성이 발휘되는 데는 상황이 중요하다. 자연이 창을 든 소수의 사냥꾼 무리보다 훨씬 더 끔찍한 스트레스 요인을 맞닥뜨린 오늘날의 위기 상황에서 생각해보아야 할 문제다.

고대 기록에서 중요한 발견이 계속되면서 과학자들은 과거를 재평가하는 것에 그치지 않고 현재의 생물학적 기후 반응을 이해, 관리, 예측하는 데 직접적으로 그 자료를 적용하고 있다. 관련 작업이 현재 어디까지 진행되었는지 확인하려고 오스트레일리아 애들레이드대학교에서 '지구 변화, 생태학, 보전 연구실'을 운영하는 데이미언 포덤Damien Fordham에게 연락했다. 포덤 연구팀은 고대 시스템에서 얻은 지식을 현대의 연구 및 보전 활동과 통합하는 작업을 주로한다. 포덤의 표현을 빌리자면 그들은 "고생태학, 고기후학, 고생유전체학, 거시생태학, 보전생물학의 교차점"[11]에 있다. 명함에 다 넣을 수도 없을 정도로 많은 결과물을 보면 그가 틈새시장을 제대로 찾은 것 같다. 포덤과 나는 여러 차례 이메일을 주고받았고, 그는 내가 다른 곳에서는 접할 수 없었던 발상으로 채워진 신상 논문을 보내주었다. 예를 들어 지금까지의 전형적인 보전 전략은 한 종의 서식 범위에서 핵심 지역을 우선적으로 보호하고 가장자리 개체군은 무시하는 경향이 있었다. 그러나 고대 기록을 살펴본 결과, 기후가 변하는 시기에는 오히려 주변 지역이 서식 범위 확장의 중심이 되며, 이미 안전지대의 가장자리에 익숙해진 개체를 품는 중요한 역할을 맡는다. 포덤이 보내준 논문에는 오래된 DNA의 발견과 분석[12] 그리고 현재 자료와 비교해 기후가 주도한 형질의 진화를 정확히 식별하는 방법 등의 혁신적인 내용이 실려 있었다. 수집된 화석에서 생존 가능한 종자나 포자, 그 밖에 휴면 상태의 생물을 찾는 과제도 진행 중이다. 이 옛 번식체들이 싹을 틔우고 생장해 성숙해지면 현생종의 조상을 실제로 실험할 가능성을 제공할 것이다. "고대 기록은 멸종 경고 시스템을 시험하고 개선할 훌륭한 기회를 제공합니다"라고 포덤이 요약하면서 시스템 전체의 취약성도 연구 중이라고 덧붙였다. 그는 과거의 사례를 살펴보면서 "일말의 희망"을 발견했다고 말했다. 그러면서도 인간이 주도한 다른 변화가 자연의 탄력성과 회복력을 약화해왔다고 반복해서 강조했다.

빙하코어에서 역사책으로

포덤이 동료들과 함께 쓴 한 논문을 파고들다가 나는 과거의 기후가 주는 가장 큰 교훈이 무심결에 암시된 문장을 발견했다. 마지막 빙하기 말에 이동 중이던 종 목록에 전문용어로 "해부학적 현생인류"[13]가 포함된다는 언급이었다. 다시 말해 퇴각하는 빙하를 쫓아 유라시아에서 북쪽으로 올라가 마침내 아메리카로 건너간 수렵·채

집인도 기후변화에 따른 서식 범위 이동을 했다는 뜻이다. 이들도 다른 종과 마찬가지로 환경에 반응해 새로운 기회를 활용하고, 하루가 다르게 따뜻해지는 세상에서 안전지대를 찾아 돌아다니고 있었다. 비록 우리는 인간의 역사를 자연에서 동떨어진 것으로 생각하는 경향이 있지만, 과거 기후 격변에 대한 우리 자신의 반응을 탐구하는 것은 현재를 이해하고 살아남기 위해 중요하다.

20세기를 거치며 학자들은 환경결정론, 즉 특정한 기후와 지리적 위치가 우수한 기질과 도덕성을 갖춘 문화를 생산한다는 그릇된 이론을 암시하는 것이라면 무엇이든 피해왔다. 과거 식민지 강대국은 인종차별 정책을 정당화하기 위해 이 혐오스러운 발상을 조장했고, 결국 사람과 환경의 관계에 관한 연구에 지워지지 않는 얼룩을 남겼다. 오늘날 고생물학자와 고고학자들은 포덤처럼 먼 과거와의 연관성을 드러내는 발견을 통해 사람과 자연에 대한 더욱 중립적인 관심에 불을 붙이고 있다. 예를 들어 초기 호미닌(현생인류와 그 근연종들의 집합─옮긴이)은 춥고 건조한 시기에 처음으로 아프리카를 떠나 유럽으로 향했고, 메소포타미아에서 농업은 마지막 빙하기 말에 근동 지방이 점차 따뜻하고 습해지면서 발달했다. 이제 기후와의 상관관계는 로마제국의 멸망(화산재가 일으킨 지구의 냉각)부터 칭기즈칸의 발흥(온난한 기후와 습기, 풍부한 목초) 그리고 프랑스혁명(가뭄과 경작 실패)까지 잘 알려진 역사적 사건에서 발견되고 있다.[14] 학자들은 역사 속 특정 사건의 원인을 절대적으로 기후에 돌리는 일은 조심스럽게 피한 채, 플라이스토세에 거대동물이 빠르게 멸종했던 것처럼 변화하는 환경이 다른 스트레스 요인과 함께 작용했을 가능성에 무게를 싣는다. 그러나 대규모 기후변화가 인간의 삶에 영향을 미치지 않았다는 주장은 아니며, 기록된 역사 중에서 소빙하기보다 이 사실을 잘 예시하는 때도 없을 것이다. 소빙하기란 17세기에 절정에 달했던 400년간의 세계적인 한파를 말한다.

기후학자들에게 소빙하기는 비교적 미미하게 평균기온이 하락한 시기로, 화산 폭발로 뿜어져 나온 화산재, 또는 해류와 태양 활동의 주기적인 변화처럼 아직 완전히 검증되지 않은 여러 요인이 조합되어 시작되고 지속되었다. 논쟁의 여지는 있지만 아메리카의 식민지화를 소빙하기의 원인으로 제시하는 이론도 있다. 유럽에서 건너온 질병이 토착민을 몰살하면서 수많은 경작지가 버려지게 되었고, 그곳에 (적어도 일시적으로나마) 숲이 다시 우거지면서 대기 중의 이산화탄소를 상당량 흡수했다는 것이다. 이유가 무엇이든 간에 이 시기의 오랜 한파는 전 세계에서 인간의 활동에 지울 수 없는 흔적을 남겼다. 그런데 다른 과거 사건과 달리 소빙하기는 마침 인간이 모든 활동을 기록하던 시기에 일어났다. 배의 항해 기록, 작물 보고서, 탐험가 일지, 거래 장부, 정부 기록, 신문, 일기, 교신 등 많은 자료에 극한 날씨에 관한 사람들의 경험이 적혀 있다. 빙하코어와 화석이 고생물학자에게 중요한 자료가 되듯이, 인간이 남긴 기록은 인류의 역사를 공부하는 학생에게 요긴하게 쓰인다.

극단의 시대, 생존의 비밀

적어도 네 명의 저명한 학자가 최근 몇 년간 소빙하기에 관해 엄청난 분량의 연구 결과를 발표했다. 그중에서 영국 역사학자 제프리 파커의 걸작 《글로벌 위기*Global Crisis*》보다 포괄적인 작품은 없다. 제목에서 알 수 있듯이 이 책은 기후로 촉발된 식량 부족, 홍수, 폭풍, 가뭄, 화재 등의 재앙이 전례 없는 수준의 갈등으로 비화한 불안정한 시기를 묘사한다. 1600년대에 유럽 강대국들은 30건 이상의 농민 봉기와 반란을 진압했고, 그 와중에 구년전쟁(대동맹전쟁), 삼십년전쟁, 제1~3차 잉글랜드내전과 같은 대규모 전쟁을 수십 차례 치렀다. 유럽이 그 한 세기 동안 평화를 누린 기간은 다 합쳐 3년에 불과하다. 인도의 무굴제국은 1615년부터 1707년까지 왕위 계승을 둘러싸고 벌어진 피비린내 나는 암투로 몸살을 앓았고, 여러 국경 지대에서 끊임없이 타국과 전쟁을 벌였다. 중국은 내부 반란, 러시아 및 조선과의 국경 충돌, 청나라와 명나라 간의 내전을 60년 이상 겪었다. 생물학자가 고조된 공격성이라고 부를 만한 이런 공공연한 충돌 말고도 기후변화에 대한 낯익은 반응이 점차 증가했다. 인구 이동이 급증해 수백만 명이 더 나은 미래를 꿈꾸며 농장에서 도시로 그리고 해외로 터전을 옮겼다. 식단, 무역, 농업의 시기 및 생산의 변동은 물론이고, 혹독한 날씨에 대한 희생양을 찾으며 온갖 미신이 성행한 결과 마녀재판이 증가하는 등 인간의 행동이 달라졌다. 다른 분야에서와 마찬가지로 파커는 기후변화를 이런 경향의 직접적인

1683년에서 1684년으로 이어지는 겨울철 런던을 묘사한 그림이다. 소빙하기에는 템스강이 얼어붙어 정기적으로 얼음 축제가 열렸다. 축제는 수개월 동안 지속되었고, 황소 골리기, 여우 사냥, 죽마 타기, 말이 끄는 얼음 배, 볼링, 주점 등 많은 이가 다양한 행사를 즐겼다. © 런던박물관

원인으로 지목하는 대신, 기존의 위험과 문제를 악화한 상습적인 요인으로 묘사했다. 군사 계획자들은 '위협 승수'라는 용어를 사용하는데, 역사학과 생물학 어디에서도 본 적 없는, 기후변화에 대한 최고의 묘사다. 과학자들도 이 말을 사용하기 시작했고, 전략 및 외교 영역에서도 차츰 쓰이고 있다. 파커가 책의 에필로그에서 강조했듯이 기후로 스트레스를 받았던 17세기의 패턴이 똑같이 기후로 스트레스를 받는 21세기에 되풀이되기 시작했기 때문이다.

극단적인 날씨에서 극단적인 정치까지, 2000년 이후 무력 충돌이 40퍼센트나 증가한 것을 포함해[15] 최근에 발생한 사건들의 배후

에 있는 기후의 신호를 찾기란 어렵지 않다. 일례로 시리아내전은 시리아 역사상 최악의 가뭄으로 무너져가는 농장에서 벗어나 붐비는 도시로 이동한 100만 명 넘는 실향민의 절망에서 부분적으로 촉발되었다. 많은 압박이 아랍의 봄이라는 저항운동을 일으켰지만 초기의 결정적인 시위는 빵이 부족해 시작되었고, 이는 전년도에 러시아와 캐나다를 휩쓴 폭염과 밀농사 실패에서 원인을 찾을 수 있다. 이주는 사람들이 떠나는 곳과 가고 싶은 곳의 명백한 차이와 함께 세계적으로 증가하는 추세다. 국내외 패턴을 연구한 결과 사람들은 더위, 가뭄, 홍수, 해수면 상승, 폭풍, 산불이 자주 일어나는 지역에서 벗어나 상대적으로 기후가 안정된 지역으로 향하려는 명확한 경향성을 띠었다.[16]

위협 승수로서 기후변화는 뉴스 매체에서 일상적으로 등장하는 존재가 되었다. 이 글을 쓰면서 신문의 머리기사를 훑어보았는데,[17] 제일 먼저 미국 서부 전역에서 일어난 기록적인 산불 소식이 눈에 띄었다. 사람들은 유독가스를 피해 집 안에 자신을 가두고 '연기 봉쇄'를 하고 있었다. 대서양에서 발생한 허리케인의 이동 경로에 인접한 지역에 내려진 대피 명령에 관한 기사도 보였다. 해수면이 상승하면서 고전 중인 해안 공동체의 전략으로서 '관리된 후퇴'에 관한 설명도 있었다. 인도에서 작물 실패 보험에 대한 정부 보조금이 증가 중이라는 보도, 애리조나주에서 에어컨이 부족하다는 보도도 발견했다. 기후변화 생물학의 렌즈로 보면 인간의 활동은 이동하고 적응하고 대피하는 평범한 동물과 식물의 대응과 다를 바 없다. 그런 유사성은 놀랍지 않다. 인간 사회의 복잡성, 발전한 첨단 기술에도 불구하고 결국 우리는 변화하는 세계에 살고 있는 하나의 종에 불과하고, 다른 생물과 똑같은 기후 역경을 맞이하고 있으며, 동일한 기본 도구 상자에 해결을 맡기고 있기 때문이다. 다만 한 가지 큰 차이가 있다. 지구상의 다른 유기체와 달리 인간은 기후변화에 대응하는 것 이상을 할 능력이 있다. 제대로 선택하기만 한다면 기후변화를 일으키는 행동을 바꿀 수 있다는 말이다.

| 결론 |

당신이 할 수 있는 모든 것

강력한 동기는 강력한 행동을 낳는다.[1]

윌리엄 셰익스피어, 《존 왕》(c. 1596)

노아가 고무망치를 두드리는 동안 나는 몸을 낮게 구부린 채 트랙터 뚜껑을 열고 새로 조립한 부품을 끼워 넣었다. 처음에는 뻑뻑하더니 흡족한 소리와 함께 제자리를 찾아 미끄러져 들어갔다.

"해냈어요." 노아가 나지막하게 말했다. 숨죽인 목소리에 흥분이 가득했다. "우리가 오일펌프를 정복했다고요!"

우리는 헛간에서 일할 때 낮은 톤으로 말하는 습관이 있다. 서까래에 매달린 커다란 말벌집을 자극하고 싶지 않아서다. 하지만 햇볕이 내리쬐는 밖으로 나오자마자 함성을 지르며 하이파이브를 했다. 크랭크를 돌려 엔진에 시동을 걸고 마침내 오일 압력계 바늘이 정상 범위까지 올라와 머무르는 것을 보았다. 이 문제로 몇 달이나 골치가 아팠지만 이제는 트랙터의 한계를 시험할 준비가 되었다. 잠시

후 우리는 감히 4단 기어를 넣고 시속 16킬로미터로 시골길을 달렸
다. 1945년에 제작된 농기계치고는 꽤 빠른 속도였다.

구닥다리 트랙터에 대한 아들의 사랑을 보면서 그러다 말겠지 싶
었다. 대개 아이들은 대형 장비를 좋아하니까. 그러나 노아는 지역
박람회에서 달걀과 닭을 팔아 돈을 모으기 시작했고, 어느 날 정신
을 차려보니 내가 평상형 트레일러를 빌려 다른 집 마당에서 우리
집 마당으로 오래된 빨간색 파몰 A를 옮기고 있었다. 수리하겠다고
마음을 먹기까지도 반년이 걸렸다. 기후변화에 관한 책을 쓰면서 대
략 1리터당 1.7킬로미터라는 형편없는 연비를 자랑하는 차량을 부
활시킨다는 꺼림직한 역설이 발목을 잡았기 때문이다. 그러나 노아
와 함께 마그네토에서 유조油槽 에어필터, 차단 밸브, 태핏 등을 손보
다 보니 서로 함께 어우러지는 부품들의 순수한 독창성에 마지못해
감탄하게 되었다. (카뷰레터도 여러 차례 조립, 해부했으나 이 장비의 독창
성에 대해서는 판단을 보류하겠다.) 내연기관은 기후 위기를 책임져야
할 장본인이지만, 화석연료를 동력으로 전환하는 매혹적인 방법이
자 영리하게 제작된 기계라는 점을 부인할 수는 없었다. 다만 노아
가 이 동력으로 일할 생각이 아니었다는 걸 알고는 깜짝 놀랐다.

내연기관이 과거가 되는 순간

트랙터를 수리한 지 얼마 안 되어 나는 트레일러의 견인 장치와

동력 인출 장치의 샤프트에 들어맞는 부품을 찾아 온라인 쇼핑몰을 뒤지고 있었다. 노아가 트랙터에 제초 기능을 추가하기 위해 따로 장비를 장착하고 싶어 하는 줄 알았기 때문이다. 그러나 내가 그 이야기를 꺼냈을 때 노아는 놀란 것 같았다. 그러더니 단호한 태도로 말했다. 자신이 구매한 트랙터는 낡고 구식이며 어디까지나 수집용이라고. 저 기계를 사용해 일할 게 아니라, 공장에서 출고될 때처럼 멀쩡하게 작동하도록 잘 고친 다음 지역 축제에 전시하거나 매년 우리 섬에서 열리는 독립기념일 퍼레이드에 몰고 나가 마을을 행진하고 싶다고 했다. 그러더니 트랙터를 타고 빈티지 농업 축제에 참여하고 싶다는 거창한 포부까지 밝혔다. 비슷한 열정에 사로잡힌 수천 명의 사람이 모여 복원 작업의 결실을 자랑하는 자리였다. 그때 나는 휘발유를 많이 먹는 구식 기계를 고치는 것이 꼭 저탄소 미래에 역행하는 행위가 아니라는 사실을 깨달았다. 아니, 오히려 일종의 발전으로 보아야 옳다. 노아와 그의 동료 수집가들이 제 트랙터를 완벽한 과거의 유물로 보듯이 더 많은 사람이 내연기관의 시대 전체를 지나간 역사로 볼 때 세상은 더 나아질 것이라고 말이다.

그 깨달음이 유익한 자극이 되어 기후변화에 대한 내 견해와 조바심이 실천의 영역으로 발을 넓히게 되었다. 잔디깎이를 사러 가서 모델을 고를 때였다.

"비눗방울이나 만들 것 같죠." 직원이 투덜댔다. 그의 말도 일리는 있었다. 이 잔디깎이는 엔진이 있어야 할 자리를 흰색 및 주황색의 플라스틱 돔과 배터리로 채웠다. 차에 실으려고 들어 올렸는데 어딘

| 1945년산 파몰 A 트랙터가 작동하고 있다. © Noah Hanson

지 조잡해 보이고 너무 가벼웠다. 화석연료를 태우지 않고 잔디를 깎는다는 발상은 좋지만 장난감처럼 생겨서 어디 작동이나 할까 싶었다. 특히 절반은 야생 초원이나 다름없는 우리 집 잔디밭에서라면 말이다.

"많이 팔리나요?" 내 질문에 직원이 유감스럽다는 듯이 고개를 끄덕였다.

"네! 추세가 그래요."

집에 가서 잔디깎이를 시험해보고는 그의 우울한 전망을 완벽하게 이해했다. 내가 소유했던 어떤 휘발유 잔디깎이 못지않은 성능으로, 그러나 오일 교환도, 에어필터도, 점화플러그나 카뷰레터, 또는 장비 산업의 '수리' 부문을 유지하는 다른 모든 것 없이도 조용하고 효율적으로 엉망진창인 우리 집 잔디밭을 훌륭하게 손질했다. 전기톱과 전기자동차 그리고 우리 가족이 최근 몇 년 동안 교체한 다른 전기용품도 마찬가지였다. 솔직히 말해 나는 전기용품은 성능이 떨어진다는 생각 때문에 휘발유나 디젤에서 벗어나지 못한 채 주저하고 있었다. 어쨌거나 전기잔디깎이가 멀티탭의 전선을 잘라버렸다는 악명 높은 사건은 오래전 일이 아니고, 휘발유로 작동하는 휴대용 발전기로 심지어 주행 중에도 충전하는 전기자동차 초기 모델을 몰았던 사람도 알고 있다. 그건 전기자동차의 원래 목적에서 크게 벗어나는 일이지 않은가. 그러나 이후 내가 시도한 모든 전기용품은 오염을 일으키는 선조보다 괄목할 만한 발전을 이루었고, 덕분에 지구를 위한 작은 행동을 결정하는 마음이 훨씬 가벼워졌다.

기후변화 시대의 문화

엄밀히 말하면 전기잔디깎이를 산다고 해서 기후변화가 멈추지는 않을 것이다. 모든 사람이 전기잔디깎이를 사고 전기자동차를 탄다고 해도 화석연료는 농업과 항공, 운송과 건설 그리고 (전기잔디깎이와 전기자동차 생산을 포함한) 제조까지 여전히 세계경제에 깊이 관여할 것이다. 또한 뒷마당과 자가용을 소유할 만큼 운이 좋은 사람들이 동력 사용 방식을 바꾼다고 해도 원인과 결과에 심각한 불평 등이 존재하는 이 위기의 복잡한 사회정치적 결과물을 해결하지 못할 테다. 그러나 아주 거대한 어려움에 직면할 때 실용성이 주는 힘이 있다. 나는 미국의 저명한 생물학자 고든 오리언스가 일러준 철학에 동의한다. 오리언스는 70년 동안 연구 생활을 하면서 블랙버드의 행동에서 공포의 진화까지 다양한 주제를 다뤄왔다. 기후변화와의 싸움에서 개념 있는 시민이 해야 할 일이 무엇인지 물었을 때 그는 바로 한마디를 던졌다. "당신이 할 수 있는 것은 전부 다."

오리언스는 이 한마디에 긴급성과 주인 의식을 모두 담았다. 적절한 차원에서 조치를 취하는 일의 중요성과 사안의 심각성을 함께 말한 것이다. 오리언스의 말은 새로운 개념이 아니다. 19세기 사상가 에드워드 에버렛 헤일은 그 누구도 기후변화를 걱정하지 않을 때 이미 비슷한 생각을 피력했다. "내가 모든 일을 다 할 수 있는 것은 아니지만, 그래도 내가 할 수 있는 일이 있다." "어떤 일이든 다 할 수 있는 것은 아니므로, 그중 내가 할 수 있는 일이 있다면 거부하지 않겠다."[2] 오리언스와 헤일의 조언이 지닌 가치는 단어 'can(할 수 있다)'을 선택한 데 있다. 이 단어는 가능성과 특정 상황에 대한 적응 가능성에 뿌리를 둔 동사로, 우리가 눈앞에 있는 과제에 힘을 집중하게 한다. 운전하고 장을 보고 밥을 먹고 여행하고 시위하고 투표하고, 또 잔디를 깎는 것처럼 눈에 보이는 일들 말이다. 회의론자들은 기후변화라는 큰 문제에 개인이 나서는 것은 공허한 몸짓에 불과하다고 주장할지도 모른다. 그런 태도는 옳지 않다. 조금 옳지 않은 정도가 아니라 진실의 정반대다. 우리는 자연에서 어떻게 개체의 반응이 개체군, 종, 더 나아가 군집 전체의 운명을 결정했는지 보았다. 같은 패턴을 사회에도 적용할 수 있다. 기후 위기를 해결하기 위해서는 에너지를 생산하는 방식부터 우리의 생활 방식이 요구하는 에너지의 양까지 에너지에 관한 근본적인 문화적 전환이 필요하다. 그래서 개인의 행동이 더 중요해지는 것이다. 개인의 행동과 태도가 모여서 문화를 정의하고 바꾸기 때문이다. 물론 강력한 기후 정책을 추진하려면 강력한 지도력이 필요하다. 그러나 그것은 문화가 변화한 결과이지 원인은 아니다.

우리도 할 수 있다

기후변화에 대해 각자 할 수 있는 일을 다 하는 것은 생물학적으로도 합당한 접근법이다. 본문에서 소개한 연구들이 계속해서 보여주었듯이 그것이야말로 동물과 식물이 반응하는 방식이기 때문이다. 달라지는 기후 앞에서 생물들은 손 놓고 포기하지 않는다. 조정할 수 있는 모든 것을 조정한다. 물론 어떤 것은 성공하고 어떤 것은 실패한다. 그 이유를 생각하다 보면 우리 자신이 무엇을 해야 할지 새로운 아이디어가 떠오를 것이다. 예를 들어 자연에서 종의 서식 범위 이동이 확산하는 것은 인간 자신의 이동이 늘어난 현상에 관해 말해준다. 물고기, 곰 등 다른 종이 적응하는 모습을 관찰하면서 우리 행동의 경향에 대한 경각심을 얻게 되고, 지구가 더워지면서 인류의 놀라운 가소성이 앞으로 얼마나 더 중요해질지 깨닫게 된다. 모델과 예측은 불안정하고 심지어 혼돈의 미래를 그린다. 그러나 자연은 영감을 주는 탄력성의 예로 가득 차 있다. 위기에 반응해 나비가 더 큰 비행근을 진화시킨다면 우리도 최소한 몇 가지 행동은 바꿀 수 있지 않겠는가. 예를 들면 이동 수단을 결정하거나 온도조절기를 설정하는 방식 같은 것들 말이다. 그리고 도마뱀이 한 세대 만에 발가락 패드로 붙잡는 힘을 키워낸다면, 우리도 불필요한 비행은 취소하거나 방에서 나올 때 불을 끄는 일의 동기를 찾을 수 있을 것이다. 기후변화에 대한 다른 생물의 대응은 매일 우리 가까이에서 일어나고 있다. 이는 행동을 촉구하는 지속적인 요청으로, 우리 인간도 동물과 식물에 영향을 미치는 힘에 똑같이 지배받고 있다는 사실을 상기시킨다. 앞으로 우리의 선택은 다음번 자연에 닥칠 일뿐 아니라 그 안에서 우리의 자리까지 결정할 것이다.

수학자는 긴 증명의 끝에 도달하면 'QED'라는 문자로 만족스럽게 마무리한다. 라틴어로 "quod erat demonstrandum"라는 구절의 줄임말인데, 대략 번역하면 "이것이 보여야 할 것이었다"라는 뜻으로 증명이 완료되었음을 나타낸다. 나는 때로 그 전통이 부럽다. 생물학에서는 거의 경험할 수 없는 '다 끝났다는 기분'을 허락하기 때문이다. 생물학에서는 한 가지 질문에 답하면 영락없이 다른 문제들이 더 많이 제기되어, 로마인들이 계속 다르게 고개를 주억거렸을 아드 인피니툼ad infinitum이라는 무한한 순환의 경지를 선사한다. 기후변화 생물학이 그 확실한 사례로, 이 분야 자체가 지구에 닥친 문제와 함께 전 세계적으로 그리고 아주 빠르게 발달하고 확장하고 있다. 전 세계 모든 생물학자가 기후변화의 영향을 연구한다는 말이 흔한 농담으로 오가는 세상이 되었다. 일부가 아직 그걸 인지하지 못했을 뿐이다. 빠른 미래에 QED의 순간을 기대하는 사람은 없다. 이미 대기로 방출된 탄소가 앞으로 수십 년간 기온을 계속해서 상승시킬 것이기 때문이다. (기후변화는 미래의 생물학자에게도 지배적인 주제가 될 수밖에 없다.) 심지어 최상의 탄소 배출 시나리오에서조차 온난화의 영향력은 오랫동안 관리되어야 할 과제로 나타난다. 이때 다른 동식물의 삶은 그 과정에 중요한 이정표가 될 것이다. 다른 생물의 역경과 대처를 이해한다고 해서 위기를 덜 걱정하게 되지는 않겠지만, 적어도 똑똑하게 걱정하게 될 것이다. 합당한 연구비를 제대로 받지 못하는 과학자들에게, 기후와 보전 전략을 세우는 정책 입안자들에게, 미래의 더 나은 길을 찾기 위한 윤리적·정서적 필요를 탐색하느라 분투하는 모두에게 기후변화 생물학이 나쁜 시작점은 아니다. 이는 우리 자신과 다른 모든 종을 위한 걱정스러우면서도 흥미진진한 여행이 될 것이다. 우리가 제대로 해내길 바란다.

| 감사의 말 |

저자 혼자의 노역처럼 보일지도 모르지만 사실 한 권의 책은 집단 노력의 결과물이다. 이 책을 구상하고 조사하고 쓰고 제작하기까지 지난한 프로젝트가 제 행로를 잘 따라가게 자극하려는 기꺼운 마음 하나로 연결된 많은 사람의 도움이 있었다. 늘 그랬지만 이번에도 벗이자 에이전트인 로라 블레이크 피터슨에게 많은 신세를 졌다. 베이직북스의 대체할 수 없는 토머스 켈러허와 다시 함께 일하게 되어 진심으로 감사하는 마음이다. 라라 하이머트, 레이철 필드, 로라 파이아시오, 멀리사 베로네시, 리즈 위츨, 케이트 하워드, 제시카 브린, 카라 오제부오보, 멀리사 레이먼드, 애비게일 모어, 케이틀린 버드닉, 마이크 밴맨트건까지 베이직북스의 팀원 모두 정말 훌륭했다. 뒤에서 애써준 많은 분께도 감사한다. 저자의 발상이 독자와 만나도

296

록 돕는 모든 도서 판매자와 사서에게 깊이 감사한다. 특히 사서 하이디 루이스에게 도서관 상호 대출에 애써준 데 고마움을 표한다. 마지막으로 아내와 아들의 사랑과 응원 그리고 내 투덜거리는 성격을 참아준 다른 가족과 친구들에게 매일 감사하며 살고 있다는 말을 전한다.

이 프로젝트에 시간과 지식, 열정을 보태준 너그러운 분들의 이름을 특별한 순서 없이 소개하겠다. 모두에게 진심으로 감사하며, 혹시 언급하지 못한 분이 있다면 죄송한 마음을 전한다. 소피 로위스, 드루 하벨, 니나 소트럴, 로버트 마이클 파일, 니콜 앤젤리, 앤 포터, 리처드 프리맥, 스티브 다이어, 도나 다이어, 필 그린, 피터 던위디, 배리 시너보, 댄 로비, 스태펀 린그렌, 벤 프리먼, 빌 뉴마크, 빅토리아 펙, 윌 베하럴, 토마스 알레르스탐, 그레타 페클, 윌 디키, 송린 페이, 존 턴불, 샌디 리드, 멀리사 매카시, 샐리 키스, 일라이어스 레비, 콜린 도니휴, 얼리샤 대니얼, 엘리자베스 톰프슨, 콘스턴스 밀러, 리비 데이비드슨, 브라이언트 올슨, 카를라 라우렌수, 사이먼 에번스, 라르스 구스타프손, 코디 데이, 안톤 모스토벤코, 채드 윌지, 크리스 실즈, W. 로버트 네틀즈, 다비드 그르미예, 켄 콜, 랜디 콜카, 레인 케네디, 어맨다 쿠퍼, 키스 거츠먼, 라이언 코바크, 조너선 암스트롱, 러네이 러브, 고든 오리언스, 데이미언 포덤, 브룩 베이트먼, 몬터규 H. C. 니트클레그.

특파원이 된 생물학자

최근에 본 어느 드라마에서 자타 공인 연애 고수인 주인공이 사람들에게 이렇게 조언한다. 자고로 연애 상대에게는 자기가 원하는 것을 대놓고 요구하지 말고 알아서 "하게끔" 해야 한다고.

처음 이 말을 들었을 때는 사춘기 아들을 떠올리며 무릎을 '탁' 쳤으나, 가만 생각해보니 내 이미 비슷한 전략을 구사하는 뛰어난 고수를 잘 알고 있지 않던가. 그의 책을 두어 달 작업하며 나도 그의 마리오네트가 되겠노라 기꺼이 자처하게 되었으므로, 실력을 의심할 여지는 없다.

이 책의 저자 소어 핸슨은 생물학의 참신한 스토리텔링을 미끼로 독자가 기후변화에 '관심을 보이게끔', 또 변화의 속도를 늦추는 데 '일조하게끔' 유도한다. 보기만 해도 머리가 어지러워지는 통계 수

치도, 생각만 해도 마음이 답답해지는 암울한 현실도, 오늘만 살자
며 눈 감고 외면하게 되는 끔찍한 미래도 없으나, 책을 덮자마자 자
연스레 옆 사람에게 기후변화 이야기를 꺼내게 한다는 말이다.

최전선의 전향자들

큰 지진이 일어나기 직전 땅속에서 우르르 몰려나오는 곤충 떼나
불안해하는 반려동물들, 또는 황급히 무리 지어 날아가는 새 떼의
모습은 각종 영화나 소설에서 재난을 인간보다 앞서 감지하는 동물
의 클리셰로 자주 쓰이며 실제로 기사화되는 사례도 많다. 동물의
이런 능력을 지진파와 연결해 설명하는 연구도 있지만, 그저 단순한
목격담일 뿐 과학적인 근거가 없다고 주장하는 이들도 있다.

이러한 '예언' 능력은 아직 완벽히 입증되지 않았을지 몰라도, 이
땅과 바다와 하늘에 이미 일어난 변화에 관해서만큼은 동물과 식물
이 확실히 인간보다 한발 앞서 대응하고 있다. 그들의 수만 해도 재
난을 예언한다고 알려진 몇몇 동물을 아득히 뛰어넘는다. "기후변
화에 따른 서식 범위 이동이 관찰, 기록된 생물만 이미 3만 종이 넘
었다"라고 하니, 오로지 이런 변화를 연구하기 위한 '기후변화 생물
학'이라는 신생 학문이 탄생한 것도 무리는 아니다.

우리가 기후변화를 두고 음모인지 아닌지, 인간의 탓인지 아닌지
따지며 옥신각신하는 동안 낮게 잡아 전체 생물의 4분의 1이 살던

곳을 떠났다. 이들은 인간과 달리 환경을 개조할 의지와 능력이 없으므로, 상황이 달라지면 묻지도 따지지도 않고 묵묵히 반응할 뿐이다. 이를 우리는 여전히 지켜보고만 있다.

흥미로운 점은 기후변화 생물학을 연구하는 과학자 대부분이 원래 동물학이나 행동생태학 등 다른 분야에서 활동하다가 자의 반 타의 반으로 전향했다는 것이다. 보전생물학자인 저자의 말마따나, "연구의 배경으로만 존재했던 기후변화가 어느 틈엔가 무대 한가운데로 도약"하니 다른 도리가 없었던 것이다. 그만큼 기후변화는 야생의 세계에서 실질적인 격변을 일으키고 있다. 이 책에서 저자는 특파원이 되어 그 최전선에서 벌어지는 생생한 이야기들을 전한다.

서사의 힘

실제로 책은 기후변화 시대에 달라진 생물들의 삶을 생생하게 다룬다. 오늘날 이 땅의 생물들은 생존을 위해 이동과 적응은 물론이고 발 빠른 진화로 대응하고 있다. 이 내용은 2부와 3부에서 집중적으로 소개되는데, 개인적으로 정말 재미있게 읽었다. 잠깐, "재미"라고? 도마뱀은 더위를 피하느라 새끼 낳을 생각을 안 하고, 서로가 아니면 안 되는 벌과 꽃이 어긋난 타이밍 때문에 죽음에 이른 로미오와 줄리엣처럼 만나지 못하고, 나무좀이 로키산맥이라는 최후의 장벽까지 넘어 독일 면적의 숲을 초토화하고 있는 상황에서 재미라니,

가당키나 한 소리인가. 하지만 책장에 침까지 발라가며 넘겨 읽는 자신을 발견했더라도 혹시 냉혈한이 아닐까 의심하지 말기를 바란다. 온난화로 일찍 익은 엘더베리를 먹기 위해 소울 푸드인 연어를 팽개치고 숲속으로 향하는 곰의 이야기처럼, 책은 자연에 대한 우리의 상식, 또는 편견을 완전히 깨뜨리는 사례로 가득하니, 어찌 흥미진진하지 않을 수 있겠는가. 게다가 곰의 바뀐 입맛 때문에 연어 잔해를 먹으며 연명하던 청소동물들이 졸지에 굶게 생겼다는 사실까지 읽고 나면, 자연은 돌고 돌아 무엇 하나 연결되지 않은 것이 없다는 섭리를 깨닫게 된다. 모두 저자가 의도한 바다.

"악플보다 무서운 게 무플"이라는 말이 있다. 이상기후가 날로 심각해지는 오늘날 가장 필요한 것은 모두의 관심이고, 관심은 재미와 흥미에서 출발한다. 관심은 곧 행동으로 이어진다. 본래 불가사리를 연구하고 산나무좀을 연구하고 물새를 연구하던 학자들이 기후변화에 관심을 품게 된 것도 자기가 전공하던 생물에 대한 지극한 관심 때문이다. 이들은 온난화로 비롯된 대격변을 전례 없는 실험 상황으로 보아 개별 생물과 생태계를 더 잘 이해할 기회로 삼고 있다. 허리케인이 점점 거세게 몰아치는 카리브해의 섬들에서 발가락 패드를 키우고 앞다리를 늘리는 도마뱀의 진화 과정을 처음으로 밝혀낸 연구가 대표적이다.

'인식 가능한 피해자 효과'라는 것이 있다. 대중은 익명의 피해자 다수보다 신원이 밝혀진 한 명의 피해자에게 더 공감하고 반응한다는 개념이다. 이 책 또한 절멸하든 적응하든, 떠나든 머물든, 쫓겨나든 쫓아내든, 또는 운 좋게 피난처를 찾든 나름의 방식으로 대응하고 있는 각 생물에 집중해, 그들이 지닌 서사의 힘으로 대중의 관심과 행동을 촉구한다.

각자, 또 함께

저자의 말대로 "기후변화 생물학의 렌즈로 보면 인간의 활동은 이동하고 적응하고 대피하는 평범한 동물과 식물의 대응과 다를 바 없다." 다만 큰 차이가 있다면 "인간은 기후변화에 대응하는 것 이상을 할 능력이 있다. 제대로 선택하기만 한다면 기후변화를 일으키는 행동을 바꿀 수 있다는 말이다." 그렇다. 인간은 지금껏 놀라운 능력으로 기후변화에 적응해왔다. 날이 더워지자 에어컨을 더 세게 틀고, 벌이 떼죽음을 당하자 벌 로봇을 개발하고 진동 막대로 작물을 인공 수분한다. 인간은 망가져가는 지구에서도 (미봉책으로나마) 한동안 잘 버텨낼 것이다. 하지만 기후변화를 늦추려는 근본적인 대책 없이 기적 같은 기술의 힘에만 의지해 억지로 쾌적온도를 유지한다면, 결국 지구는 생존력이 뛰어난 바퀴벌레나 완보동물밖에 살 수 없는 곳이 될 게 뻔하다.

인간도 본질적으로 한 종의 동물이라 제가 구축한 환경을 벗어나면 야생의 어떤 동물과도 다르지 않다. 게다가 그동안 몸의 기능을 도구와 기술에 일임한 탓에 신체의 바람직한 진화가 유예되어 사실상 생명 본연의 가소성과 탄력성은 많이 떨어진 상태다. 그런 만큼 이 책에 나오는 많은 생물의 몸부림이 곧 우리의 현실이 될 수 있음을 직시할 필요가 있다. 우리는 이 책을 통해 "자연에서 어떻게 개체의 반응이 개체군, 종, 더 나아가 군집 전체의 운명을 결정했는지" 똑똑히 보았다. 저자는 개인의 행동이 중요한 시점이라고 부르짖는다. "지붕에서 지르는 소리도 함께 목청을 높일 때 더 멀리 전달"될 테니까.

조은영

- **가소성**plasticity 개체에 내재한 적응성. 한 유기체가 환경에 반응해 스스로 변화하는 내재된 능력을 말한다.
- **감수분열**meiosis 부모 세포의 유전물질 중 절반만 있는 생식체(가령 정자나 난자)를 생산하는 세포분열. 유성생식이 일어나기 위한 전 단계다.
- **거대동물** megafauna 몸집이 큰 동물. 코끼리나 들소처럼 현생 대형 동물을 설명할 때도 쓰이지만, 주로 매머드, 땅늘보, 검치호랑이처럼 플라이스토세 말기에 멸종한 종을 지칭한다.
- **공생**symbiotic 서로 다른 두 유기체가 밀접하게 연합해 살아가는 생물학적 상호관계로 보통 둘 중 하나, 또는 둘 다 이득을 얻는다.
- **공생체**symbiont 공생 관계에 있는 파트너.
- **광합성**photosynthesis 식물과 일부 유기체가 햇빛을 이용해 이산화탄소와 물을 탄수화물로 변환하는 과정.
- **규암**quartzite 주로 석영으로 구성된 암석의 하나. 사암이 극도로 높은 열과 압력을 받아 형성된 변성암이다.
- **돌연변이** mutation 한 유기체의 유전자 코드에서 일어나는 무작위적인 변화. 자연에서 관찰되는 모든 변이의 주요 원인이다.

- **동물성 플랑크톤** zooplankton 해류에 떠다니거나 제한된 유영 능력을 갖춘 수생생물. 다양한 원생동물, 갑각류, 물고기를 비롯한 해양 생물의 유생 등을 포함한다.
- **동위원소** isotope 화학적으로는 동일하나, 핵 속의 중성자 수 때문에 원자량이 다른 원소.
- **두엄 더미** midden 배설물이나 찌꺼기를 쌓아놓은 것. 생물학에서는 종종 숲쥐처럼 저장 강박이 있는 설치류의 보금자리를 설명할 때 사용하는 용어다.
- **레퓨지아** refugium 환경 변화에 저항하는 장소로, 주변 환경이 나빠지면서 쫓겨나는 종에게 피난처를 제공한다.
- **맥** tapir 우림에 사는 초식성 포유류. 큰 돼지를 닮았으나 말과 더 가깝다.
- **메탄** methane 화학식 CH_4의 가연성 기체. 천연가스의 주요 성분이다.
- **방해석** calcite 탄산칼슘으로 구성된 흰색 광물. 해양 생물의 껍데기에 흔하다.
- **백악기** Cretaceous 1억 4600만 년 전에서 6500만 년 전 사이의 지질시대. 따뜻한 기후, 현화식물의 등장, 공룡의 지배가 특징이다.
- **백화현상** coral bleaching 산호에 공생하는 화려한 색채의 공생체가 열 스트레스를 받아 떠나는 바람에 산호의 색깔이 표백된 것처럼 하얗게 변하는 현상. 백화현상이 일어난 산호는 약해진다.
- **병원균** pathogen 바이러스, 세균, 그 밖의 질병을 일으키는 작은 유기체.
- **비선형** nonlinear 말 그대로 '직선이 아닌'이라는 뜻. 과학에서는 본질적으로 예측할 수 없는 결과를 내놓는 관계를 가리킨다.
- **삼투압 충격** osmotic shock 밀도나 화학 조성이 현저히 다른 두 유체 사이를 갑자기 통과할 때 받는 충격.
- **상리공생** mutualism 함께 공생하는 두 종 모두가 이익을 얻는 관계.
- **상임계온도** critical thermal maximum 유기체가 기능을 멈추게 되는 온도의 한계치. 곧 치명적인 온도다.
- **생물계절학** phenology 자연에서 일어나는 계절적 사건을 연구하는 학문.
- **생물다양성** biodiversity 생물의 변이, 종 수 및 종 안에서의 유전 변이, 군집의 복잡도를 포함한다.
- **선택** selection 한 세대에서 다음 세대로 어떤 형질을 물려줄지 결정하는

진화의 과정. 자연선택, 성선택 등이 있다.

- **성선택**sexual selection　배우자를 결정하는 선별 과정. 짝짓기에서의 선호도와 경쟁이 관련 형질의 유전을 결정한다는 개념이다.
- **속**genus　근연관계의 종끼리 묶은 분류 집단.
- **수문학**hydrology　물 그리고 물과 환경의 관계를 연구하는 학문.
- **순응**acclimatization　환경조건에 맞춰나가는 빠른 적응의 한 형태. 개체가 타고난 신체적·행동적 능력을 발휘해 이루어진다.
- **아라고나이트**aragonite　탄산칼슘으로 구성된 광물. 해양 생물의 껍데기에서 흔하게 나타나며, 방해석보다는 덜 안정적이다.
- **애추**talus　침식된 절벽 아래의 비탈에 쌓인 각종 바위와 암석.
- **에오세** Eocene　제삼기의 두 번째 시기. 5600만 년 전부터 3400만 년 전까지를 말한다.
- **엘니뇨**El Niño　동태평양에서 따뜻한 표층수의 위치와 범위가 불규칙하게 변하는 현상. 해양 및 기후 환경의 광범위한 변화와 연관된다.
- **역교배**backcrossing　교배로 생긴 잡종이 부모 중 하나와 교배하는 것.
- **연쇄효과** cascading effects　특정 사건, 활동, 변화로 야기되는 연쇄적인 반응에 따른 생태학적 결과.
- **염색체**chromosome　유전자 정보를 운반하는 세포 내 구조물.
- **와편모충류**dinoflagellates　갈조류와 근연관계인 단세포 수생생물. 대부분 광합성을 하며 일부는 산호 안에서 공생체로 살아간다.
- **외각층**periostracum　다양한 달팽이, 조개, 익족류 등 유기체의 껍데기를 얇게 둘러싸서 보호하는 바니시 같은 유기물.
- **외온동물** ectotherm　햇볕이나 지열 등으로 체온을 조절하는 동물.
- **요각류**copepod　다양한 작은 수생 갑각류로 구성된 큰 분류군.
- **유전자 부동**genetic drift　무작위적인 유전으로 발생하는 진화적 변화.
- **유전자 이입** introgression　이종교배, 또는 반복된 역교배를 통해 종, 또는 개체군 내에서 일어나는 유전물질의 이동.
- **유카** Yucca　북아메리카와 남아메리카 사막에 서식하는 잎이 뾰족한 다육식물로 50~60종으로 구성된 속이다. 조슈아나무는 유카속 식물 중에서도 가장 크다.

- **이종교배** hybridization 유전적으로 별개의 종, 또는 아종 사이의 교배.
- **익족류** pteropod 바다에서 유영 생활을 하는 바다달팽이. 바다나비로도 불린다.
- **자연선택** natural selection 환경에 가장 잘 적응한 개체가 그들을 그렇게 만든 유전물질을 더 많이 전달해 살아남는 진화적 과정. 적자생존이라고도 한다.
- **적응** adaptation 주변 환경에 반응하는 유기체의 변화. 행동, 또는 내재된 능력을 통해 즉시 나타날 수도 있고, 적응형질의 유전을 통해 진화적으로 나타날 수도 있다. '가소성' 항목 참조.
- **제삼기** Tertiary Period 6500만 년 전에서 260만 년 전 사이의 지질시대. 포유류를 비롯해 낯익은 동물과 식물이 대량으로 발생한 것이 특징이다.
- **주산텔라** zooxanthellae 산호 안에 서식하는 다양한 와편모충류.
- **지가신** zygacine 여로과 식물인 데스카마스의 모든 부위에서 발견되는 유독성 알칼로이드.
- **타이밍 불일치** timing mismatch 식물과 수분 매개자의 관계에서처럼 서로 의존하는 유기체가 새로운 환경에 대한 반응으로 일정이 어긋남으로써 정상적일 때보다 상호작용하는 시간이 줄거나 아예 사라져 발생하는 기후변화의 난제.
- **탄산** carbonic acid 이산화탄소가 물에 녹을 때 형성되는 약산.
- **팔레오세-에오세 극열기** Paleocene-Eocene Thermal Maximum 대략 5500만 년 전의 따뜻했던 시기로, 대기 중 이산화탄소의 높은 농도와 온실 기후가 특징이다.
- **폴립** polyp 산호나 말미잘 같은 해양 무척추동물 한살이의 한 과정. 보통 기둥형 몸체 위에 입과 촉수가 달려 있다.
- **플라이스토세** Pleistocene 260만 년 전에서 1만 년 전까지 이어진 지질시대. 반복된 대규모 빙하기가 특징이다.

들어가는 말 | 이미 현실이 된 세계

1 *King Lear*, Act I, Scene 2; Bevington 1980, p. 1178.

2 이야기에 반응하는 뇌의 활동과 관련된 여러 신경전달물질 중에서 가장 연구
가 많이 된 것은 옥시토신이다. 공감이나 신뢰감과의 연관성 때문에 일부에서
는 옥시토신을 "도덕적 분자"(Zak 2012)라고 부른다. 옥시토신을 비롯해 인간의
뇌가 이야기를 처리할 때 분비되는 화학물질은 이야기를 잘 이해하게 하고 추
상적 개념을 행위로 바꾸는 데 일조한다고 추정된다.

1부 | 기후변화의 주범

1 Wilson 1917, p. 286.

1장 · 변치 않는 것은 없다

1 Veblen 1912, p. 199.

2 Burnet 1892, p. 185.

3 1737년에 출간된 《식물학 비평(*Critica Botanica*)》에서 린네가 (신이 정한) 야생 종

을 플로리스트들이 개발한 원예 종과 구별하기 위해 한 말이다. 린네는 후자가 "자연의 무한한 취미"를 대표하지만, 언제나 결국에는 진정한 모습으로 돌아온 다고 믿었다. Hort 1938, p. 197 참조.

4 Ibid.

5 Hutton 1788, p. 304.

6 Jefferson 1803.

7 다윈은 1835년 비글호 항해 중 성직자이자 박물학자인 사촌 윌리엄 다윈 폭스 에게 보낸 편지에서 지질학에 대한 사랑을 드러냈다. 그는 라이엘의 발상에 감 탄했고, 자연과학 분야 중에서 지질학만큼 "커다란 생각의 장"을 제공하는 학 문이 없다고 썼다. 진화론이라는 후기 업적에 가려지긴 했으나 다윈은 남아메 리카 지질학, 산호초와 환상 산호도의 형성에 대한 논평으로 런던지질학회가 수여하는 최고의 영예인 월라스톤 메달을 받은 적도 있다. 다음을 참조하라. Herbert 2005; 다윈의 서신 프로젝트(Darwin Correspondence Project), "Letter no. 282," 2018년 9월 3일에 링크 확인함, www.darwinproject.ac.uk/DCP-LETT-282

8 다윈의 서신 프로젝트, "Letter no. 282," 2018년 9월 3일에 링크 확인함, www. darwinproject.ac.uk/DCP-LETT-282

9 Darwin 2008, p. 279.

10 Ibid.

11 Ibid., p. 303.

12 지나칠 정도로 광범위하게 적용한 사람들도 있었다. 후에 굴드는 단속평형설 이 언어의 역사에서 신기술 전파까지 어디서나 쓰이는 것에 당혹스러워했다. 빠른 변화와 이어지는 정체는 흔하게 나타날 수 있는 패턴이지만, 굴드와 엘드 리지가 애초에 설명하려고 했던 것은 거시적 진화의 맥락에서 본 개별 종의 수 명에 국한된다.

13 Von Humboldt and Bonpland 1907, p. 9.

14 Von Humboldt 1844, p. 214. 번역, 니나 소트럴(개인적 요청).

15 Ibid.

16 Arrhenius 1908, p. 58.

17 Ibid., p. 53.

18 아레니우스가 그 유명한 기후 계산을 하게 된 것은 당시 인기 있는 과학 논쟁

의 주제였던 빙하 순환에 대한 관심 때문이었다. 그는 일차적으로 어떻게 대기 중 이산화탄소 농도의 감소가 과거 빙하기를 설명하고 새로운 빙하기를 촉발할 수 있는지에 집중했다. 빙하기가 "우리를 현재의 온대 국가에서 뜨거운 아프리카의 기후로 몰고 갈지도 모르는" 존재론적 위협을 가한다고 보았다. Arrhenius 1908, p. 61 참조.

19 아레니우스는 남 앞에 서기를 좋아하는 사람이라 자신의 이론 중에서도 특히 이 부분은 고루한 과학 논문에 싣는 대신 1896년 1월 스톡홀름대학교에서 열린 인기 강연에서 직접 발표했다. Crawford 1996, p. 154 참조.

2장 · 독기 어린 공기

1 이 인용구는 갈릴레이가 직접 말한 것으로 흔히 알려졌지만, 사실은 갈릴레이의 전기 작가 중 한 명인 프랑스 학자 토마앙리 마르탱이 갈릴레이의 과학적 접근법을 해석해 쓴 말이다. Martin 1868, p. 289; 번역, S. 로위스(개인적 요청).

2 Johnson 2008, p. 41.

3 Priestley 1781, p. 25.

4 Ibid., p. 25.

5 Ibid., p. 36.

6 Ibid., p. 35.

7 Ibid., p. 28.

8 프리스틀리가 처음 탄산수를 발견했을 때 이를 괴혈병 치료제로 착각한 영국 해군 의사들은 쾌재를 불렀다. 당시에도 지금처럼 의학 발전은 과학을 연구하고 자금을 대는 주요 사유였다. 블랙이 이산화탄소 연구를 시작한 것도 방광결석의 치료법을 찾기 위해서였다.

9 보통 미생물과 연관 지어 생각하지만 발효는 원래 광범위한 기본 대사 활동이다. 인간의 근육에서도 혈중 산소 농도가 낮을 때 발효가 일어나는데, 몸에 젖산이 쌓이고 운동선수가 장거리 경기가 끝날 무렵 다리에 쥐가 나는 것도 그래서다. 효모도 발효에 의존하며, 부산물로 나오는 이산화탄소가 빵 반죽을 부풀게 한다. 이때 기체 방울이 있던 자리가 나중에 녹은 버터와 잼이 들어가는 토스트의 구멍이 된다.

10 압력과 열의 관계는 역설적이게도 내연기관의 작동으로 유명해졌다. 피스톤

은 내연기관의 각 실린더 안에서 연료에 섞인 공기를 매우 높은 온도로 압축한다. 가솔린엔진의 경우 점화플러그가 불꽃을 일으키지만, 디젤엔진에서 연소는 전적으로 압축된 열에만 의존한다.

2부 | 위기

3장 · 어긋난 타이밍

1 Wisner 2016, p. 24.

2 프리맥 연구팀은 월든 호수의 겨울도 더워지고 있다는 것을 발견했다. 그러나 1월 기온이 낮았던 몇 년간 어떤 식물은 봄이 아무리 따뜻해도 개화기를 앞당기지 않았다. 가을의 날씨 상태와 이듬해 봄철 개화기의 연관성을 밝혀내 1년 중 어느 때 일어난 변화라도 이후 특정 계절의 생물학적 사건에 영향을 미칠 수 있다고 제시한 연구도 있다. Miller-Rushing and Primack 2008 참조.

3 Thoreau 1966, p. 197.

4 월든 호수의 온난화는 같은 시기의 세계 평균 상승치를 0.8도나 초과해 지구의 어떤 지역은 다른 곳보다 훨씬 빨리 더워지고 있음을 보여주었다. 월든 호수의 기온 상승은 보스턴 지역의 도시화에도 영향을 받았다. 풀과 나무가 사라지고 열을 흡수하는 포장도로 및 건물이 확산하면서 도시를 주변의 시골 환경보다 훨씬 뜨겁게 데우는 '열섬' 효과가 일어났다.

5 온난화가 시작되기 전에 온도 변화에 지나치게 빨리 대응하는 것은 오히려 해로울 수 있다. 프리맥은 "뉴잉글랜드는 전 세계 온대림 중에서 가장 날씨가 변덕스러운 곳"이라고 하면서, 일찌감치 날씨가 따뜻해져도 언제 다시 한파가 닥치거나 눈이 내릴지 모른다고 설명했다. 또한 그는 과거에는 보수적인 식물일수록 조심스러운 성격 덕분에 이익을 얻었을 것으로 추측했다. "꼭 뉴잉글랜드 사람을 닮았죠." 프리맥이 농담처럼 말했다. "속는 걸 질색하니까요!"

6 Thoreau 1966, p. 103.

7 Thoreau 1906, p. 349.

8 소로의 조류 관찰을 현대 데이터와 비교하면 이주에 영향을 준 기후 관련 요소가 한 가지 드러난다. 어떤 새는 더는 멀리 이주하지 않는다는 것이다. 큰멧참새

(fox sparrow), 퍼플핀치(purple finch)처럼 혹독한 겨울을 피해 다만 얼마라도 남쪽으로 도망치곤 했던 종들이 이제는 1년 내내 월든 호수에서 편안하게 산다. 소로는 또한 붉은배딱따구리를 보고도 놀랐을 것이다. 이 종은 최근 몇십 년 동안 활동 범위를 북쪽으로 수백 킬로미터나 이동한 남부 종이다. 뒤뜰의 새 먹이 통이나 그 외 교외의 다른 기회가 이 추세에 이바지했을지도 모르지만, 연구 결과에 따르면 온화해진 기온이 주요 요인으로 꼽힌다. Kirchman and Schneider 2014 참조.

9 See Fritz 2017.

10 미국 서부의 넓은 지역에서 다양한 데스카마스 종이 나타나는데, 항상 데스카마스벌, 또는 지역에 따라 알칼로이드 지가신을 중화하는 비슷한 능력이 있는 꽃등에를 동반한다.

4장 · 버거운 온도

1 이 구절은 종종 마크 트웨인이나 과학소설 작가 로버트 A. 하인라인의 말로 인용되지만, 사실이 아니다. 하인라인은 1973년 소설 《사랑하기에 충분한 시간(*Time Enough for Love*)》에서 저 말을 격언 목록에 포함했으나, 이미 수십 년 전부터 쓰이고 있었다. 아마 1887년 출간된 《배워야 할 영어(*English as She is Taught: Genuine Answers to Examination Questions in our Public Schools*)》라는, 익명의 학생들이 쓴 글 모음에 적힌 다음 구절이 최초였을 것이다. "기후는 지속되고 날씨는 며칠 짜리"(Le Row 1887, p. 28). 트웨인이 같은 해에 《센츄리 매거진》에서 이 책을 열정적으로 평하며 해당 문장을 인용했다.

2 바이러스 균주를 따로 분리하고 배양하는 일은 극도로 어렵고 시간이 많이 소모되는 작업이지만, 하벨과 동료들은 병든 불가사리에서 나온 바이러스 크기의 샘플이 건강한 불가사리를 감염했다고 확인했고, 그 샘플에서 용의자 바이러스의 DNA를 발견했다. 개에게 치명적인 파보바이러스의 가까운 친척이었다. Hewson et al. 2014 참조.

3 많은 바이러스, 세균 그리고 병원균이 따뜻한 환경에서 더 잘 번식한다. 이는 기후변화가 영향을 미치는 상황에서 승자와 패자가 있다는 사실을 상기시킨다. 불가사리가 되기에는 나쁜 시기이지만 불가사리 바이러스가 되기에는 더없이 좋은 시절이라는 뜻이다.

4 처음에 페인은 핵심종을 먹이종의 개체군을 억제함으로써 군집의 구조와 다양성을 유지하는 중간, 또는 상위 단계의 포식자로 정의했다. 이후 이 용어의 적용 범위가 넓어지면서 자신이 자생하는 생태계에 지대한 영향을 미치는 모든 종을 포함하게 되었다.

5장·뜻밖의 동거인

1 *The Tempest*, Act II, Scene 2; Bevington 1980, p. 1511.

2 댕기바다오리와 갈색펠리컨의 일시적인 중첩은 점차 흔해지는 기후변화의 양면성을 예시한다. 펠리컨이 남쪽에서 올라오게 한 온난화가 댕기바다오리에게는 너무 더운 환경을 만드는 것이다. 기온이 아직 쾌적 온도를 유지하는 알래스카 해안과 달리 서식 범위 남단에서 댕기바다오리는 극적으로 감소했다. 한때 워싱턴주에서 흔했던 이 종이 2015년 지역의 멸종 위기 종 목록에 추가되었다. 반대로 한때 희귀했던 갈색펠리컨이 흔해져서 해당 목록에서 삭제된 것도 같은 해였다.

3 따개비가 이동하기에 345킬로미터는 너무 긴 거리처럼 보이지만, 이 생물은 유생 단계일 때 해류를 타고 멀리 이동할 수 있다. 그 외에 다양한 연체동물, 말미잘, 갑각류, 태형동물, 피낭동물, 극피동물, 어류 등이 유생일 때 확산한다.

4 린그렌은 경쟁을 피하기 위해 이런 특별한 습성이 진화했다고 믿는다. 곰팡이의 힘을 빌려 살아 있는 나무를 공격함으로써, 산소나무좀은 다른 나무좀이 접근할 수 없는 엄청난 식량원과 서식지를 얻게 되었다. 산소나무좀은 죽은 나무나 죽어가는 나무에서도 제 사촌들과 함께 발견되지만, 경쟁이 심한 곳에서는 두각을 드러내지 못한다. 린그렌의 말을 빌리면 "그저 버티고 있을 뿐이다." Lindgren and Raffa 2013 참조.

5 "악몽이었어요." 린그렌이 끈적대는 물질로 코팅된 철망을 가지고 벌레를 잡던 옛날 방식을 설명하면서 말했다. 그 끈끈한 물질이 옷이나 머리 할 것 없이 사방에 들러붙었고, 용매를 묻혀 표본을 떼어내는 데만 몇 시간이 걸렸다. "전 원래 아주 게으른 사람이라 계속 그렇게는 못 하겠더라고요!" 린그렌이 웃으며 말했다. 그 게으름이 영감을 주어 깔때기 여러 개를 나무처럼 여러 층으로 쌓는 기발한 아이디어를 떠올렸다. 적당한 페로몬을 미끼로 쓰면 이 트랩은 전 세계 6000여 종의 나무좀을 유인할 수 있다. 호기심 많은 벌레가 깔때기를 탐험하다가 결

국 미끄러져 바닥의 수집통으로 굴러떨어진다.

6 Darwin 2004, p. 355.

7 몬태나대학교 곤충학자 다이애나 식스는 산소나무좀 대발생과 관련된 발표를 대개 이 벌레와 쥐똥을 나란히 놓은 이미지로 시작하곤 한다.

8 다음을 수정해 인용했다. Cooke and Carroll 2017.

6장 · 생활필수품

1 Wodehouse 2011, p. 186.

2 나는 숲속에 고리버들로 만든 둥지 수백 개를 설치하고 부드러운 점토로 만든 가짜 알을 넣어 포식자를 유인했다. 공격한 생물이 알을 물면 점토에 자국이 남는 것을 이용한 방법으로, 설치류를 속일 만큼 감쪽같았다. 그 결과 모든 크기의 숲에서 비슷한 비율로 쥐의 이빨 자국을 발견했는데, 그것은 연구지에 쥐들이 많이 살고 있다는 사실과 일치했다. 그러나 뉴마크는 나중에 1000개가 넘는 진짜 둥지를 찾아 그 운명을 추적했고, 실제로 대부분의 새가 조각난 숲에서 둥지를 잃는 비율이 더 높다는 것을 발견했다. 아마 맹금류, 뱀 등 비설치류 포식자의 공격이 증가했기 때문일 것이다. Newmark and Stanley 2011 참조.

3 프리먼 부부는 열대지방에서 생물의 오르막 이주가 만연할 뿐 아니라 생물 전체가 보다 일관되게 같은 패턴을 보인다고 지적했다. 온대지방의 산악 지대에서도 상황은 변하고 있는데, 그 과정은 좀 더 개별적이고 종마다 다르다. 프리먼은 계절성에서 그 이유를 찾는다. 온대지방의 종들은 공간은 물론이고 시간에도 반응하는 능력이 있다. 예를 들어 새로운 곳으로 이동하는 대신 아예 봄철에 좀 더 일찍 번식을 시도하는 것이다. 그러나 열대 종들은 그런 가변성이 부족하다. "특정한 날씨를 원하는 열대 새가 있다면, 그 새는 그런 곳을 찾아 나섭니다."

4 사람처럼, 새들도 기후변화에 반응해 이동하는 매개체(곤충)를 통해 질병에 걸린다. 조류 말라리아는 인간 말라리아처럼 기온 상승으로 모기의 서식지가 넓어지며 확산하고 있고, 이미 하와이에서는 여러 희귀 꿀먹이새의 감소와 오르막 이동의 연관성이 제기되고 있다. Liao et al. 2017 참조.

5 종이 산을 타고 위로 올라가는 것은 경쟁에 따른 연쇄반응으로 설명되기도 한다. 낮은 고도에 사는 종이 위로 올라가면서 그 자리에 있는 종을 더 위로 몰아간다는 것이다. 실제로 그렇게 진행되는 경우도 있지만, 대개는 훨씬 더 미묘하

고 복잡한 과정을 거친다. 예를 들어 페루 조사 때 프리먼이 산 정상에서 사라졌거나 감소하고 있음을 발견한 새 중에서 밑에서 올라오는 직접적인 경쟁자가 있는 종은 하나도 없었다.

6 호수는 표면에서 공기와 접촉하며 이산화탄소를 받아들이는 것에 더해 주변 경관에서 씻겨 내려온 낙엽, 나무, 다른 유기물질이 분해될 때 나오는 이산화탄소도 흡수하기 때문에 기후와 관련된 산성화의 영향을 따로 연구하기가 어렵다 (Weiss et al. 2018 참조). 해양 탄소순환은 단순한 대기 교환보다 복잡하지만, 다양한 탄소원을 구분하기가 비교적 쉽다.

7 모든 탄산음료가 약한 산성을 띠지만, 탄산의 부식 효과를 실험하는 데는 탄산수 종류 중 하나인 셀처를 사용하는 것이 가장 좋다. 셀처에는 다른 탄산수인 클럽소다에 추가하는 중화염이 없고, 콜라처럼 설탕을 넣은 음료에 있는 다른 산성 물질이나 성분이 없기 때문이다. 노아와 나는 오리알을 사용했지만 달걀을 사용해도 좋다. 하지만 가장 이상적인 것은 거북알이다. 거북은 어린 굴이나 바다나 비처럼 아라고나이트를 사용해 껍데기를 만들기 때문이다. 새의 알껍데기도 단단한 방해석으로 만들어지지만 셀처는 바닷물보다 산성이 더 강하므로 실험에는 문제가 없다. 실험 결과 모든 껍데기가 녹아 반투명하고 고무 같은 막으로 둘러싸인 알만 남았다. 전체 과정은 총 17일이 걸렸고, 중간에 주기적으로 용액을 갈아주어 산도를 보충해주었다. 이 실험은 탄산이 어떻게 껍데기를 부식시키는지 볼 수 있는 좋은 방법이자, 창고에 처박힌 셀처를 처리하는 좋은 기회다.

8 구체적으로 설명하면, 탄산은 수소이온과 중탄산염으로 분해된다. 그런 다음 수소이온이 바닷물의 탄산염과 결합해 더 많은 중탄산염을 형성한다. 자유 탄산염의 공급이 부족해지면 수소는 껍데기를 녹여 탄산염을 얻는다. 그 결과 껍데기를 만들거나 보수할 때 사용할 자유 탄산염이 거의 없는 부식성 환경이 확산된다.

3부 | 반응

7장 · 이주: 나무가 발을 떼다

1 Mackay 1859, p. 151.

2 아리스토텔레스는 제비가 겨울잠을 잔다는 믿음을 공유했고, 딱새나 솔새 같은 명금류가 계절마다 다른 종으로 변신한다고 생각했다. 고대에 유행했던 더 특이한 가설은 두루미가 나일강 상류로 이주한다는 것인데, 부분적으로는 사실이지만 새들이 그곳에서 염소 등에 올라탄 피그미족 전사 부대와 겨우내 대격전을 벌인다는 기이한 반전이 덧붙여졌다. 이 이야기는 예술 작품, 이야기(가령 호메로스의 《일리아드》, 《이솝 우화》), 과학 논문(가령 아리스토텔레스, 플리니우스, 아에리아누스)에서 1000년 넘게 반복되었다. Ovadiah and Mucznik 2017 참조.

3 자신은 새에 대한 지식을 자랑스럽게 여겼지만, 사실 린네는 식물학으로 가장 잘 알려진 학자다. 1757년의 논문 〈새들의 이주에 관하여〉는 보통 린네가 혼자 쓴 것으로 소개되지만, 실제로는 웁살라대학교의 제자 중 하나인 카롤루스 다니엘 에크마르크의 연구를 요약한 것이다. 일반적으로 학자들은 에크마르크와 린네가 함께 논문을 썼다고 추측한다. Heller 1983 참조.

4 Ekmarck 1781, p. 237.

5 White 1947, p. 60.

6 Ibid., p. 124.

7 Ibid.

8 Ibid., p. 129.

9 Ibid., p. 162.

10 Ibid., p. 124.

11 화이트는 셀본에 관해 자신이 쓴 별난 작은 책이 인쇄되었다는 사실에도 깜짝 놀랄 것이다. 이 책은 거의 300개 판본으로 출간된, 역사상 가장 많이 팔린 책 중 하나다.

12 과학자들도 안전지대를 찾아 새로운 환경으로 이주한다고 알려졌다. 2016년 미국이 사실과 과학을 혐오하는 대통령을 선출하고 파리기후협정에서 탈퇴한 다음, 미국 최고의 석학과 학생 수십 명이 프랑스 대통령 에마뉘엘 마크롱의 초청을 받아들여 "지구를 다시 위대하게"라는 슬로건을 내건 7000만 달러 규모의 기후 연구 프로젝트를 수행하러 프랑스로 이주했다.

13 이와 연관된 잘 알려지지 않은 패턴이 바다에서 발달하고 있다. 해수면이 점점 따뜻해지자 한류에 사는 종들이 차츰 물속 깊이 내려가는 것이다. 이는 전반적인 서식 범위뿐 아니라 수직 이주라고 알려진 단기적인 경향성에도 영향을

미친다. 세렝게티 초원에서 누 떼의 이동은 늘 언론에 보도되지만, 실제로 지구에서 가장 큰 규모의 이동은 바닷속에서 매일 물기둥을 따라 오르내리는 플랑크톤의 이동이다.

14 *Macbeth*, Act IV, Scene I; Bevington 1980, p. 1239.

15 *Macbeth*, Act V, Scene 5; Bevington 1980, p. 1247.

16 Crimmins et al. 2011.

17 Reid 1899, p. 25.

18 Ibid, p. 28.

19 역설은 리드의 가족력이기도 했다. 그의 큰삼촌인 물리학자 마이클 패러데이는 전기화학 분야에서 훨씬 더 유명한 난제에 자신의 이름을 붙였다.

20 이 수치는 1974년에서 2005년까지 총 254마리의 새를 추적한 평균치다. 논문의 저자는 서식 영역의 가장자리와 더불어 '풍부도 중심'이 변화하는 것을 확인했다(풍부도 중심은 페이의 '지리적 중심지'와 비슷한 개념이다). La Sorte and Thompson 2007 참조.

8장·적응: 플라스틱 오징어의 탄생

1 Carver 1915, p. 74.

2 단백질을 너무 많이 섭취했을 때 살을 찌우거나 유지하기 어려운 것은 사람도 마찬가지다. 앳킨스 다이어트, 슈거 버스터즈 다이어트, 사우스비치 다이어트 같은 체중 감량 프로그램은 모두 고단백 모델에 의존한다. 예를 들어 스틸맨 다이어트를 따라 하는 사람들은 단백질에서 열량의 68퍼센트를 얻는데, 이는 연어 계곡의 곰과 비슷한 수준이다.

3 인체 가소성의 또 다른 친숙한 예는 고지대 생활이다. 고지대에서 살아가는 사람들은 적혈구를 추가로 생산하고 호흡, 심장박동, 혈압 등을 조정해 산소 부족을 보충한다. 운동선수의 경우 고지대 환경에서 훈련하거나 생활하면 도움이 된다고 하는데, 시합을 치르러 낮은 고도로 돌아가면 흡수하는 산소량이 일시적으로 증가하기 때문이다. 미국의 주요 올림픽 훈련 시설이 로키산맥의 자락에 있고, 유럽 선수팀이 알프스산맥에서, 세계에서 가장 산이 적은 대륙인 오스트레일리아에서 최고의 운동선수가 '고도 주택'에서 훈련하는 이유다. 고도 주택은 고도 3000미터 이상 지역의 조건을 모방한 인공 대기를 갖추고 있다.

4 일반적으로 사람의 키는 80퍼센트가 유전으로 결정된다. 그리고 나머지 20퍼센트는 가소성과 환경의 영향을 받는다. 하지만 그 외에도 50가지나 되는 각종 유전자가 관여하므로 많은 변이가 있다. McEvoy and Visscher 2009 참조.

5 이 흥미로운 연관성은 새를 비롯해 햄스터와 호모사피엔스에 이르기까지 모든 생물에게서 드러난다. 발달 과정 그리고 생애 초기에 받는 스트레스는 작은 신장, 낮은 신진대사, 기타 다양한 생리적 차이를 일으킨다. 모든 것은 먹이가 부족하고 큰 몸집을 유지하기 어려운 척박한 환경에 대한 적응으로 보인다. 그러나 이후에 환경이 달라지면 효율적이고 작은 몸은 문제가 될 수 있다. 예를 들어 더 작은 개체는 많은 음식을 처리할 때 건강상의 문제를 겪을 수 있고, 풍부한 자원을 이용하기에 더 적합한 큰 개체와의 경쟁에서 불리할 수 있다. 2형 당뇨병과의 연관성을 포함해 이런 가소성이 질병 확산에 미친 영향에 관한 흥미로운 논의는 다음을 참조하라. Bateman et al. 2004.

6 설상가상으로 캘리포니아민들레는 자기보다 흔한 사촌의 꽃가루를 쉽게 받아들이므로, 이종교배를 통해 언젠가 유전적으로 묻혀버리게 될 추가적인 위험에 노출된 상태다.

7 이 해양 폭염은 **엘니뇨**와 관련이 있다. 기후과학자들은 지구가 더워지면서 엘니뇨의 빈도와 강도도 증가하는 추세라고 본다. 흥미롭게도 과거에 이런 순환에 노출되었던 경험이 훔볼트오징어가 그토록 극적인 가소성을 갖추도록 진화하고, 또 유지한 요인인지도 모른다. 이들이 진화한 형질은 앞으로 기후변화의 도전을 헤쳐나가는 데 도움이 될 것으로 기대된다. Hoving et al. 2013 참조.

8 키스는 번식은 물론이고 공격적 성향에 필요한 에너지도 아끼고 있다고 생각한다. 아마 그 덕분에 산호의 백화현상 이후에도 여러 해 동안 개체 수가 급격히 감소하지 않았을 것이다. 다만 유순하고 에너지를 아끼는 행동 덕분에 성체 물고기가 삶을 연명하고 있을지는 몰라도 마침내 나이가 들어 죽을 때가 되면 이들을 대체할 새로운 세대는 없을 것이다.

9 이론적으로 가소성은 환경이 수시로 변하는 곳이라면 어디든 종에게 유리하다. 위도의 측면에서 이와 관련된 증거가 있는데, 온대지방의 동식물은 (늘 그런 것은 아니지만) 열대지방의 제 친척보다 가소성이 높다. 고위도 지방의 생물일수록 극단적인 계절과 기후변화(가령 플라이스토세 빙하기)를 오랫동안 경험하면서 진화했기 때문일 것이다.

9장 · 진화: 선택부터 변이까지

1 Di Lampedusa 1960, p. 28.

2 문제의 종은 강과 개울에 거대한 거미줄을 치고 군락을 이루며 살아간다. 전문가들은 폭풍 후에 공격적인 군락이 성공하고 그 형질을 물려주는 이유를 정확히 파악하지 못했지만, 제한된 먹이를 제압하는 효율성이나 경쟁자를 쫓아내는 능력과 관련이 있을 것으로 본다. Little et al. 2019 참조.

3 부엌에서 배울 수 있는 기후변화의 또 다른 근본적인 측면이 있다. 남극대륙과 그린란드에서 빙상이 녹아 지구 전체의 해수면이 상승하고 있지만, 지금까지 증가한 양의 절반 이상은 순전히 열기 때문이다. 간단히 말해 물은 따뜻할수록 공간을 더 많이 차지한다. 그래서 바다의 기온이 올라가면 물의 부피 자체도 증가하는 것이다. 이 원리는 부엌에서 아주 간단한 실험만으로 증명할 수 있지만, 사람에 따라 실험을 끝내지 못할 수도 있다. 컵에 뜨거운 커피를 따른 다음, 마시지 않고 한동안 잊어버리기만 하면 된다. 이후 식은 커피를 보면 뭔가 달라졌음을 느낄 것이다. 내가 실험해보았을 때, 커피는 식으면서 7밀리미터나 낮아졌는데 마치 누군가 몇 모금 마신 것처럼 보일 정도였다. 분명 일부는 수증기로 증발해 사라졌겠지만, 대부분은 온도 차이에서 비롯된 수축 때문에 일어난 일이다. (실험 후 차가워진 커피를 마실 생각이면 커피의 높이를 잴 때 쇠 자를 사용하라. 나무 자는 겉에 칠한 니스가 녹아내려 커피 맛이 불쾌해진다.)

4 진화생물학자들은 성선택과 성선택의 원동력에 대해 오랫동안 논쟁 중이다. 성선택이란 단지 아름다움을 위한 아름다움, 즉 선호의 문제인가. 아니면 선호되는 형질이 건강, 특히 본질적으로는 부모로서의 적합성을 드러내는 척도인가. 두 관점 모두 탄탄한 증거가 있고, 두 이론이 서로 배타적일 이유도 없다. 그러나 아마 그런 불확실성 때문에 성선택이 진화론에서 크게 부각되고 있는지도 모른다. 이 주제에 대한 활발한 탐구에 대해서는 다음을 참조하라. Prum 2017.

5 기후변화와 관련된 여타 난제처럼 큰가시고기가 짝짓기할 때 겪는 어려움도 인간이 초래한 다른 문제들 때문에 악화하고 있다. 조류의 번식은 수온 상승 외에도 농업, 하수 등 육상 활동에서 흘러나온 풍부한 영양 탓에 촉진된다.

6 무작위성이 선택의 힘을 압도할 경우, 해로운 **돌연변이**가 축적될 가능성이 있으므로 작은 개체군 안에서 유전자 부동의 영향은 대체로 해롭다고 여겨진다. 즉 정상적인 상황이라면 선택되지 않고 유전자 풀에서 제거되었을 형질이 지속될

가능성이 커진다는 말이다. 그러나 실제로 자연에서는 많은 종이 작은 개체군을 이루고도 무한히 지속된다. 이 모순을 설명하는 새로운 이론이 있다. 다음 문헌에서 저자가 "부동 강건성"이라고 부르는 돌연변이율의 수학적 균형에 관한 매력적인 논의를 살펴볼 수 있다. LaBar and Adami 2017.

7 몬태나보전유전학연구소 웹사이트, www.cfc.umt.edu/research/whiteley/mcgl/default.php

8 식물의 잡종이 동물의 잡종보다 오래 지속되는 경향에는 많은 이유가 있다. 그중에서 가장 중요한 요인은 **염색체** 수와 관련된다. 부모 종의 염색체 수가 서로 다를 때, 잡종인 자손의 염색체 수는 보통 홀수 개가 되는데 그 바람에 불임이 된다. 예를 들어 말의 염색체는 64개고 당나귀는 62개며, 둘이 교배해 낳은 노새는 63개다. 노새는 난자와 정자가 제대로 발달하지 못하는데, 염색체가 홀수 개라 **감수분열** 중에 똑같이 절반으로 나뉘지 못하기 때문이다. 식물도 마찬가지 만 반전이 있다. 많은 식물이 무성생식을 하므로 불임인 잡종 상태에서도 번식이 가능하고, 또한 식물의 염색체는 자발적으로 두 배로 증가하는 경우가 빈번해 홀수 개의 잡종이라도 갑자기 번식이 가능해진다. 이 주제에 대한 훌륭한 리뷰는 다음을 참조하라. Hegarty and Hiscock 2005.

9 잡종강세라고 알려진 현상이 종종 1세대 잡종을 강하게 만든다. 그 이유는 완전히 밝혀지지 않았지만, 이형접합성이 증가해 서로 이질적인 부모가 특정 형질에 대해 더 폭넓은 유전 변이를 물려주기 때문으로 보인다. 그러나 잡종강세의 효과는 다음 세대로 넘어갈수록 약해지는데, 1세대 잡종의 후손이 제 안에서 생식하면서 유전자가 점점 균질화되기 때문이다. 정원사와 농부들이 매년 잡종종자를 구매하는 것도 그래서다. 처음에는 크고 생산성이 높은 식물이 자라지만 그 특징을 자손에게 물려준다고 보장할 수 없기 때문이다. (종자 산업계가 꾸준히 잡종 종자의 수요를 유지하게 하는 훌륭한 특징이 아닐 수 없다.)

10장·피난: 길 잃은 종들의 안식처

1 차가운 공기가 애추의 돌 더미 안으로 가라앉는 것과 원리가 같은 현상이 로렌타이드 빙상의 가장자리를 따라 더 큰 규모로 일어났다. 수 킬로미터 두께의 얼음 표면에서 차갑고 밀도가 높아진 공기가 빙상 가장자리를 넘어 계속해서 흘러내리면서 기상학자들이 활강바람이라고 부르는 현상을 일으켰다. 활강바람

은 겨울철에 시속 90킬로미터가 넘는 속도로 주위를 휩쓸었다. 빙하기 날씨의 여러 모델에 관해서는 다음을 참조하라. Bromwich et al. 2004.

2 열대 레퓨지아를 둘러싼 논란은 새로운 종의 탄생과 관련된 잠재적인 역할을 중심으로 전개된다. 1969년 독일 조류학자 위르겐 하퍼는 플라이스토세, 또는 그 이전에 아마존 열대우림의 팽창과 수축이 해당 지역의 이례적인 생물다양성을 이끄는 데 도움이 되었다고 주장했다. 하퍼는 우림의 수축이 반복되는 동안 레퓨지아에서 높은 수준의 생식적 격리가 일어났고, 그 바람에 개체군이 비정상적인 속도로 분지(分枝)하게 되었다고 보았다. 이 패러다임은 수십 년 동안 지속되었지만, 꽃가루 기록이 우림 수축의 빈도와 범위에 의문을 던지고, 또 유전 연구가 대부분의 집단에 대해 신속한 플라이스토세 종 분화 이론을 뒷받침하지 못하면서 힘을 잃었다. 현재로서는 아마존 열대우림의 생물다양성이 왜 그렇게 높은지에 대해 합의된 바가 없다. 이 문제는 매우 복잡하다. 이 주제에 관한 최신 리뷰는 다음을 참조하라. Rocha and Kaefer 2019.

3 콩고분지에서 레퓨지아의 증거는 아마존보다 훨씬 일관적이고 그다지 극단적이지는 않지만, 유전적 다양성과 종 분화에 미치는 영향을 측정하기에는 충분하다. 육지 달팽이의 경우는 Wronski and Hausdorf 2008, 고릴라의 경우는 Anthony et al. 2007 참조.

4 Rapp et al. 2019, p. 187.

5 "배척되고, 집요하게 검토되고, 무시되는 것." 밀라는 자신들의 피카 연구 결과에 대한 과학계의 초기 반응을 이렇게 요약했다. 그들의 발견은 당연히 좋은 소식이었지만, 밀라의 설명에 따르면 피카가 "온대의 북극곰"이라는 오랜 통설에 어긋나는 것이었다. 즉 북극곰처럼 기후가 강요한 멸종의 경계에 있는 상징적인 종의 역할을 피카가 하지 못하게 된 셈이었다. 장기적으로는 여전히 사실이다. 애추의 레퓨지아가 얼마나 오래 갈지는 아무도 모른다. 다만 밀라는 자신의 연구를 시작으로 이제 물러설 피난처가 없는 고산다람쥐처럼 위험에 처한 종들을 향한 관심과 연구가 확산하길 바란다.

6 애추 사면이 피카에게 주는 이점은 여름철의 시원한 기온만이 아니다. 애추 깊숙이 있던 얼음이 녹으면서 그 물이 비탈을 타고 흘러내려 피카가 좋아하는 축축한 초원 식생에 물을 공급한다. 겨울에는 더 큰 장점이 있다. 눈이 바위의 표면만 덮으므로, 내부를 통하는 공기가 극한의 추위를 막아주는 단열 효과를 일

으킨다. 이는 특히 피카가 동면하지 않는 동물이기 때문에 더 중요하다. 피카는 겨울철에 어둠 속에 웅크리고 앉아 쌓아둔 건초 더미를 갉아 먹는 것을 좋아한 다. Millar and Westfall 2010 참조.

4부 | 결과

11장 · 한계를 초월하다

1 Jerome 1889, p. 36.

2 훔볼트의 침보라소산 삽화는 열대 안데스산맥의 일반적인 식생 패턴에 관한 안내 자료로 만들어진 것이다. 그림에 실린 종과 군집의 일부는 실제로 다른 산 맥에서 관찰되는 것이라 이 그림을 침보라소산 자체의 기후 연구에 기준치로 사용하려는 최근 시도를 복잡하게 한다. Moret et al. 2019 참조.

3 Holdridge 1947, p. 368.

4 흥미로운 반전인데, 코스타리카에서 수행한 홀드리지의 연구는 미군에서 상당 한 지원을 받았다. 베트남에서 전쟁이 격화되자 미군은 열대 지형에 관심을 두 게 되었고, 몇 개의 간단한 기후 변수만으로 지상의 상황을 정확히 파악할 수 있 는지 알고 싶어 했다.

5 Holdridge 1967, p. 79.

6 홀드리지의 연구와 기후변화 생물학에서 증가하는 예측 모델의 직접적인 관계 는 다음을 참조하라. See Emanuel et al. (1985).

7 국립오듀본협회의 기후 자료를 분석하면서 윌지 연구팀은 랜덤 포레스트와 알 고리즘이 유사한 부스티드 회귀 트리와 기억하기 쉬운 이름의 맥시멈 엔트로피 를 조합해 사용했다. Bateman et al. 2020 참조.

8 국립오듀본협회의 전체 보고서와 지도는 다음 웹사이트에서 탐색할 수 있다. www.audubon.org/climate/survivalbydegrees

9 통계학에서 통용되는 유명한 속담으로 "모든 모델은 틀렸다. 그러나 일부는 유 용하다"라는 말이 있다. 윌지는 국립오듀본협회의 모델로 모든 세부 사항을 정 확히 파악해야만 기후변화와 새에 관한 유익한 정보를 얻을 수 있는 건 아니라 면서 이 속담을 인용했다. "불확실성에도 불구하고, 서로 다른 시나리오를 비교

하는 데서 오는 힘이 있습니다"라고 윌지가 설명했다. 지구를 3도 데우면, 고배출 기준 전망치 모델로 예측한 미래에서는 북아메리카 조류의 거의 3분의 2가 중간 단계 이상의 위험에 처한다. 그러나 만약 1.5도 상승하는 수준에서 온난화를 제한할 수 있다면 그 수치는 절반 이하로 떨어진다. 윌지는 "확신할 수 있는 것은, 행동에 나서면 차이를 만들 수 있다는 사실입니다"라고 강조하면서 "아주 강력한 메시지입니다"라고 마무리 지었다.

10 식물은 광합성에 이산화탄소를 사용한다. 따라서 이론상으로 대기에 이산화탄소 농도가 늘면 식물의 생장에 보탬이 된다. 그러나 그 관계가 그리 간단하지만은 않다. "이산화탄소가 추가되면 식물이 좋아하긴 합니다." 콜카가 말했다. "하지만 질소처럼 다른 요소가 제한되기 때문에 그 증가는 보통 일시적으로만 영향을 미치고 말지요."

12장·깜짝 쇼

1 McCrea 1963, p. 197.

2 '나비효과'라는 말의 기원은 보통 로렌즈가 1972년 미국과학진흥협회 회의에서 발표한 논문까지 거슬러 올라간다. 그러나 오늘날 유명해진 이 논문의 제목은 원래 로렌즈의 발표를 주선한 어느 동료가 생각해낸 것이었다. '예측 가능성: 브라질에서 나비의 날갯짓이 텍사스에서 토네이도를 일으킬까?' 로렌즈는 언제 그가 갈매기 대신 나비를 언급하기 시작했는지 정확히 기억해내지 못했지만, 다른 기상학자의 말을 수정해 오랫동안 이 비유를 사용해왔다고 밝혔다. Dooley 2009 참조.

3 Austen 2015, p. 183.

4 Beechey 1843, p. 46.

5 각시바다쇠오리가 선호하는 해빙에 의존하는 동물성 플랑크톤 중에서 최소한 두 종은 빙하-해수 장벽에서 찾을 수 없었다. 그러나 **요각류**라는 작고 풍성한 갑각류로 부족분을 보충했다. Grémillet et al. 2015 참조.

6 뒤영벌 침에 있는 화학 신호가 이 효과를 증폭했을 가능성이 크다. 연구자들이 핀셋과 면도칼로 벌이 낸 손상을 흉내 냈더니, 개화기는 여전히 앞당겨졌지만 정도가 훨씬 약했다. Pashalidou et al. 2020 참조.

7 고대 두엄을 나타내는 전문용어는 '앰버랫(amberat)'이다. 어찌나 단단한지 망치

로 캐낸 다음 물속에 며칠을 담가두어야 내용물이 나온다. 숲쥐 두엄은 적어도 5만 년 전까지 거슬러 올라간다. 5만 년은 탄소 연대 측정의 정확도가 보장되는 한계치다. 어떤 두엄은 더 오래되었을 수도 있다.

8 Lenz 2001, p. 61.

9 거대동물의 멸종이 미친 영향은 제대로 파악되지 않았고, 대개는 아예 연구가 진행되지도 않았다. 한편 흥미로운 가능성이 북극에서 제기되었다. 매머드, 털코뿔소, 들소 그리고 말이 사라지면서 풀을 뜯는 동물이 없어지자 스텝이 오늘날 그 지역을 지배하는 이끼 긴 툰드라로 변했다는 주장이다. 시베리아의 한 민간 연구 보호 지역에서 말, 야크, 사향소 등 '플라이스토세 공원'에 있었을 법한 유제류로 실험한 결과, 사라진 초식동물을 재도입했을 때 초원이 회복되고 탄소 격리량이 늘며 영구동토층의 소실이 늦춰졌다. Macias-Fauria et al. 2020 참조.

10 설치류가 종자를 확산시킬 때의 단점은 짧은 이동 거리만이 아니다. 땅늘보는 조슈아나무 열매를 먹고 종자를 온전히 배출하지만, 청설모나 쥐는 나중에 먹으려고 씨앗을 숨겨둔다. 은닉한 씨앗이 잊히거나 버려져야만 확산이 성공하지만, 그건 드문 일이다. 설치류가 퍼뜨린 836개 종자 중에서 발아에 성공한 것은 세 개에 불과하다는 연구 결과가 있다. Vander Wall et al. 2006 참조.

11 기후변화는 생물다양성에 심각하고 중차대한 위협이다. 이 주제는 엘리자베스 콜버트의 명저 《여섯 번째 대멸종》에서 잘 탐구되었다. 기후변화의 영향이 명백해지기 전부터 이미 동식물은 인간의 다른 활동으로 심각한 위협을 받고 있었다. 하여 케냐 보전학자이자 인류학자인 리처드 리키와 저널리스트 로저 르윈은 20년 전에 똑같은 제목의 책을 썼다. 이 책에서 두 사람은 인류가 서식지 파괴나 남획만으로 지구에서 여섯 번째 대멸종을 일으키고 있다는 강력한 주장을 내세웠다. 기후변화는 아예 언급조차 안 되었다.

13장 · 그때는 그때고 지금은 지금이다

1 Schlegel 1991, p. 27.

2 현재 많은 분류학자가 북아메리카 새인 디아트리마를 유럽의 가스토르니스속 (*Gastornis*) 새와 하나로 묶고 있다. 가장 큰 종은 키가 2미터나 되는데, 오랫동안 사나운 포식자로 여겨졌다. 그러나 일부 전문가는 이 새가 커다란 부리로 종자, 열매, 나무를 부수어 먹는 초식동물이었으며, 러브의 말을 빌려 "착한 거인"이었

다고 주장한다.

3 잎의 가장자리와 온도의 관계는 단순해 보이지만 정확하게 설명하기 어려운 자연의 패턴 중 하나다. 잎의 거치는 증산(물의 흐름)의 가능성을 높여서 시원하고 계절이 있는 온대 환경에서 성장 기회를 극대화하는 데 도움이 된다. 반대로 가장자리에 거치가 없고 매끄러우면 열대 환경에서 탈수를 막는다. 함수를 활용해 다른 조건에서의 잎 성장 효율성을 좀 더 간단명료하게 나타낸 연구가 있다. Wilf 1997 참조.

4 Bailey and Sinnott 1916, p. 38.

5 팔레오세-에오세 극열기에 지구 기온은 현재보다 평균 5도에서 9도 정도 더 높았다. 러브의 데이터는 해당 지역의 위도 때문에, 그러나 좀 더 주된 요인으로는 고도 때문에 그 범위를 훨씬 웃돈다. 그곳은 해수면 높이에 있는 찌는 듯한 저지대 우림이라는, 몇 안 되는 조사지 중 하나다.

6 미래 시나리오를 과거의 특정 조건과 비교하는 기후 모델에 따르면 탄소 배출량이 줄어들지 않는 한 미래는 역사적으로 에오세와 가장 비슷할 것으로 보인다. 그러나 배출을 중간 수준으로 제한하면 우리 미래는 기후가 덜 극단적이었던 330만 년 전 플라이오세 중기의 온난기와 더 가까워질 것이다. Burke et al. 2019 참조.

7 소행성 충돌과 맞서는 다른 이론은 공룡의 죽음(그리고 광범위한 동시다발적 멸종 사건)을 오늘날 인도의 데칸 트랩에서 일어난 화산활동 탓으로 돌린다. 그러나 그것 또한 이산화탄소가 촉발한 온난기 사이에 단기적인 냉각기가 배치되는 기후변화로 귀결된다. 이제 일부 전문가는 소행성 충돌과 전 지구적인 냉각기가 이미 기후 불안정으로 스트레스를 받는 동식물상을 파괴했다는 복합적인 모델을 주장하고 있다.

8 에오세 초기는 고생물학자들이 기후변화를 이해하기 전부터 이미 유공충의 멸종으로 알려진 시기였다. 유공충은 다양한 플랑크톤 집단으로 아주 많은 작은 껍데기 화석을 남겼다. 멸종 원인은 산성이었던 따뜻한 물과 연관이 있어 보인다. 하지만 다소 의문스러운 점이 남아 있는데, 중층수와 심층수에서 저서 생활을 하는 일부 집단만 영향받았기 때문이다. McInerney and Wing 2011 참조.

9 물속의 산소와 수소 **동위원소**의 비율은 지구 기온이 변화하면 달라진다. 이 차이는 날씨가 따뜻해질 때 무거운 동위원소를 포함하는 희귀한 분자의 증발 및

강수 비율의 변화와 관련된다.

10 과거 빙하기의 급격한 기온 상승은 각각 덴마크인과 스위스인인 공동 발견자의 이름을 따서 단스고르-오슈거 사건이라고 불린다. 이후 홀로세로 이어지는 전환기에 온난화 시기가 두 번 더 찾아왔다. 하나는 뵐링-알레뢰드, 다른 하나는 영거 드라이아스 말기의 온난화다. 두 시기 모두 단스고르-오슈거 사건보다 훨씬 잘 알려졌으며, 일반적으로는 별개의 것으로 여겨지지만 일부 전문가는 같은 패턴이 가장 최근에 일어난 사례라고 생각한다.

11 Fordham et al. 2020, p. 1.

12 또 다른 단순하지만 강력한 통찰이 고유전체학과 분류학이 중첩되는 지점에서 나왔고, 이는 종의 나이와 연관된다. 예를 들어 플라이스토세 이전에 진화한 동식물은 이미 주요 기후 격변기를 겪으며 다양한 적응형질을 발달시키고 유지할 기회가 있었다. 그러나 새롭고 어린 분류군은 진화적 고난의 경험이 부족해 더 큰 위험에 처했다.

13 Fordham et al. 2020, p. 3.

14 각각의 사례는 더 읽어볼 가치가 있다. 예를 들어 로마제국에 영향을 미친 화산은 지구 반 바퀴나 떨어진 알래스카의 작은 섬에서 폭발했지만, 이탈리아반도의 기온을 2년간 7도나 떨어뜨릴 만큼의 화산재를 뿜어댔다. McConnell et al. 2020, Pederson et al. 2014, Waldinger 2013 참조.

15 활발한 무력 충돌은 21세기 이후 40퍼센트 가까이 늘었다. Pettersson and Öberg 2020 참조.

16 당연한 이야기지만 기후변화로 촉발된 이주는 농업에 의존하는 국가에서 가장 흔하다. 그러나 이주는 부에도 강한 영향을 받는다. 따라서 사람들이 이동 수단은 가지고 있지만 비싼 생계 유지비를 감당할 수 없는 중간 소득 국가에서 이주율은 정점을 찍는다. 아예 비용을 감당할 수 없는 곳이나, 변화하는 환경에서도 사람들이 편하게 살아갈 수 있을 만큼 부가 넉넉한 지역에서는 이주율이 떨어진다. 이는 사회적 가소성의 한 형태로서 부를 보여주는 흥미로운 예다. 부자인 사람들은 이동하거나, 또는 적응에 필요한 것들을 살 수 있다. Hoffman et al. 2020 참조.

17 내가 찾아낸 항목 중에 마녀재판과 관련이 있는 것은 없었지만, 희생양을 찾는 또 다른 비이성적인 사건들이 눈에 띄었다. 음모론의 정치적 영향력이 증가

한다는 것이었다. 사회과학자들은 이런 '고발성 인식'이 늘어난 것을 갈등, 스트레스, 트라우마 사건의 증가와 같은 맥락에서 본다. 특히 현재의 많은 음모론이 기후변화 자체의 기원 및 진실성과 관련이 있다.

결론 | 당신이 할 수 있는 모든 것

1 *King John*, Act III, Scene 4; Bevington 1980, p. 470.

2 Fairfield 1890, p. 114.

Anderson, J. T., and Z. J. Gezon. 2014. Plasticity in functional traits in the context of climate change: a case study of the subalpine forb *Boechera stricta* (Brassicaceae). *Global Change Biology* 21: 1689-1703.

Anthony, N. M., M. Johnson-Bawe, K. Jeffery, S. L. Clifford, et al. 2007. The role of Pleistocene refugia and rivers in shaping gorilla genetic diversity in central Africa. *Proceedings of the National Academy of Sciences* 104: 20432-20436.

Aronson, R. B., K. E. Smith, S. C. Vos, J. B. McClintock, et al. 2015. No barrier to emergence of bathyal king crabs on the Antarctic Shelf. *Proceedings of the National Academy of Sciences* 112: 12997-13002.

Arrhenius, S. 1908. *Worlds in the Making: The Evolution of the Universe.* New York: Harper and Brothers.

Aubret, F., and R. Shine. 2010. Thermal plasticity in young snakes: how will climate change affect the thermoregulatory tactics of ectotherms? *The Journal of Experimental Biology* 213: 242-248.

Austen, J. 2015 (1816). *Emma.* 200th Anniversary Annotated Edition. New York: Penguin.

Bailey, I. W., and E. W. Sinnott. 1916. The climatic distribution of certain types of angiosperm leaves. *American Journal of Botany* 3: 24-39.

Barnosky, A. 2014. *Dodging Extinction: Power, Food, Money, and the Future of Life on Earth.* Oakland: University of California Press.

Barnosky, A. D., P. L. Koch, R. S. Feranec, S. L. Wing, et al. 2004. Assessing the causes of late Pleistocene extinctions on the continents. *Science* 306: 70-75.

Bateman, B. L., L. Taylor, C. Wilsey, J. Wu, et al. 2020. Risk to North American birds from climate change-related threats. *Conservation Science and Practice* 2. DOI: 10.1111/csp2.243.

Bateman, B. L., C. Wilsey, L. Taylor, J. Wu, et al. 2020. North American birds require mitigation and adaptation to reduce vulnerability to climate change. *Conservation Science and Practice* 2. DOI: 10.1111/csp2.242.

Bates, A. E., B. J. Hilton, and C. D. G. Harley. 2009. Effects of temperature, season and locality on wasting disease in the keystone predatory sea star *Pisaster ochraceus. Diseases of Aquatic Organisms* 86: 245-251.

Bateson, P., D. Barker, T. Clutton-Brock, D. Deb, et al. 2004. Developmental plasticity and human health. *Nature* 430: 419-421.

Becker, M., N. Gruenheit, M. Steel, C. Voelckel, et al. 2013. Hybridization may facilitate in situ survival of endemic species through periods of climate change. *Nature Climate Change* 3: 1039-1043.

Bednaršek, N., R. A. Feely, J. C. P. Reum, B. Peterson, et al. 2014. Limacina helicina shell dissolution as an indicator of declining habitat suitability owing to ocean acidification in the California Current Ecosystem. *Proceedings of the Royal Society B* 281: 20140123.

Beechey, F. W. 1843. *A Voyage of Discovery Towards the North Pole.* London: Richard Bentley.

Bellard, C., W. Thuiller, B. Leroy, P. Genovesi, et al. 2013. Will climate change promote future invasions? *Global Change Biology* 12: 3740-3748.

Bevington, D., ed. 1980. *The Complete Works of Shakespeare.* Glenview, IL: Scott, Foresman and Company.

Blom, P. 2017. *Nature's Mutiny.* New York: Liveright Publishing Company.

Bordier, C., H. Dechatre, S. Suchail, M. Peruzzi, et al. 2017. Colony adaptive response to simulated heat waves and consequences at the individual level in honeybees (*Apis mellifera*). *Scientific Reports* 7: 3760.

Botkin, D. B., H. Saxe, M. B. Araújo, R. Betts, et al. 2007. Forecasting the effects of global warming on biodiversity. *BioScience* 57: 227–236.

Botta, F., D. Dahl-Jensen, C. Rahbek, A. Svensson, et al. 2019. Abrupt change in climate and biotic systems. *Current Biology* 29: R1045–R1054.

Boutin, S., and J. E. Lane. 2014. Climate change and mammals: evolutionary versus plastic responses. *Evolutionary Applications* 7: 29–41.

Brakefield, P. M., and P. W. de Jong. 2011. A steep cline in ladybird melanism has decayed over 25 years: a genetic response to climate change? *Heredity* 107: 574–578.

Breedlovestrout, R. L. 2011. "Paleofloristic Studies in the Paleogene Chuckanut Basin, Western Washington, USA." PhD dissertation. Moscow: University of Idaho, 952 pp.

Breedlovestrout, R. L., B. J. Evraets, and J. T. Parrish. 2013. New Paleogene paleoclimate analysis of western Washington using physiognomic characteristics from fossil leaves. *Palaeogeography, Palaeoclimatology, Palaeoecology* 392: 22–40.

Bromwich, D. H., E. R. Toracinta, H. Wei, R. J. Oglesby, et al. 2004. Polar MM5 simulations of the winter climate of the Laurentide Ice Sheet at the LGM. *Journal of Climate* 17: 3415–3433.

Brooker, R. M., S. J. Brandl, and D. L. Dixson. 2016. Cryptic effects of habitat declines: coral-associated fishes avoid coral-seaweed interactions due to visual and chemical cues. *Scientific Reports* 6: 18842.

Burke, K. D., J. W. Williams, M. A. Chandler, A. M. Haywood, et al. 2018. Pliocene and Eocene provide best analogs for near-future climates. *Proceedings of the National Academy of Sciences* 115: 13288–13293.

Burnet, J. 1892. *Early Greek Philosophy*. London: Adam and Charles Black.

Candolin, U., T. Salesto, and M. Evers. 2007. Changed environmental conditions weaken sexual selection in sticklebacks. *Journal of Evolutionary Biology* 20: 233–239.

Carlson, S. M. 2017. Synchronous timing of food resources triggers bears to switch from salmon to berries. *Proceedings of the National Academy of Sciences* 114: 10309–10311.

Caruso, N. M., M. W. Sears, D. C. Adams, and K. R. Lips. 2014. Widespread rapid reductions in body size of adult salamanders in response to climate change. *Global Change Biology* 20: 1751–1759.

Carver, T. N. 1915. *Essays in Social Justice*. Cambridge, MA: Harvard University Press.

Chan-McLeod, A. C. A. 2006. A review and synthesis of the effects of unsalvaged mountain-pine-beetle-attacked stands on wildlife and implications for forest management. *BC Journal of Ecosystems and Management* 7: 119-132.

Chen, I., J. K. Hill, R. Ohlemüller, D. B. Roy, et al. 2011. Rapid range shifts of species associated with high levels of climate warming. *Science* 333: 1024-1026.

Christie, K. S., and T. E. Reimchen. 2008. Presence of salmon increases passerine density on Pacific Northwest streams. *The Auk* 125: 51-59.

Clairbaux, M., J. Fort, P. Mathewson, W. Porter, H. Strøm, et al. 2019. Climate change could overturn bird migration: transarctic flights and high-latitude residency in a sea ice free Arctic. *Scientific Reports* 9: 1-13.

Clark, J. S., C. Fastie, G. Hurtt, S. T. Jackson, et al. 1998. Reid's paradox of rapid plant migration: dispersal theory and interpretation of paleoecological records. *BioScience* 48: 13-24.

Cleese, J., E. Idle, G. Chapman, T. Jones, et al. 1974. *Monty Python and the Holy Grail Screenplay.* London: Methuen.

Cole, K. L., K. Ironside, J. Eischeid, G. Garfin, et al. 2011. Past and ongoing shifts in Joshua tree distribution support future modeled range contraction. *Ecological Applications* 21: 137-149.

Cooke, B. J., and A. J. Carroll. 2017. Predicting the risk of mountain pine beetle spread to eastern pine forests: considering uncertainty in uncertain times. *Forest Ecology and Management* 396: 11-25.

Corlett, R. T., and D. A. Westcott. 2013. Will plant movements keep up with climate change? *Trends in Ecology & Evolution* 28: 482-488.

Crawford, E. 1996. *Arrhenius: From Ionic Theory to the Greenhouse Effect.* Canton, MA: Science History Publications.

Crimmins S., S. Dobrowski, J. Greenberg, J. Abatzoglou, et al. 2011. Changes in climatic water balance drive downhill shifts in plant species' optimum elevations. *Science* 331: 324-327.

Cronin, T. M. 2010. *Paleoclimates.* New York: Columbia University Press.

Crozier, L. G., and J. A. Hutchings. 2014. Plastic and evolutionary responses to climate change in fish. *Evolutionary Applications* 7: 68-87.

Cudmore, T. J., N. Björklund, A. L. Carroll, and S. Lindgren. 2010. Climate change and range expansion of an aggressive bark beetle: evidence of higher beetle reproduction in naïve host tree populations. *Journal of Applied Ecology* 47: 1036-1043.

da Rocha, G. D., and I. L. Kaefer. 2019. What has become of the refugia hypothesis to explain biological diversity in Amazonia? *Ecology and Evolution* 9: 4302‑4309.

Darwin, C. 2004. *The Voyage of the Beagle* (1909 text). Washington, DC: National Geographic Adventure Classics.

Darwin, C. 2008. *On the Origin of Species: The Illustrated Edition* (1859 text). New York: Sterling.

Deacy, W. W., J. B. Armstrong, W. B. Leacock, C. T. Robbins, et al. 2017. Phenological synchronization disrupts trophic interactions between Kodiak brown bears and salmon. *Proceedings of the National Academy of Sciences* 114: 10432‑10437.

Deacy, W., W. Leacock, J. B. Armstrong, and J. A. Stanford. 2016. Kodiak brown bears surf the salmon red wave: direct evidence from GPS collared individuals. *Ecology* 97: 1091‑1098.

Dessler, A. 2016. *Introduction to Modern Climate Change*. New York: Cambridge University Press.

di Lampedusa, G. 1960. *The Leopard*. New York: Pantheon Books.

Donihue, C. M., A. Herrel, A. C. Fabre, A. Kamath, et al. 2018. Hurricane‑induced selection on the morphology of an island lizard. *Nature* 560: 88‑91.

Dooley, K. J. 2009. The butterfly effect of the "butterfly effect." *Nonlinear Dynamics, Psychology, and Life Sciences* 13: 279‑288.

Draper, A. M., and M. Weissburg. 2019. Impacts of global warming and elevated CO_2 on sensory behavior in predator‑prey interactions: a review and synthesis. *Frontiers in Ecology and Evolution* 7: 72‑91.

Edworthy, A. B., M. C. Drever, and K. Martin. 2011. Woodpeckers increase in abundance but maintain fecundity in response to an outbreak of mountain pine bark beetles. *Forest Ecology and Management* 261: 203‑210.

Eisenlord, M. E., M. L. Groner, R. M. Yoshioka, J. Elliott, et al. 2016. Ochre star mortality during the 2014 wasting disease epizootic: role of population size structure and temperature. *Philosophical Transactions of the Royal Society B: Biological Sciences* 371: 20150212. DOI: 1098/rstb.2015.0212.

Ekmarck, D. 1781. On the Migration of Birds. In F. J. Brand, transl., *Select Dissertations from the Amoenitates Academicae* 215‑263. London: G. Robinson, Bookseller.

Eldredge, N., and S. J. Gould. 1972. "Punctuated Equilibria: An Alternative to Phyletic Gradualism." In T. J. M. Schopf, ed., *Models in Paleobiology*, 82‑115. San Francisco:

Freeman, Cooper & Co.

Ellwood, E. R., J. M. Diez, I. Ibánez, R. B. Primack, et al. 2012. Disentangling the paradox of insect phenology: are temporal trends reflecting the response to warming? *Oecologia* 168: 1161-1171.

Ellwood, E. R., S. A. Temple, R. B. Primack, N. L. Bradley, et al. 2013. Recordbreaking early flowering in the eastern United States. *PLoS One* 8: e53788.

Emanuel, W. R., H. H. Shugart, and M. P. Stevenson. 1985. Climatic change and the broad-scale distribution of terrestrial ecosystem complexes. *Climatic Change* 7: 29-43.

Erlenbach, J. A., K. D. Rode, D. Raubenheimer, and C. T. Robbins. 2014. Macronutrient optimization and energy maximization determine diets of brown bears. *Journal of Mammalogy* 95: 160-168.

Evans, S. R., and L. Gustafsson. 2017. Climate change upends selection on ornamentation in a wild bird. *Nature Ecology & Evolution* 1: 1-5.

Fagan, B. 2000. *The Little Ice Age: How Climate Made History.* New York: Basic Books.

Fagen, J. M., and R. Fagen. 1994. Bear-human interactions at Pack Creek, Alaska. *International Conference on Bear Research and Management* 9: 109-114.

Fairfield, A. H., ed. 1890. *Starting Points: How to Make a Good Beginning.* Chicago: Young Men's Era Publishing Company.

Fei, S., J. M. Desprez, K. M. Potter, I. Jo, et al. 2017. Divergence of species responses to climate change. *Science Advances* 3: e1603055.

Fordham, D. A., S. T. Jackson, S. C. Brown, B. Huntley, et al. 2020. Using paleo-archives to safeguard biodiversity under climate change. *Science* 369: eabc5654. DOI: 10.1126/science.abc5654.

Foster, D. R., and T. M. Zebryk. 1993. Long-term vegetation dynamics and disturbance history of a *Tsuga*-dominated forest in New England. *Ecology* 74: 982-998.

Franks, S. J., J. J. Webber, and S. N. Aitken. 2014. Evolutionary and plastic responses to climate change in terrestrial plant populations. *Evolutionary Applications* 7: 123-139.

Freeman, B. G., and A. M. C. Freeman. 2014. Rapid upslope shifts in New Guinean birds illustrate strong distributional responses of tropical montane species to global warming. *Proceedings of the National Academy of Sciences* 111: 4490-4494.

Freeman B. G., J. A. Lee-Yaw, J. Sunday, and A. L. Hargreaves. 2017. Expanding, shifting and shrinking: the impact of global warming on species' elevational distributions. *Global Ecology and Biogeography* 27: 1268-1276.

Freeman, B. G., M. N. Scholer, V. Ruiz-Gutierrez, and J. W. Fitzpatrick. 2018. Climate change causes upslope shifts and mountaintop extirpations in a tropical bird community. *Proceedings of the National Academy of Sciences* 115: 11982-11987.

Fritz, A. 2017. This city in Alaska is warming so fast, algorithms removed the data because it seemed unreal. *The Washington Post*, December 12, 2017. Archived at www. washingtonpost.com. Accessed March 20, 2019.

Gallinat, A. S., R. B. Primack, and D. L. Wagner. 2015. Autumn, the neglected season in climate change research. *Trends in Ecology and Evolution* 30: 169-176.

Gardner, J., C. Manno, D. C. Bakker, V. L. Peck, et al. 2018. Southern Ocean pteropods at risk from ocean warming and acidification. *Marine Biology* 165. DOI: 10.1007/s00227-017-3261-3.

Gienapp, P., C. Teplitsky, J. S. Alho, J. A. Mills, et al. 2008. Climate change and evolution: disentangling environmental and genetic responses. *Molecular Ecology* 17: 167-178.

Gould, S. J. 2007. *Punctuated Equilibrium*. Cambridge, MA: The Belknap Press of Harvard University Press.

Grant, P. R., B. R. Grant, R. B. Huey, M. T. Johnson, et al. 2017. Evolution caused by extreme events. *Philosophical Transactions of the Royal Society B: Biological Sciences* 372: 20160146. DOI: 10.1098/rstb.2016.014.

Greiser, C., J. Ehrlén, E. Meineri, and K. Hylander. 2019. Hiding from the climate: characterizing microrefugia for boreal forest understory species. *Global Change Biology* 26: 471-483.

Grémillet, D., J. Fort, F. Amélieneau, E. Zakharova, et al. 2015. Arctic warming: nonlinear impacts of sea-ice and glacier melt on seabird foraging. *Global Change Biology* 21: 1116-1123.

Hannah, L. 2015. *Climate Change Biology*. 2nd Edition. London: Academic Press.

Hanson, T., W. Newmark, and W. Stanley. 2007. Forest fragmentation and predation on artificial nests in the Usambara Mountains, Tanzania. *African Journal of Ecology* 45: 499-507.

Harvell, C. D., D. Montecino-Latorre, J. M. Caldwell, J. M. Burt, et al. 2019. Disease epidemic and a marine heat wave are associated with the continental-scale collapse of a pivotal predator (*Pycnopodia helianthoides*). *Science Advances* 5: eaau7042. DOI: 0.1126/sciadv.aau7042.

Harvell, D. 2019. *Ocean Outbreak: Confronting the Tide of Marine Disease*. Oakland: University of California Press.

Hassal, C., S. Keat, D. J. Thompson, and P. C. Watts. 2014. Bergmann's rule is maintained during a rapid range expansion in a damselfly. *Global Change Biology* 20: 475-482.

Heberling, J. M., M. McDonough, J. D. Fridley, S. Kalisz, et al. 2019. Phenological mismatch with trees reduces wildflower carbon budgets. *Ecology Letters* 22: 616-623.

Hegarty, M. J., and S. J. Hiscock. 2005. Hybrid speciation in plants: new insights from molecular studies. *New Phytologist* 165: 411-423.

Heller, J. L. 1983. Notes on the titulature of Linnaean dissertations. *Taxon* 32: 218-252.

Hendry, A. P., K. M. Gotanda, and E. I. Svensson. 2017. Human influences on evolution, and the ecological and societal consequences. *Philosophical Transactions of the Royal Society B* 372: 20160028.

Herbert, S. 2005. *Charles Darwin, Geologist*. Ithaca, NY: Cornell University Press.

Hewson, I., J. B. Button, B. M. Gudenkauf, B. Miner, et al. 2014. Densovirus associated with sea-star wasting disease and mass mortality. *Proceedings of the National Academy of Sciences* 111: 17278-17283.

Hilborn, R. C. 2004. Sea gulls, butterflies, and grasshoppers: a brief history of the butterfly effect in nonlinear dynamics. *American Journal of Physics* 72: 425-427.

Hill, J. K., C. D. Thomas, and D. S. Blakely. 1999. Evolution of flight morphology in a butterfly that has recently expanded its geographic range. *Oecologia* 121: 165-170.

Hocking, M. D., and T. E. Reimchen. 2002. Salmon-derived nitrogen in terrestrial invertebrates from coniferous forests of the Pacific Northwest. *BMC Ecology* 2: 4.

Hoffmann, R., A. Dimitrova, R. Muttarak, J. Crespo Cuaresma, et al. 2020. A meta-analysis of country-level studies on environmental change and migration. *Nature Climate Change* 10. DOI: 10.1038/s41558-020-0898-6.

Holdridge, L. R. 1947. Determination of world plant formations from simple climatic data. *Science* 105: 367-368.

Holdridge, L. R. 1967. *Life Zone Ecology*. San Jose, Costa Rica: Tropical Science Center.

Honey-Marie, C., A. L. Carroll, and B. H. Aukema. 2012. Breach of the northern Rocky Mountain geoclimatic barrier: initiation of range expansion by the mountain pine beetle. *Journal of Biogeography* 39: 1112-1123.

Hort, A., transl. 1938. *The Critica Botanica of Linnaeus*. London: The Ray Society.

Hoving, H.-J. T., W. F. Gilly, U. Markaida, K. J. Benoit-Bird, et al. 2013. Extreme plasticity in life-history strategy allows a migratory predator (jumbo squid) to cope with a changing climate. *Global Change Biology* 19: 2089-2103.

Huey, R. B., J. B. Losos, and C. Moritz. 2010. Are lizards toast? *Science* 328: 832-833.

Hulme, M. 2009. On the origin of "the greenhouse effect": John Tyndall's 1859 interrogation of nature. *Weather* 64: 121-123.

Hutton, J. 1788. Theory of the earth. *Transactions of the Royal Society of Edinburgh* 1: 209.

Isaak, D. J., M. K. Young, C. H. Luce, S. W. Hostetler, et al. 2016. Slow climate velocities of mountain streams portend their role as refugia for cold-water biodiversity. *Proceedings of the National Academy of Sciences* 113: 4374-4379.

Jefferson, T. 1803. Jefferson's instructions to Meriwether Lewis. Letter dated June 20, 1803. Archived at www.monticello.org. Accessed October 31, 2018.

Johnson, C. R., S. C. Banks, N. S. Barrett, F. Cazassus, et al. 2011. Climate change cascades: shifts in oceanography, species' ranges and subtidal marine community dynamics in eastern Tasmania. *Journal of Experimental Marine Biology and Ecology* 400: 17-32.

Johnson, S. 2008. *The Invention of Air*. New York: Riverhead Books.

Johnson, W. C., and C. S. Adkisson. 1986. Airlifting the oaks. *Natural History* 95: 40-47.

Johnson, W. C., and T. Webb III. 1989. The role of blue jays (Cyanocitta cristata L.) in the postglacial dispersal of fagaceous trees in eastern North America. *Journal of Biogeography* 16: 561-571.

Johnson-Groh, C., and D. Farrar. 1985. Flora and phytogeographical history of Ledges State Park, Boone County, Iowa. *Proceedings of the Iowa Academy of Science* 92: 137-143.

Jost, J. T. 2015. Resistance to change: a social psychological perspective. *Social Research* 82: 607-636.

Karell, P., K. Ahola, T. Karstinen, J. Valkama, et al. 2011. Climate change drives microevolution in a wild bird. *Nature Communications* 2: 1-7.

Keith, S. A., A. H. Baird, J. P. A. Hobbs, E. S. Woolsey, et al. 2018. Synchronous behavioural shifts in reef fishes linked to mass coral bleaching. *Nature Climate Change* 8: 986-991.

Kirchman, J. J., and K. J. Schneider. 2014. Range expansion and the breakdown of Bergmann's Rule in red-bellied woodpeckers (*Melanerpes carolinus*). *The Wilson Journal of Ornithology* 126: 236-248.

Koch, A., C. Brierley, M. M. Maslin, and S. L. Lewis. 2019. Earth system impacts of the European arrival and Great Dying in the Americas after 1492. *Quaternary Science Reviews*

336

207: 13-36.

Kolbert, E. 2014. *The Sixth Extinction: An Unnatural History*. New York: Henry Holt.

Kooiman, M., and J. Amash. 2011. *The Quality Companion*. Raleigh, NC: TwoMorrows Publishing.

Körner, C., and E. Spehn. 2019. A Humboldtian view of mountains. *Science* 365: 1061.

Kovach, R. P., B. K. Hand, P. A. Hohenlohe, T. F. Cosart, et al. 2016. Vive la résistance: genome-wide selection against introduced alleles in invasive hybrid zones. *Proceedings of the Royal Society B: Biological Sciences* 283: 20161380.

Kutschera, U. 2003. A comparative analysis of the Darwin-Wallace papers and the development of the concept of natural selection. *Theory in Biosciences* 122: 343-359.

Kuzawa, C. W., and J. M. Bragg. 2012. Plasticity in human life history strategy: implications for contemporary human variation and the evolution of genus *Homo*. *Current Anthropology* 53: S369-S382.

LaBar, T., and C. Adami. 2017. Evolution of drift robustness in small populations. *Nature Communications* 8: 1-12.

La Sorte, F., and F. Thompson. 2007. Poleward shifts in winter ranges of North American birds. *Ecology* 88: 1803-1812.

Lenoir, J., J. C. Gégout, A. Guisan, P. Vittoz, et al. 2010. Going against the flow: potential mechanisms for unexpected downslope range shifts in a warming climate. *Ecography* 33: 295-303.

Lenz, L. W. 2001. Seed dispersal in *Yucca brevifolia* (Agavaceae)—present and past, with consideration of the future of the species. *Aliso: A Journal of Systematic and Evolutionary Botany* 20: 61-74.

Le Row, C. B. 1887. *English as She is Taught: Genuine Answers to Examination Questions in our Public Schools*. New York: Cassell and Company.

Liao, W., C. T. Atkinson, D. A. LaPointe, and M. D. Samuel. 2017. Mitigating future avian malaria threats to Hawaiian forest birds from climate change. *PLoS One* 12: e0168880. https://doi.org/10.1371/journal.pone.0168880.

Lindgren, B. S., and K. F. Raffa. 2013. Evolution of tree killing in bark beetles (Coleoptera: Curculionidae): trade-offs between the maddening crowds and a sticky situation. *The Canadian Entomologist* 145: 471-495.

Ling, S. D., C. R. Johnson, K. Ridgeway, A. J. Hobday, et al. 2009. Climate-driven range extension of a sea urchin: inferring future trends by analysis of recent population dynamics. *Global Change Biology* 15: 719-731.

Little, A. G., D. N. Fisher, T. W. Schoener, and J. N. Pruitt. 2019. Population differences in aggression are shaped by tropical cyclone-induced selection. *Nature Ecology and Evolution* 3: 1294-1297.

Lorenz, E. N. 1963. The predictability of hydrodynamic flow. *Transactions of the New York Academy of Sciences*, Series II 25: 409-432.

Lourenço, C. R., G. I. Zardi, C. D. McQuaid, E. A. Serrao, et al. 2016. Upwelling areas as climate change refugia for the distribution and genetic diversity of a marine macroalga. *Journal of Biogeography* 43: 1595-1607.

Mabey, R. 1986. *Gilbert White: A Biography of the Author of "The Natural History of Selborne."* London: Century Hutchinson Ltd.

Macias-Fauria, M., P. Jepson, N. Zimov, and Y. Malhi. 2020. Pleistocene Arctic megafaunal ecological engineering as a natural climate solution? *Philosophical Transactions of the Royal Society B* 375: 20190122. DOI: 10.1098/rstb.2019.0122.

Mackay, C. 1859. *The Collected Songs of Charles Mackay.* London: G. Routledge and Co.

Mackey, B., S. Berry, S. Hugh, S. Ferrier, et al. 2012. Ecosystem greenspots: identifying potential drought, fire, and climate-change micro-refuges. *Ecological Applications* 22: 1852-1864.

Marshall, G. 2014. *Don't Even Think About It: Why Our Brains Are Wired to Ignore Climate Change.* New York: Bloomsbury.

Martin, T.-H. 1868. *Galilée: Les Droits de la Science et la Méthode des Sciences Physiques.* Paris: Didier et Cie.

Mayhew, P. J., G. B. Jenkins, and T. G. Benton. 2008. A long-term association between global temperature and biodiversity, origination and extinction in the fossil record. *Proceedings of the Royal Society B: Biological Sciences* 275: 47-53.

McConnell, J. R., M. Sigl, G. Plunkett, A. Burke, et al. 2020. Extreme climate after massive eruption of Alaska's Okmok volcano in 43 BCE and effects on the late Roman Republic and Ptolemaic Kingdom. *Proceedings of the National Academy of Sciences* 117: 15443-15449.

McCrea, W. H. 1963. Cosmology, a brief review. *Quarterly Journal of the Royal Astronomical Society* 4: 185-202.

McEvoy, B. P., and P. M. Visscher. 2009. Genetics of human height. *Economics & Human Biology* 7: 294-306.

McInerney, F. A., and S. L. Wing. 2011. The Paleocene–Eocene Thermal Maximum: a perturbation of carbon cycle, climate, and biosphere with implications for the future. *Annual Review of Earth and Planetary Sciences* 39: 489–516.

Merilä, J., and A. P. Hendry. 2014. Climate change, adaptation, and phenotypic plasticity: the problem and the evidence. *Evolutionary Applications* 7: 1–14.

Millar, C. I., D. L. Delany, K. A. Hersey, M. R. Jeffress, et al. 2018. Distribution, climatic relationships, and status of American pikas (*Ochotona princeps*) in the Great Basin, USA. *Arctic, Antarctic, and Alpine Research* 50: p.e1436296.

Millar, C. I., and R. D. Westfall. 2010. Distribution and climatic relationships of the American pika (*Ochotona princeps*) in the Sierra Nevada and western Great Basin, USA: periglacial landforms as refugia in warming climates. *Arctic, Antarctic, and Alpine Research* 42: 76–88.

Millar, C. I., R. D. Westfall, and D. L. Delany. 2014. Thermal regimes and snowpack relations of periglacial talus slopes, Sierra Nevada, California, USA. *Arctic, Antarctic, and Alpine Research* 46: 483–504.

Millar, C. I., R. D. Westfall, and D. L. Delany. 2016. Thermal components of American pika habitat—how does a small lagomorph encounter climate? *Arctic, Antarctic, and Alpine Research* 48: 327–343.

Miller, M. 1974. *Plain Speaking: An Oral Biography of Harry S. Truman*. New York: G. P. Putnam's Sons.

Miller-Rushing, A. J., and R. B. Primack. 2008. Global warming and flowering times in Thoreau's Concord: a community perspective. *Ecology* 89: 332–341.

Mitton, J. B., and S. M. Ferrenberg. 2012. Mountain pine beetle develops an unprecedented summer generation in response to climate warming. *The American Naturalist* 179: E163–E171.

Morelli, T. L., C. Daly, S. Z. Dobrowski, D. M. Dulen, et al. 2016. Managing climate change refugia for climate adaptation. *PLoS One* 11: e0159909.

Moret, P., P. Muriel, R. Jaramillo, and O. Dangles. 2019. Humboldt's Tableau Physique revisited. *Proceedings of the National Academy of Sciences* 116: 12889–12894.

Moritz, C., and R. Agudo. 2013. The future of species under climate change: resilience or decline? *Science* 341: 505–508.

Muhlfeld, C. C., R. P. Kovach, R. Al-Chokhachy, S. J. Amish, et al. 2017. Legacy introductions and climatic variation explain spatiotemporal patterns of invasive hybridization in a native trout. *Global Change Biology* 23: 4663-4674.

Muhlfeld, C. C., R. P. Kovach, L. A. Jones, R. Al-Chokhachy, et al. 2014. Invasive hybridization in a threatened species is accelerated by climate change. *Nature Climate Change* 4: 620-624.

Newmark, W. D., and T. R. Stanley. 2011. Habitat fragmentation reduces nest survival in an Afrotropical bird community in a biodiversity hotspot. *Proceedings of the National Academy of Sciences* 108: 11488-11493.

Nogués-Bravo, D., F. Rodríguez-Sánchez, L. Orsini, E. de Boer, et al. 2018. Cracking the code of biodiversity responses to past climate change. *Trends in Ecology & Evolution* 33: 765-776.

Ntie, S., A. R. Davis, K. Hils, P. Mickala, et al. 2017. Evaluating the role of Pleistocene refugia, rivers and environmental variation in the diversification of central African duikers (genera *Cephalophus* and *Philantomba*). *BMC Evolutionary Biology* 17: 212. DOI: 10.1186/s12862-017-1054-4.

Ovadiah, A., and S. Mucznik. 2017. Myth and reality in the battle between the Pygmies and the cranes in the Greek and Roman worlds. *Gerión* 35: 151-166.

Parker, G. 2017. *Global Crisis: War, Climate Change and Catastrophe in the Seventeenth Century.* New Haven, CT: Yale University Press.

Parmesan, C. 2006. Ecological and evolutionary responses to recent climate change. *Annual Review of Ecology, Evolution, and Systematics* 37: 637-669.

Parmesan, C., and M. E. Hanley. 2015. Plants and climate change: complexities and surprises. *Annals of Botany* 116: 849-864.

Pashalidou, F. G., H. Lambert, T. Peybernes, M. C. Mescher, et al. 2020. Bumble bees damage plant leaves and accelerate flower production when pollen is scarce. *Science* 368: 881-884.

Pateman, R. M., J. K. Hill, D. B. Roy, R. Fox, et al. 2012. Temperature-dependent alterations in host use drive rapid range expansion in a butterfly. *Science* 336: 1028-1030.

Peck, V. L., R. L. Oakes, E. M. Harper, C. Manno, et al. 2018. Pteropods counter mechanical damage and dissolution through extensive shell repair. *Nature Communications* 9. DOI: 10.1038/s41467-017-02692-w.

Peck, V. L., G. A. Tarling, C. Manno, E. M. Harper, et al. 2016. Outer organic layer and internal repair mechanism protects pteropod *Limacina helicina* from ocean acidification. *Deep Sea Research*, Part II: *Topical Studies in Oceanography* 127: 41-52.

Pecl, G. T., M. B. Araújo, J. D. Bell, J. Blanchard, et al. 2017. Biodiversity redistribution under climate change: impacts on ecosystems and human well-being. *Science* 355: eaai9214. DOI: 10.1126/science.aai9214.

Pederson, N., A. E. Hessl, N. Baatarbileg, K. J. Anchukaitis, et al. 2014. Pluvials, droughts, the Mongol Empire, and modern Mongolia. *Proceedings of the National Academy of Sciences* 111: 4375-4379.

Petit, J. R., J. Jouzel, D. Raynaud, N. I. Barkov, et al. 1999. Climate and atmospheric history of the past 420,000 years from the Vostok ice core, Antarctica. *Nature* 399: 429-436.

Pettersson, T., and M. Öberg. 2020. Organized violence, 1989-2019. *Journal of Peace Research* 57: 597-613.

Pfister, C. A., R. T. Paine, and J. T. Wootton. 2016. The iconic keystone predator has a pathogen. *Frontiers in Ecology and the Environment* 14: 285-286.

Porfirio, L. L., R. M. Harris, E. C. Lefroy, S. Hugh, et al. 2014. Improving the use of species distribution models in conservation planning and management under climate change. *PLoS One* 9: e113749.

Prevey, J. S. 2020. Climate change: flowering time may be shifting in surprising ways. *Current Biology* 30: R112-R114.

Priestley, J. 1781. *Experiments and Observations on Different Kinds of Air.* London: J. Johnson.

Primack, R. B. 2014. *Walden Warming: Climate Change Comes to Thoreau's Woods.* Chicago: The University of Chicago Press.

Primack, R. B., and A. S. Gallinat. 2016. Spring budburst in a changing climate. *American Scientist* 104: 102-109.

Prum, R. O. 2017. *The Evolution of Beauty: How Darwin's Forgotten Theory of Mate Choice Shapes the Animal World.* New York: Doubleday.

Rapp, J. M., D. A. Lutz, R. D. Huish, B. Dufour, et al. 2019. Finding the sweet spot: shifting optimal climate for maple syrup production in North America. *Forest Ecology and Management* 448: 187-197.

Raup, D. M. 1994. The role of extinction in evolution. *Proceedings of the National Academy of Sciences* 91: 6758-6763.

Real, D., A. G. McAdam, S. Boutin, and D. Berteaux. 2003. Genetic and plastic responses of a northern mammal to climate change. *Proceedings of the Royal Society B* 270: 591-596.

Reed, T. E., V. Grotan, S. Jenouvrier, B. Saether, et al. 2013. Population growth in a wild bird is buffered against phenological mismatch. *Science* 340: 488-491.

Reid, C. 1899. *The Origin of the British Flora*. London: Dulau and Company.

Robbirt, K. M., D. L. Roberts, M. J. Hutchings, and A. J. Davy. 2014. Potential disruption of pollination in a sexually deceptive orchid by climatic change. *Current Biology* 24: 845-849.

Rosenberger, D. W., R. C. Venette, M. P. Maddox, and B. H. Aukema. 2017. Colonization behaviors of mountain pine beetle on novel hosts: implications for range expansion into northeastern North America. *PloS One* 12: e0176269.

Safranyik, L., and B. Wilson, eds. 2006. *The Mountain Pine Beetle: A Synthesis of Biology, Management and Impacts on Lodgepole Pine*. Victoria, BC: Canadian Forest Service.

Saintilan, N., N. Wilson, K. Rogers, A. Rajkaran, et al. 2014. Mangrove expansion and salt marsh decline at mangrove poleward limits. *Global Change Biology* 20: 147-157.

Sanford, E., J. L. Sones, M. García-Reyes, J. H. Goddard, et al. 2019. Widespread shifts in the coastal biota of northern California during the 2014-2016 marine heatwaves. *Scientific Reports* 9: 1-14.

Saunders, S. P., N. L. Michel, B. L. Bateman, C. B. Wilsey, et al. 2020. Community science validates climate suitability projections from ecological niche modeling. *Ecological Applications* 30: e02128. DOI: 10.1002/eap.2128.

Schiebelhut, L. M., J. B. Puritz, and M. N. Dawson. 2018. Decimation by sea star wasting disease and rapid genetic change in a keystone species, *Pisaster ochraceus*. *Proceedings of the National Academy of Sciences* 115: 7069-7074.

Schilthuizen, M., and V. Kellerman. 2014. Contemporary climate change and terrestrial invertebrates: evolutionary versus plastic changes. *Evolutionary Applications* 7: 56-67.

Schlegel, F. 1991. *Philosophical Fragments*. P. Firchow, transl. Minneapolis: University of Minnesota Press.

Simpson, C., and W. Kiessling. 2010. Diversity of Life Through Time. In *Encyclopedia of Life Sciences* (ELS). Chichester, UK: John Wiley & Sons. DOI: 10.1002/9780470015902. a0001636.pub2.

Sinervo, B., F. Mendez-de-la-Cruz, D. B. Miles, B. Heulin, et al. 2010. Erosion of lizard diversity by climate change and altered thermal niches. *Science* 328: 894-899.

Spottiswoode, C. N., A. P. Tøttrup, and T. Coppack. 2006. Sexual selection predicts advancement of avian spring migration in response to climate change. *Proceedings of the Royal Society B: Biological Sciences* 273: 3023-3029.

Squarzoni, P. 2014. *Climate Changed: A Personal Journey Through the Science*. New York: Abrams.

Stinson, D. W. 2015. Periodic status review for the brown pelican. Olympia, WA: Washington Department of Fish and Wildlife. 32 + iv pp.

Tape, K. D., D. D. Gustine, R. W. Ruess, L. G. Adams, et al. 2016. Range expansion of moose in Arctic Alaska linked to warming and increased shrub habitat. *PloS One* 11: e0152636.

Telemeco, R. S., M. J. Elphick, and R. Shine. 2009. Nesting lizards (*Bassiana duperreyi*) compensate partly, but not completely, for climate change. *Ecology* 90: 17-22.

Teplitsky, C., and V. Millien. 2014. Climate warming and Bergmann's Rule through time: is there any evidence? *Evolutionary Applications* 7: 156-168.

Teplitsky, C., J. A. Mills, J. S. Alho, J. W. Yarrell, et al. 2008. Bergmann's Rule and climate change revisited: disentangling environmental and genetic responses in a wild bird population. *Proceedings of the National Academy of Sciences* 105: 13492-13496.

Terry, R. C., L. Cheng, and E. A. Hadly. 2011. Predicting smallmammal responses to climatic warming: autecology, geographic range, and the Holocene fossil record. *Global Change Biology* 17: 3019-3034.

Thoreau, H. D. 1906. *The Writings of Henry David Thoreau: Journal, Vol. VIII, November 1, 1855-August 15, 1856*. B. Torrey, ed. Boston: Houghton Mifflin.

Thoreau, H. D. 1966. *Walden and Civil Disobedience*. New York: W. W. Norton & Company.

Tyndall, J. 1861. The Bakerian lecture: on the absorption and radiation of heat by gases and vapours, and on the physical connexion of radiation, absorption, and conduction. *Philosophical Transactions of the Royal Society of London* 151: 1-36.

Vander Wall, S. B., T. Esque, D. Haines, M. Garnett, et al. 2006. Joshua tree (*Yucca brevifolia*) seeds are dispersed by seed-caching rodents. *Ecoscience* 13: 539-543.

Veblen, T. 1912. *The Theory of the Leisure Class*. New York: The Macmillan Company.

von Humboldt, A. 1844. *Central-Asien*. Berlin: Carl J. Klemann.

von Humboldt, A., and A. Bonpland. 1907. *Personal Narrative of the Travels to the Equinoctial Regions of America During the Years 1799-1804*, vol. II. London: George Bell & Sons.

Waldinger, M. 2013. Drought and the French Revolution: The effects of adverse weather conditions on peasant revolts in 1789. London: London School of Economics, 25 pp.

Wallace, A. R. 2009. "On the Law Which Has Regulated the Introduction of New Species (1855)." *Alfred Russel Wallace Classic Writings*: Paper 2. http://digitalcommons.wku.edu/

dlps_fac_arw/2.

Weiss, L. C., L. Pötter, A. Steiger, S. Kruppert, et al. 2018. Rising CO2 in freshwater ecosystems has the potential to negatively affect predator-induced defenses in *Daphnia*. *Current Biology* 28: 327-332.

Welch, C. A., J. Keay, K. C. Kendall, and C. T. Robbins. 1997. Constraints on frugivory by bears. *Ecology* 78: 1105-1119.

White, G. 1947. *The Natural History of Selborne*. London: The Cresset Press.

Wilf, P. 1997. When are leaves good thermometers?: A new case for leaf margin analysis. *Paleobiology* 23: 373-390.

Wilson, W. 1917. *President Wilson's State Papers and Addresses*. New York: George H. Doran Company.

Wisner, G., ed. 2016. *Thoreau's Wildflowers*. New Haven, CT: Yale University Press.

Wodehouse, P. G. 2011. *Very Good, Jeeves!* New York: W. W. Norton & Company.

Woodroffe, R., R. Groom, and J. W. McNutt. 2017. Hot dogs: high ambient temperatures impact reproductive success in a tropical carnivore. *Journal of Animal Ecology* 86: 1329-1338.

Wronski, T., and B. Hausdorf. 2008. Distribution patterns of land snails in Ugandan rain forests support the existence of Pleistocene forest refugia. *Journal of Biogeography* 35: 1759-1768.

Yao, H., M. Dao, T. Imholt, J. Huang, et al. 2010. Protection mechanisms of the iron-plated armor of a deep-sea hydrothermal vent gastropod. *Proceedings of the National Academy of Sciences* 107: 987-992.

Zak, P. 2012. *The Moral Molecule: How Trust Works*. New York: Plume.

| 찾아보기 |

옮긴이 조은영

어려운 과학책은 쉽게, 쉬운 과학책은 재미있게 옮기려는 번역가. 서울대학교 생물학과를 졸업하고, 서울대학교 천연물과학대학원과 미국 조지아대학교 식물학과에서 공부했다. 옮긴 책으로는 《암컷들》《다른 몸을 위한 디자인》《생명의 태피스트리》《식물을 위한 변론》《우주의 바다로 간다면》《뛰는 사람》《한없이 가까운 세계와의 포옹》《코드 브레이커》《새들의 방식》《10퍼센트 인간》 등이 있다.

허리케인 도마뱀과 플라스틱 오징어

생존을 위해 진화를 택한 기후변화 시대의 지구 생물들과 인류의 미래

초판 1쇄 인쇄 2023년 6월 9일
초판 1쇄 발행 2023년 6월 21일

지은이 소어 핸슨
옮긴이 조은영
펴낸이 이승현

출판2 본부장 박태근
지적인 독자 팀장 송두나
편집 김광연
디자인 김준영

펴낸곳 ㈜위즈덤하우스   **출판등록** 2000년 5월 23일 제13-1071호
주소 서울특별시 마포구 양화로 19 합정오피스빌딩 17층
전화 02) 2179-5600   **홈페이지** www.wisdomhouse.co.kr

ISBN 979-11-6812-647-3 03470